图灵程序
设计丛书

自制编译器

[日] 青木峰郎 / 著　严圣逸 绝云 / 译

How to Develop a Compiler

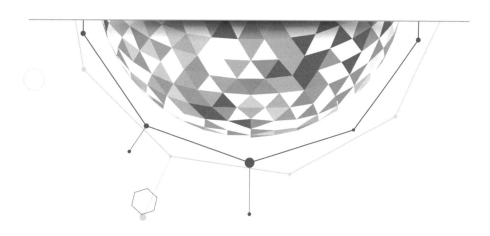

人民邮电出版社

北　京

图书在版编目(CIP)数据

自制编译器 /(日)青木峰郎著;严圣逸,绝云译
. -- 北京:人民邮电出版社,2016.6(2024.6重印)
(图灵程序设计丛书)
ISBN 978-7-115-42218-7

Ⅰ.①自… Ⅱ.①青… ②严… ③绝… Ⅲ.①C语言
—编译器—程序设计 Ⅳ.①TP312

中国版本图书馆CIP数据核字(2016)第083048号

内 容 提 要

本书将带领读者从头开始制作一门语言的编译器。笔者特意为本书设计了Cb语言,Cb可以说是C语言的子集,实现了包括指针运算等在内的C语言的主要部分。本书所实现的编译器就是Cb语言的编译器,是实实在在的编译器,而非有诸多限制的玩具。另外,除编译器之外,本书对以编译器为中心的编程语言的运行环境,即编译器、汇编器、链接器、硬件、运行时环境等都有所提及,介绍了程序运行的所有环节。

从单纯对编译器感兴趣的读者到以实用为目的的读者,都适合阅读本书。

◆ 著　　　[日]青木峰郎
译　　　严圣逸　绝云
责任编辑　乐　馨
执行编辑　杜晓静
责任印制　彭志环

◆ 人民邮电出版社出版发行　　北京市丰台区成寿寺路11号
邮编　100164　电子邮件　315@ptpress.com.cn
网址　https://www.ptpress.com.cn
涿州市般润文化传播有限公司印刷

◆ 开本:800×1000　1/16
印张:29.5　　　　　　　2016年6月第1版
字数:605千字　　　　　2024年6月河北第20次印刷
著作权合同登记号　图字:01-2014-5502号

定价:99.00元
读者服务热线:(010)84084456-6009　印装质量热线:(010)81055316
反盗版热线:(010)81055315
广告经营许可证:京东市监广登字20170147号

译者序

算上这本《自制编译器》，图灵的"自制"系列应该已经有 6 本了。从 CPU 到操作系统，从编译器到编程语言，再到搜索引擎等具体的应用，俨然已经可以自制一套完整的计算机体系了。

"自制"系列图书都是从日本引进并翻译出版的，本人也有幸读过其中几本。可能有很多读者和曾经的我一样对"自制"抱有疑惑："在时间就是金钱、时间就是生命的 IT 行业，为什么会存在这样的自制风潮？为什么要自制呢？ CPU 可以用 Intel、AMD，操作系统已经有了 Windows、Linux，搜索引擎已经有了 Google、Yahoo，编程语言及其对应的编译器、解释器更是已经百花齐放、百家争鸣……"直到翻译完本书，我才逐渐体会到自制是最好的结合实践学习的方式之一。拿来的始终是别人的，要吃透某项技术、打破技术垄断，最好的方法就是自制。并且从某种程度上来说，自制也是一种创新，可能下一个 Google 或 Linux 就孕育在某次自制之中。

自制编译器的目的是了解当前实用的编程语言、编译器和 OS 的相关知识，绝对不能闭门造车。因此作者使用的 Cb 语言是 C 语言的子集，实现了包括指针运算在内的 C 语言的主要部分，通过自制一个 Cb 语言的编译器，能够让我们了解 C 语言程序编译、运行背后的细节；OS 选用 Linux，能够让我们知晓 Linux 上的链接、加载和程序库；汇编部分采用最常见的 x86 系统架构。作者自制的编译器 cbc 能够运行在 x86 架构的任何发行版本的 Linux 上，编译 Cb 代码并生成可执行的 ELF 文件。

作者青木先生在致谢中提到了 Linux 和 GNU 工具等开源软件的开发者。这也是本书的另一大特色：充分利用开源软件和工具。从 GCC 到 GNU Assembler 再到 JavaCC 以及 Linux，并非每一行代码都是自己写的才算自制，根据自己的设计合理有效地利用开源软件，既可以让我们更快地看到自制的成果，又能向优秀的开源软件学习。如果要深入学习、研究，那么开源软件的源代码以及活跃的社区等都是非常有帮助的。而如果把自制的软件也作为开源软件上传到Github 上供大家使用，并根据其他开发者提出的 Pull Request 不断改进软件，那就更好了。

最后我要由衷地感谢本书的另一位译者绝云老师以及图灵的编辑。还要特别感谢我的外公，一位毕生耕耘于教育出版行业的老编辑。自己能有幸参加翻译，和从小对出版工作的耳闻目染是密不可分的。

严圣逸

2016 年 4 月于上海

前　言

本书有两大特征：第一，实际动手实现了真正的编译器；第二，涉及了以往编译器相关书籍所不曾涉及的内容。

先说第一点。

本书通篇讲述了"Cb"这种语言的编译器的制作。Cb基本上是C语言的子集，并实现了包括指针运算等在内的C语言的主要部分。因此可以说，本书实现的是实实在在的编译器，而并非有诸多限制的玩具。

更具体地说，本书实现的Cb编译器是以运行在x86系列CPU上的Linux为平台的。之所以选择x86系列的CPU，是因为这是最普及的CPU，相应的硬件非常容易找到。选择Linux是因为从标准库到程序运行环境的代码都是公开的，只要你有心，完全可以自己分析程序的结构。

可能有些作者不喜欢把话题局限于特定的语言或者OS，而笔者却恰恰更倾向于在一开始就对环境进行限定。因为比起一般化的说明，从具体的环境出发，再向一般化扩展的做法要简单、直观得多。笔者赞成最终把话题往一般化的方向扩展，但并不赞成一开始就一定要做到一般化。

再说第二点。

本书并不局限于书名中的"编译器"，对以编译器为中心的编程语言的运行环境，即编译器、汇编器、链接器、硬件、运行时环境都有所涉及。

编译器生成的程序的运行不仅和编译器相关，和汇编器、链接器等软件以及硬件都密切相关。因此，如果想了解编译器以及程序的运行结果，对上述几部分内容的了解当然是必不可少的。不过这里的"当然"现在看起来也逐渐变得没那么绝对了。

只讲编译器或者只讲汇编语言的书已经多得烂大街了，只讲链接器的书也有一些，但是贯穿上述所有内容的书至今还没有。写编译器的书，一涉及具体的汇编语言，就会注上"请参考其他书籍"；写汇编语言的书，对于OS的运行环境问题却只字不提；写链接器的书，如果读者不了解编译器等相关知识，也就只能被束之高阁了。

难道就不可能完整地记述编程语言的运行环境吗？笔者认为是可能的。只要专注于具体的语言、具体的OS以及具体的硬件，就可以对程序运行的所有环节进行说明了。基于这样的想法，笔者进行了稍显鲁莽的尝试，并最终写成了本书。

以上就是本书的基本原则。下面是本书的读者对象。

- 想了解编译器和解释器内部结构的人
- 想了解 C 语言程序运行机制的人
- 想了解 x86 CPU（Pentium 或 Intel Core、Operon 等）的结构的人
- 想了解 Linux 上的链接、加载和程序库的人
- 想学习语法分析的人
- 想设计新的编程语言的人

综上，本书是一本基于具体的编程语言、具体的硬件平台以及具体的 OS 环境，介绍程序运行的所有环节的书。因此，从单纯对编译器感兴趣的读者到以实用为目的的读者，都适合阅读本书。

必要的知识

本书的读者需要具备以下知识。

- Java 语言的基础知识
- C 语言的基础知识
- Linux 的基础知识

本书中制作的 Cb 编译器是用 Java 来实现的，所以能读懂 Java 代码是阅读本书的前提条件。不只是语言，书中对集合等基本库也都没有任何说明，因此需要读者具备相关的知识储备。

本书所使用的 Java 版本是 5.0。关于泛化（generics）和 foreach 语句等 Java 5 特有的功能，在第一次出现时会进行简单的说明。

另外，之所以需要读者具有 C 语言的基础知识，是因为 Cb 语言是 C 语言的子集，另外，以 C 语言的知识为基础，对汇编器的理解也将变得容易得多。不过读者不需要深究细节，只要能够理解指针和结构体可以组合使用这种程度就足够了。

最后，关于 shell 的使用方法以及 Linux 方面的常识，这里也不作介绍。例如 cd、ls、cp、mv 等基本命令的用法，都不会进行说明。

不必要的知识

本书的读者不需要具备以下知识。

- 编译器和解释器的构造
- 解析器生成器的使用方法
- 操作系统的详细知识
- 汇编语言
- 硬件知识

即使读者对编译器和解释器的构造一无所知，也没有关系，本书会对此进行详尽的说明。

另外，OS 及 CPU 相关的前提知识也基本不需要。能用 Linux 的 shell 进行文件操作，用 gcc 命令编译 C 语言的"Hello,World"程序，这样就足够了。

本书的结构

本书由以下章节构成。

章		内容
第 1 章	开始制作编译器	本书概要以及了解编译器所需要的基础知识
第 2 章	Cb 和 cbc	本书制作的 Cb 编译器的概要
第 1 部分	代码分析	
第 3 章	语法分析的概要	语法分析的概念及方法
第 4 章	词法分析	cbc 的词法分析（扫描）
第 5 章	基于 JavaCC 的解析器的描述	JavaCC 的使用方法（语法部分）
第 6 章	语法分析	cbc 的语法分析
第 2 部分	抽象语法树和中间代码	
第 7 章	JavaCC 的 action 和抽象语法树	JavaCC 的使用方法（action 部分）
第 8 章	抽象语法树的生成	根据语法分析的结果生成语法树的方法
第 9 章	语义分析（1）引用的消解	变量的引用和具体定义之间的消解
第 10 章	语义分析（2）静态类型检查	编译时的类型检查
第 11 章	中间代码的转换	从抽象语法树生成中间代码
第 3 部分	汇编代码	
第 12 章	x86 架构的概要	使用 Intel 系列 CPU 的系统的构造
第 13 章	x86 汇编器编程	x86 CPU 的汇编语言的读法
第 14 章	函数和变量	x86 CPU 架构中函数调用的形式
第 15 章	编译表达式和语句	和栈帧无关的汇编代码的生成
第 16 章	分配栈帧	和栈帧相关的汇编代码的生成
第 17 章	优化的方法	优化程序的方法的概要
第 4 部分	链接和加载	
第 18 章	生成目标文件	ELF 文件的构造和生成
第 19 章	链接和库	链接的种类和库
第 20 章	加载程序	内存中程序的加载及动态链接
第 21 章	生成地址无关代码	地址无关代码及共享库的生成
第 22 章	扩展阅读	为读者的后续学习介绍相关知识

编译器自身也是一款程序，它将程序的代码逐次进行转换，最终生成可以运行的文件。因此前面章节的内容会成为后续章节的前提，推荐从头开始依次阅读本书的所有章节。

但是，如果你对编译器有一定程度的了解，并且只对特定的话题感兴趣，也可以选取相应的章节来阅读。本书做成的 Cb 编译器可以显示每个阶段生成的数据结构，因此你也可以实际运行一下 Cb 编译器，一边确认前一阶段生成的结果，一边往下阅读。

例如，即使跳过语法分析的章节，只要用 --dump-ast 选项显示前一阶段生成的抽象语法树，就可以理解下一阶段的语义分析和中间代码的相关内容。同样，还可以用 `--dump-ir` 选项显示中间代码，用 `--dump-sam` 选项显示汇编代码。

致谢

首先感谢 RHG 读书会的成员阅读了第 2 部分之前的草稿，并提出了很多宝贵意见。感谢笹田、山下、酒井、向井、shelarcy、志村、岸本、丰福、佐野。

还要感谢 3 年来一直耐心地等待笔者交稿的 SB Creative 株式会社的杉山，以及在短时间内对本书 600 余页的稿件进行编辑的 Top Studio Corporation 株式会社的武藤。非常感谢！

最后，感谢为本书出版付出努力的各位，以及所有维护 Linux 和 GNU 工具等自由软件的人。正是因为有了你们，本书才得以出版。

青木峰郎

目　　录

第 1 部分　代码分析

第 3 章
语法分析的概要　　　　　　　　　　　　　　　　　　　　　　24

第 4 章
词法分析　　　　　　　　　　　　　　　　　　　　　　　　　39

第 5 章
基于 JavaCC 的解析器的描述　　　　　　　　　　　　　　　　　　**55**

第6章
语法分析 68

第 2 部分　抽象语法树和中间代码

第 7 章
JavaCC 的 action 和抽象语法树　　　　　　　　　　　　92

第 8 章
抽象语法树的生成　　　　　　　　　　　　　　　　110

第9章
语义分析（1）引用的消解　　　　　　　　　　　　　　　　　135

第10章
语义分析（2）静态类型检查   **159**

第 **11** 章
中间代码的转换 **178**

第 3 部分　汇编代码

第 12 章
x86 架构的概要　　　　　　　　　　　　　　　　　　　　　　　　　　　214

第 13 章
x86 汇编器编程   **236**

第 16 章

分配栈帧 **308**

第 17 章
优化的方法

333

第 4 部分　链接和加载

第 18 章
生成目标文件　　　　　　　　　　　　　　　　　　　　346

第 19 章
链接和库
369

第21章
生成地址无关代码   **410**

第22章
扩展阅读   **434**

附　　录   **441**

第 **1** 章

开始制作编译器

本章先讲述本书以及编译器的概要，之后说明本
书的示例程序 Cb 的安装方法。

1.1 本书的概要

这节将对本书的概要进行说明。

本书的主题

本书的主题是编译器。**编译器**（compiler）是将编程语言的代码转换为其他形式的软件。这种转换操作就称为**编译**（compile）。

实际的编译器有 C 语言的编译器 GCC（GNU Compiler Collection）、Java 语言的编译器 javac（Sun 公司）等。

像编译器这样复杂的软件，仅仅笼统地介绍一下是很难让人理解的，所以本书将从头开始制作一门语言的编译器。通过实际地设计、制作编译器，使读者对编译器产生具体、深刻的认识。这样通过实践获得的知识，在其他语言的编译器上也是通用的。

本书制作的编译器

本书将从头开始制作 Cb[①] 这门语言的编译器。

Cb 是笔者为本书设计的语言，基本上可以说是 C 语言的子集。它在 C 语言的基础上进行了简化，并加入了一些时兴的功能，使得与之配套的编译器制作起来比较容易。笔者最初想直接使用 C 语言的，但是 C 语言的编译器无论写起来还是读起来都非常难，所以最终放弃了。关于 Cb 的标准，第 2 章会详细说明。

使用本书的 Cb 编译器编译出的程序是在 PC 的 Linux 平台上运行的。最近，借助虚拟机以及 KNOPPIX 等，Linux 环境已经很容易搭建了。请读者一定要实际用 Cb 编译器编译程序，并尝试运行一下。

编译示例

接着让我们赶紧进入编译器的正题。

首先我们来思考一下编译究竟是一种什么样的处理。这里以使用 GCC 处理代码清单 1.1 中

---

① b 为降调符号（读音同"降"），表示把基本音符音高降低半音。——译者注

的 C 语言程序为例进行说明。实际编译下面的程序时，需要重新安装 GCC。

代码清单 1.1 hello.c

```
#include <stdio.h>

int
main(int argc, char **argv)
{
    printf("Hello, World!\n");  /* 打个招呼 */
    return 0;
}
```

本书的读者对象是已经掌握 C 语言知识的人，所以理应编译过 C 语言程序。但保险起见，还是确认一下编译的步骤。使用 GCC 处理上述程序，需要输入如下命令。

```
$ gcc hello.c -o hello
```

这样便生成了名为 hello 的文件，这是个**可执行文件**（executable file）。

接着输入下面的命令，运行刚才生成的 hello 命令。

```
$ ./hello
Hello, World!
```

通过这样操作来运行程序本身没有问题，但从过程来看，还是有一些不明确的地方。

- 可执行文件是怎样的文件
- gcc 命令是如何生成可执行文件的
- 可执行文件 hello 是经过哪些步骤运行起来的

让我们依次看一下上述疑问。

可执行文件

首先从 GCC 生成的可执行文件是什么说起。

说到现代的 Linux 上的可执行文件，通常是指符合 ELF（Executable and Linking Format）这种特定形式的文件。ls、cp 这些**命令**（command）对应的实体文件都是可执行文件，例如 /bin/ls 和 /bin/cp 等。

使用 file 命令能够查看文件是否符合 ELF 的形式。例如，要查看 /bin/ls 文件是不是 ELF，在 shell 中输入如下命令即可。

```
$ file /bin/ls
/bin/ls: ELF 32-bit LSB executable, Intel 80386, version 1 (SYSV), for GNU/Linux
2.4.1, dynamically linked (uses shared libs), for GNU/Linux 2.4.1, stripped
```

如果像这样显示 `ELF......executable`，就表示该文件为 ELF 的可执行文件。根据所使用的 Linux 机器的不同，可能显示 `ELF 64-bit`，也可能显示 `ELF 32-bit MSB`，这些都是 ELF 的可执行文件。

ELF 文件中包含了程序（代码）以及如何运行该程序的相关信息（元数据）。程序（代码）就是**机器语言**（machine language）的列表。机器语言是唯一一种 CPU 能够直接执行的语言，不同种类的 CPU 使用不同的机器语言。

例如，现在基本上所有的个人计算机使用的都是 Intel 公司的 486 这款 CPU 的后续产品，486 有着自己专用的机器语言。Sun 公司的 SPARC 系列 CPU 使用的是其他机器语言。IBM 公司的 PowerPC 系列 CPU 使用的又是不一样的机器语言。486 的机器语言不能在 SPARC 上运行，反过来 SPARC 的机器语言也不能在 486 上运行。这点在 SPARC 和 PowerPC、486 和 PowerPC 上也一样。

GCC 将 C 语言的程序转化为用机器语言（例如 486 的机器语言）描述的程序。将机器语言的程序按照 ELF 这种特定的文件格式注入文件，得到的就是可执行文件。

编译

那么 gcc 命令是如何将 `hello.c` 转换为可执行文件的呢？

由 `hello.c` 这样的单个文件来生成可执行文件时，虽然只需要执行一次 gcc 命令，但实际上其内部经历了如下 4 个阶段的处理。

1. 预处理
2.（狭义的）编译
3. 汇编
4. 链接

上述处理也可以统称为编译，但严谨地说第 2 阶段进行的狭义的编译才是真正意义上的编译。本书中之后所提到的编译，指的就是狭义的编译。这 4 个阶段的处理我们统称为 build。

下面对这 4 个阶段的处理的作用进行简单的说明。

预处理

C 语言的代码首先由**预处理器**（preprocessor）对 `#include` 和 `#define` 进行处理。具体来说，读入头文件，将所有的宏展开，这就是**预处理**（preprocess）。预处理的英文是 preprocess，就是前处理的意思。这里的"前"是在什么之前呢？当然是编译之前了。

预处理的内容近似于 sed 命令和 awk 命令这样的纯文本操作，不考虑 C 语言语法的含义。

狭义的编译

接着，编译器对预处理器的输出进行编译，生成**汇编语言**（assemble language）的代码。一般来说，汇编语言的代码的文件扩展名是 ".s"。

汇编语言是由机器语言转换过来的人类较易阅读的文本形式的语言。机器语言是以 CPU 的执行效率为第一要素设计的，用二进制代码表示，每一个 bit 都有自己的含义，人类很难理解。因此，一般要使用与机器语言直接对应的汇编语言，以方便人们理解。

汇编

然后，汇编语言的代码由**汇编器**（assembler）转换为机器语言，这个处理过程称为**汇编**（assemble）。

汇编器的输出称为**目标文件**（object file）。一般来说，目标文件的扩展名是 ".o"。

Linux 中，目标文件也是 ELF 文件。既然都是 ELF 文件，那么究竟是目标文件还是可执行文件呢？这不是区分不了了吗？这个不用担心。ELF 文件中有用于提示文件种类的标志。例如，用 file 命令来查看目标文件，会像下面这样显示 ELF...relocatable，据此就能够将其和可执行文件区分开。

```
$ file t.o
t.o: ELF 32-bit LSB relocatable, Intel 80386, version 1 (SYSV), not stripped
```

链接

目标文件本身还不能直接使用，无论是直接运行还是作为**程序库**（library）文件调用都不可以。将目标文件转换为最终可以使用的形式的处理称为**链接**（link）。使用程序库的情况下，会在这个阶段处理程序库的加载

例如，假设 Hello,World! 程序经过编译和汇编生成了目标文件 hello.o，链接 hello.o 即可生成可执行文件。生成的可执行文件的默认文件名为 a.out，可以使用 gcc 命令的 -o 选项来修改输出的文件名。

顺便提一下，通过链接处理生成的并不一定是可执行文件，也可以是程序库文件。程序库文件相关的话题将在第 19 章中详细说明。

build 过程总结

如上所述，C 语言的代码经过预处理、编译、汇编、链接这 4 个阶段的处理，最终生成可执行文件。图 1.1 中总结了各个阶段的输出文件，我们再来确认一下。

本书将对这 4 个处理阶段中除预处理之外的编译、汇编和链接进行说明。

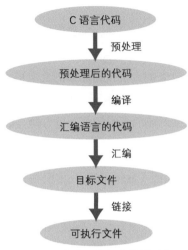

图 1.1 生成可执行文件的过程

程序运行环境

build[①] 的过程以链接为终点，但本书并不仅仅局限于 build 的过程，还会涉及 build 之后的程序运行环境相关的话题。从代码的编写、编译、运行到运行结束，理解上述全部过程是我们的目标。换言之，从编写完程序到该程序被运行，所有环节本书都会涉及（图 1.2）。

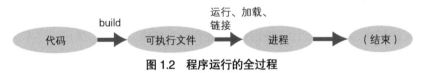

图 1.2 程序运行的全过程

为何除了 build 的过程之外，本书还要涉及程序运行的环节呢？这是因为在现代编程语言的运行过程中，运行环境所起的作用越来越大。

首先，链接的话题并非仅仅出现在 build 的过程中。如果使用了共享库，那么在开始运行程序时，链接才会发生。最近广泛使用的**动态加载**（dynamic load），就是一种将所有链接处理放到程序运行时进行的手法。

其次，像 Java 和 C# 这种语言的运行环境中都有**垃圾回收**（Garbage Collection，GC）这一强大的功能，该功能对程序的运行有着很大的影响。

再次，在 Sun 的 Java VM 等具有代表性的 Java 的运行环境中，为了提高运行速度，采用了 **JIT 编译器**（Just In Time compiler）。JIT 编译器是在程序运行时进行处理，将程序转换为机器语言的编译器。也就是说，Java 语言是在运行时进行编译的。

---

① build 有"构建""生成"等译法，但似乎都不能表达出其全意，因此本书保留了英文用法。——译者注

　　既然涉及了这样的话题，仅了解 build 的过程是不够的，还必须了解程序的运行环境。不掌握包含运行环境在内的整个流程，就不能说完全理解了程序的动作。今后，无论是理解程序还是制作编译器，都需要了解从 build 到运行环境的整体流程。

编程语言的运行方式

　　编译器会对程序进行编译，将其转换为可执行的形式。另外也有不进行编译，直接运行编程语言的方法。**解释器**（interpreter）就是这样一个例子。解释器不将程序转换为别的语言，而是直接运行。例如 Ruby 和 Perl 的语言处理器就是用解释器来实现的。

　　运行语言的手段不只一种。例如，C 语言也可以用解释器来解释执行，Ruby 也可以编译成机器语言或者 Java 的二进制码。也就是说，编程语言与其运行方式可以自由搭配。因此，编译器也好，解释器也罢，都是处理并运行编程语言的手段之一，统称为**编程语言处理器**（programming language processor）。

　　但是，根据语言的特点，其运行方式有适合、不适合该语言之说。一般来说，有**静态类型检查**（static type checking）、要求较高可靠性的情况下使用编译的方式；相反，没有静态类型检查、对灵活性的要求高于严密性的情况下，则使用解释的方式。

　　静态类型检查是指在程序开始运行之前，对函数的返回值以及参数的类型进行检查的功能。与之相对，在程序运行过程中随时进行类型检查的方式称为**动态类型检查**（dynamic type checking）。

　　这里提到的"动态""静态"在语言处理器的话题中经常出现，所以最好记住。说到"静态"，就是指不运行程序而进行某些处理；说到"动态"，就是指一边运行程序一边进行某些处理。

1.2　编译过程

这一节将对狭义的编译的内部处理过程进行介绍。

编译的 4 个阶段

狭义的编译大致可分为下面 4 个阶段。

1. 语法分析
2. 语义分析
3. 生成中间代码
4. 代码生成

下面就依次对这 4 个阶段进行说明。

语法分析

一般我们所说的编写程序，就是把代码写成人类可读的文本文件的形式。像 C 和 Java 这样，以文本形式编写的代码对人类来说的确易于阅读，但并不是易于计算机理解的形式。因此，为了运行 C 和 Java 的程序，首先要对代码进行解析，将其转换为计算机易于理解的形式。这里的**解析**（parse）也称为**语法分析**（syntax analyzing）。解析代码的程序模块称为**解析器**（parser）或**语法分析器**（syntax analyzer）。

那么"易于计算机理解的形式"究竟是怎样的形式呢？那就是称为**语法树**（syntax tree）的形式。顾名思义，语法树是树状的构造。将代码转化为语法树形式的过程如图 1.3 所示。

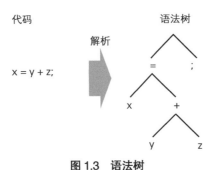

图 1.3　语法树

语义分析

通过解析代码获得语法树后，接着就要解析语法树，除去多余的内容，添加必要的信息，生成**抽象语法树**（Abstract Syntax Tree，AST）这样一种数据结构。上述处理就是**语义分析**（semantic analysis）。

语法分析只是对代码的表象进行分析，语义分析则是对表象之外的部分进行分析。举例来说，语义分析包括以下这些处理。

- 区分变量为局部变量还是全局变量
- 解析变量的声明和引用
- 变量和表达式的类型检查
- 检查在引用变量之前是否进行了初始化
- 检查函数是否按照定义返回了结果

上述处理的结果都会反映到抽象语法树中。语法分析生成的语法树只是将代码的构造照搬了过来，而语义分析生成的抽象语法树中还包含了语义信息。例如，在变量的引用和定义之间添加链接，适当地增加类型转换等命令，使表达式的类型一致。另外，语法树中的表达式外侧的括号、行末的分号等，在抽象语法树中都被省略了。

生成中间代码

生成抽象语法树后，接着将抽象语法树转化为只在编译器内部使用的**中间代码**（Intermediate Representation，IR）。

之所以特地转化为中间代码，主要是为了支持多种编程语言或者机器语言。

例如，GCC 不仅支持 C 语言，还可以用来编译 C++ 和 Fortran。CPU 方面，不仅是 Intel 的 CPU，还可以生成面向 Alpha、SPARC、MIPS 等各类 CPU 的机器语言。如果要为这些语言和 CPU 的各种组合单独制作编译器，将耗费大量的时间和精力。Intel CPU 用的 C 编译器、Intel CPU 用的 C++ 编译器、Intel CPU 用的 Fortran 编译器、Alpha 用的 C 编译器……要制作的编译器的数量将非常庞大（图 1.4）。

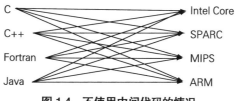

图 1.4　不使用中间代码的情况

而如果将所有的编程语言先转化为共同的中间代码，那么对应一种语言或一种 CPU，只要添加一份处理就够了（图 1.5）。因此支持多种语言或 CPU 的编译器使用中间代码是比较合适的。例如 GCC 使用的是一种名为 RTL（Register Transfer Languange）的中间代码。

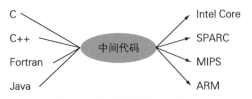

图 1.5　使用中间代码的情况

根据编译器的不同，也存在不经过中间代码，直接从抽象语法树生成机器语言的情况。本书制作的 Cb 编译器最初并没有使用中间代码，后来发现使用中间代码的话，代码的可读性和简洁性都要更胜一筹，所以才决定使用中间代码。

解析代码转化为中间代码为止的这部分内容，称为编译器的**前端**（front-end）。

代码生成

最后把中间代码转换为汇编语言，这个阶段称为**代码生成**（code generation）。负责代码生成的程序模块称为**代码生成器**（code generator）。

代码生成的关键在于如何来填补编程语言和汇编语言之间的差异。一般而言，比起编程语言，汇编语言在使用上面的限制要多一些。例如，C 和 Java 可以随心所欲地定义局部变量，而汇编语言中能够分配给局部变量的寄存器只有不到 30 个而已。处理流程控制方面也只有和 goto 语句功能类似的跳转指令。在这样的限制下，还必须以不改变程序的原有语义为前提进行转换。

优化

除了之前讲述的 4 个阶段之外，现实的编译器还包括**优化**（optimization）阶段。

现在的计算机，即便是同样的代码，根据编译器优化性能的不同，运行速度也会有数倍的差距。由于编译器要处理相当多的程序，因此在制作编译器时，最重要的一点就是要尽可能地提高编译出来的程序的性能。

优化可以在编译器的各个环节进行。可以对抽象语法树进行优化，可以对中间代码的代码进行优化，也可以对转换后的机器语言进行优化。进一步来说，不仅是编译器，对链接以及运行时调用的程序库的代码也都可以进行优化。

总结

经过上述 4 个阶段，以文本形式编写的代码就被转换为了汇编语言。之后就是汇编器和链接器的工作了。

本书中所制作的编译器主要实现上述 4 个阶段的处理。

使用 Cb 编译器进行编译

本节我们来了解一下 Cb 编译器的使用方法。

Cb 编译器的必要环境

使用 Cb 编译器所需要的软件有如下 3 项。

1. Linux
2. JRE（Java Runtime Environment）1.5 以上版本
3. Java 编译器（非必需）

首先，要想运行 Cb 编译器 build 的程序，需要运行在 Intel CPU（包括 AMD 等的同架构 CPU）上的 Linux。这里对 Linux 的发行版本没有特别的要求，大家可以选择喜欢的 Linux 发行版本来安装。本书不对 Linux 的安装方法进行说明。

另外，虽然这里以在 32 位版本的 Linux 上运行为前提，但通过使用兼容模式，64 位的 Linux 也可以运行 32 位的程序[①]。

运行 Cb 编译器需要 JRE（Java 运行时环境）。本书不对 JRE 的安装进行说明，请根据所使用的 Linux 发行版本的软件安装方法进行安装。

最后，本书制作的 Cb 编译器是用 Java 实现的。因此 build Cb 编译器本身需要 Java 的编译器。如果只是使用 Cb 编译器的话，则不需要 Java 编译器。

安装 Cb 编译器

接着说一下 Cb 编译器的安装方法，在此之前请先安装好 Linux 和 Java 运行环境。
首先下载 Cb 编译器的 jar 文件[②]。
下载的文件是用 tar 和 gzip 打包压缩的，请使用如下命令进行解压。

```
$ tar xzf cbc-1.0.tar.gz
```

---

① 关于 Linux 的兼容模式，请参考 http://www.ituring.com.cn/book/1308。另外，也可以参考 ubuntu 64 位系统下的 cbc 版本：https://github.com/leungwensen/cbc-ubuntu-64bit（提供 docker 镜像）。——译者注
② 打开 http://www.ituring.com.cn/book/1308，点击"随书下载"，下载 Cb 编译器。

解压后会生成名为 cbc-1.0 的目录，进入该目录。接着，如下切换到超级用户（root），运行 install.sh，这样安装就完成了。所有的文件都会被安装到 /usr/local 的目录下。

```
$ cd cbc-1.0
$ su
# ./install.sh
```

没有 root 权限的用户，也可以安装到自己的 home 目录下面。如下运行 install.sh，就可以把文件安装到 $HOME/cbc 目录下面。

```
$ prefix=$HOME/cbc ./install.sh
```

 Cb 的 Hello, World!

安装完 Cb 的编译器后，让我们来试着 build 一下 Cb 的 Hello,World! 程序吧。Cb 的 Hello,World! 程序如代码清单 1.2 所示。

代码清单 1.2　Cb 的 Hello,World!（hello.cb）

```
import stdio;

int
main(int argc, char **argv)
{
    printf("Hello, World!\n");
    return 0;
}
```

build 文件时，先进入 hello.cb 所在的目录，然后在 shell 中输入如下命令即可。

```
$ cbc hello.cb
```

和 gcc 不同的是，cbc 不需要输入任何选项，输出的文件名就为 hello。因此，只要 cbc 命令正常结束，应该就能生成可执行文件 hello。确认 hello 已经生成后，如下运行该文件。

```
$ ./hello
Hello, World!
```

如果像这样显示了 Hello,World!，就说明 cbc 编译器运行正常。并且上述 hello 命令是纯粹的 Linux 原生应用程序，在没有安装 cbc 的 Linux 机器上也可以正常运行。

下一章将对 Cb 语言和 cbc 进行说明。

第**2**章

C♭和 cbc

本章将对本书制作的编译器及其实现的概要进行
说明。

2.1 Cb 语言的概要

本书制作的编译器可将 Cb 这种语言编译为机器语言。本节首先对 Cb 语言的概要进行简单的说明。

Cb 的 Hello, World !

Cb 是 C 语言的简化版，省略了 C 语言中琐碎的部分以及难以实现、容易混淆的功能，实现起来条理更加清晰。虽然如此，Cb 仍保留了包括指针等在内的 C 语言的重要部分。因此，理解了 Cb 的编译过程，也就相当于理解了 C 程序的编译过程。

让我们再来看一下用 Cb 语言编写的 Hello,World! 程序，如代码清单 2.1 所示。

代码清单 2.1　用 Cb 语言编写的 Hello,World! 程序

```
import stdio;

int
main(int argc, char **argv)
{
    printf("Hello, World!\n");
    return 0;
}
```

可见该程序和 C 语言几乎没有差别，不同之处只是用 import 替代了 #include，仅此而已。

本书的目的是让读者理解"在现有的 OS 上，现有的程序是如何编译及运行的"。那些有着诸多不切实际的限制，仅能作为书中示例的"玩具"语言，对其进行编译丝毫没有意义。从这个角度来说，C 语言作为编程语言是非常具有现实意义的，而 Cb 则十分接近于 C 语言。因此，理解了 Cb，对于现实的程序就会有更深刻的认识。

Cb 中删减的功能

为了使编译器的处理简明扼要，下面这些 C 语言的功能不会出现在 Cb 中。

- 预处理器
- K&R 语法
- 浮点数

- enum
- 结构体（struct）的位域（bit field）
- 结构体和联合体（union）的赋值
- 结构体和联合体的返回值
- 逗号表达式
- const
- volatile
- auto
- register

简单地说一下删除上述功能的原因。

首先，Cb 同 C 语言最大的差异在于 Cb 没有预处理器。认真地制作 C 语言的预处理器会花费过多的时间和精力，进而无法专注于本书的主题——编译器。

但是，因为省略了预处理器，所以 Cb 无法使用 #define 和 #include。特别是不能使用 #include，将无法导入类型定义和函数原型，这是有问题的。为了解决该问题，Cb 使用了与 Java 类似的 import 关键字。import 关键字的用法将稍后说明。

数据类型方面也做了一些变化。

首先，删除了和浮点数相关的所有功能。浮点数的计算是比较重要的功能，笔者也想对此进行实现，但由于本书页数的限制，最后也只能放弃。

其次，由于 C 语言的 enum 和生成名称连续的 int 型变量的功能本质上无太大区别，因此为了降低编译器实现的复杂度，这里将其删除。至于结构体和联合体，主要也是考虑到编译器的复杂度，才删除了类似的使用频率不高或非核心的功能。

volatile 和 const 还是比较常用的，但因为 cbc 几乎不进行优化，所以 volatile 本身并没有太大意义。const 可以有条件地用数字字面量和字符串字面量来实现。

最后，auto 和 register 不仅使用频率低，而且并非必要，所以将其也删除了。

import 关键字

下面对 Cb 中新增的 import 关键字进行说明。

Cb 在语法上和 C 语言稍有差异，而且没有预处理器，所以不能直接使用 C 语言的头文件。为了能够从外部程序库导入定义，Cb 提供了 import 关键字。import 的语法如下所示。

```
import 导入文件 ID;
```

下面是具体的示例。

```
import stdio;
import sys.params;
```

导入文件类似于 C 语言中的头文件，记载了其他程序库中的函数、变量以及类型的定义。cbc 中有 `stdio.hb`、`stdlib.hb`、`sys/params.hb` 等导入文件，当然也可以自己编写导入文件。

导入文件的 ID 是去掉文件名后的 ".hb"，并用 "." 取代路径标识中的 "\" 后得到的。例如导入文件 `stdio.hb` 的 ID 为 `stdio`，导入文件 `sys/params.hb` 的 ID 为 `sys.params`。

导入文件的规范

下面让我们看一个导入文件的例子，cbc 中的 `stdio.hb` 的内容如代码清单 2.2 所示。

代码清单 2.2　导入文件 stdio.hb

```
// stdio.hb

import stddef;  // for NULL and size_t
import stdarg;

typedef unsigned long FILE;   // dummy

extern FILE* stdin;
extern FILE* stdout;
extern FILE* stderr;

extern FILE* fopen(char* path, char* mode);
extern FILE* fdopen(int fd, char* mode);
extern FILE* freopen(char* path, char* mode, FILE* stream);
extern int fclose(FILE* stream);
        :
        :
```

只有下面这些声明能够记述在导入文件中。

- 函数声明
- 变量声明（不可包含初始值的定义）
- 常量定义（这里必须有初始值）
- 结构体定义
- 联合体定义
- typedef

函数及变量的声明必须添加关键字 `extern`。并且在 Cb 中，函数返回值的类型、参数的类型、参数名均不能省略。

2.2 Cb编译器 cbc 的构成

阅读有一定数量的代码时，首先要做的就是把握代码目录以及文件的构成。这一节将对本书制作的 Cb 编译器 cbc 的代码构成进行说明。

cbc 的代码树

cbc 采用 Java 标准的目录结构，即将作者的域名倒序，将倒序后的域名作为包（package）名的前缀，按层次排列。比如，笔者的个人主页的域名是 loveruby.net，则包名以 net.loveruby 开头，接着是程序的名称 cflat，其下面排列着 cbc 所用的包。代码的目录结构如图 2.1 所示。

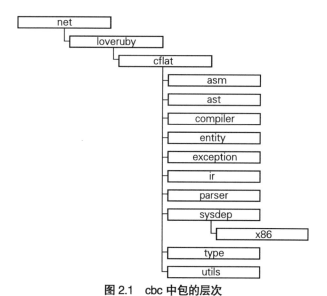

图 2.1 cbc 中包的层次

从 asm 到 utils 的 11 个目录，各自对应着同名的包。也就是说，cbc 有 11 个包，所有 cbc 的类都属于这 11 个包中的某一个。cbc 不直接在 net.loveruby 和 net.loveruby.cflat 下面放置类。

 **cbc 的包**

cbc 的包的内容如表 2.1 所示（省略了包名的前缀 net.loveruby.cflat）。

表 2.1　cbc 中的包

包	包中的类
asm	汇编对象的类
ast	抽象语法树的类
compiler	Compiler 类等编译器的核心类
entity	表示函数和变量等实体的类
exception	异常的类
ir	中间代码的类
parser	解析器类
sysdep	包含依赖于 OS 的代码的类（汇编器和链接器）
sysdep.x86	包含依赖于 OS 和 CPU 的代码的类（代码生成器）
type	表示 Cb 的类型的类
utils	小的工具类

在这些包之中，asm、ast、entity、ir、type 这 5 个包可以归结为数据相关（被操作）的类。另一方面，compiler、parser、sysdep、sysdep.x86 这 4 个包可以归结为处理相关（进行操作的一方）的类。

把握代码整体结构时最重要的包是 compiler 包，其中基本收录了 cbc 编译器前端的所有内容。例如，编译器程序的入口函数 main 就定义在 compiler 包的 Compiler 类中。

compiler 包中的类群

我们先来看一下 compiler 包中的类。compiler 包中主要的类如表 2.2 所示。

表 2.2　compiler 包中主要的类

类名	作用
Compiler	统管其他所有类的 facade 类（compiler driver）
Visitor	语义分析相关的类（第 9 章）
DereferenceChecker	
LocalReferenceResolver	
TypeChecker	
TypeResolver	
IRGenerator	从抽象语法树生成中间代码的类（第 11 章）

Compiler 类是统管 cbc 的整体处理的类。编译器的入口函数 main 也在 Compiler 类中定义。

从 Visitor 类到 TypeResolver 类都是语义分析相关的类。关于这些类的作用将在第 9 章详细说明。

最后，IRGenerator 是将抽象语法树转化为中间代码的类，详情请参考第 11 章。

 ## main 函数的实现

在本章最后，我们一起来大概地看一下 Compiler 类的代码。Compiler 类中 main 函数的代码如代码清单 2.3 所示。

代码清单 2.3　Compiler#main（compiler/Compiler.java）

```
static final public String ProgramName = "cbc";
static final public String Version = "1.0.0";

static public void main(String[] args) {
    new Compiler(ProgramName).commandMain(args);
}

private final ErrorHandler errorHandler;

public Compiler(String programName) {
    this.errorHandler = new ErrorHandler(programName);
}
```

main 函数中，通过 new Compiler(ProgramName) 生成 Compiler 对象，将命令行参数 args 传递给 commandMain 函数并执行。ProgramName 是字符串常量 "cbc"。

Compiler 类的构造函数中，新建 ErrorHandler 对象并将其设为 Compiler 的成员。之后，在输出错误或警告消息时使用该对象。

commandMain 函数的实现

接着来看一下负责 cbc 主要处理的 commandMain 函数（代码清单 2.4）。原本的代码中包含较多异常处理的内容，比较繁琐，因此这里只列举主要部分。

代码清单 2.4　Compiler#commandMain 的主要部分（compiler/Compiler.java）

```
public void commandMain(String[] args) {
    Options opts = Options.parse(args);
    List<SourceFile> srcs = opts.sourceFiles();
    build(srcs, opts);
}
```

commandMain 函数中，首先用 Options 类的 parse 函数来解析命令行参数 args，并取得 SourceFile 对象的列表（list）。一个 SourceFile 对象对应一份源代码。实际的 build 部分，是由 build 函数来完成的。

Options 对象中的成员如表 2.3 所示。

表 2.3　Options 对象的成员

类型	成员	作用
CompilerMode	mode	提示 build 处理在何处停止
String	outpuFileName	输出的文件名
LibraryLoader	loader	管理 import 文件的对象
boolean	debugParser	若为 true，则输出解析器的 debug log
boolean	verbose	若为 true，则表示详细模式（verbose mode）

Options 对象中还定义有其他成员和函数，因为只和代码生成器、汇编器、链接器相关，所以等介绍上述模块时再进行说明。

Java5 泛型

可能有些读者对 List<SourceFile> 这样的表达式还比较陌生，所以这里解释一下。

List<SourceFile> 表示"成员的类型为 SourceFile 的列表"，简单地说就是"SourceFile 对象的列表"。到 J2SE 1.4 为止，还不可以指定 List、Set 等集合中元素对象的类型。从 Java 5 开始，才可以通过集合类名 < 成员类名 > 来指定元素成员的类型。

通过采用这种写法，Java 编译器就知道元素的类型，在取出元素对象时就不需要进行类型转换了。

这种能够对任意类型进行共通处理的功能称为**泛型**。在 Java5 新增的功能中，泛型使用起来尤其方便，是不可缺少的一项功能。

build 函数的实现

我们继续看负责 build 代码的 build 函数，其代码大概如代码清单 2.5 所示。

代码清单 2.5　Compiler#build 的主要部分（compiler/Compiler.java）

```java
public void build(List<SourceFile> srcs, Options opts)
                                throws CompileException {
    for (SourceFile src : srcs) {
        compile(src.path(), opts.asmFileNameOf(src), opts);
        assemble(src.path(), opts.objFileNameOf(src), opts);
    }
    link(opts);
}
```

首先，用 foreach 语句（稍候讲解）将 SourceFile 对象逐个取出，并交由 compile 函数进行编译。compile 函数是对单个 Cb 文件进行编译，并生成汇编文件的函数。

接着，调用 assemble 函数来运行汇编器，将汇编文件转换为目标文件。

最后，使用 link 函数将所有的对象文件和程序库链接。

可见上述代码和第 1 章中叙述的 build 的过程是完全对应的。

Java 5 的 foreach 语句

这里介绍一下 Java 5 中新增的 foreach 语句。foreach 语句，在写代码时也可以写成 "for..."，但通常叫作 foreach 语句。

foreach 语句是反复使用 Iterator 对象的语句的省略形式。例如，在 build 函数中有如下 foreach 语句。

```
for (SourceFile src : srcs) {
    compile(src.path(), opts.asmFileNameOf(src), opts);
    assemble(src.path(), opts.objFileNameOf(src), opts);
}
```

这个 foreach 语句等同于下面的代码。

```
Iterator<SourceFile> it = srcs.iterator();
while (it.hasNext()) {
    SourceFile src = it.next();
    compile(src.path(), opts.asmFileNameOf(src), opts);
    assemble(src.path(), opts.objFileNameOf(src), opts);
}
```

通过使用 foreach 语句，遍历列表等容器的代码会变得非常简洁，因此本书中将尽量使用 foreach 语句。

compile 函数的实现

最后我们来看一下负责编译的 compiler 函数的代码。剩余的 assemble 函数和 link 函数将在本书的第 4 部分进行说明。

compiler 函数中也有用于在各阶段处理结束后停止处理的代码等，多余的部分比较多，所以这里将处理的主要部分提取出来，如代码清单 2.6 所示。

代码清单 2.6 Compiler#compiler 的主要部分（compiler/Compiler.java）

```
public void compile(String srcPath, String destPath,
                    Options opts) throws CompileException {
    AST ast = parseFile(srcPath, opts);
    TypeTable types = opts.typeTable();
    AST sem = semanticAnalyze(ast, types, opts);
    IR ir = new IRGenerator(errorHandler).generate(sem, types);
    String asm = generateAssembly(ir, opts);
    writeFile(destPath, asm);
}
```

首先，调用 parseFile 函数对代码进行解析，得到的返回值为 AST 对象（抽象语法树）。

再调用 semanticAnalyze 函数对 AST 对象进行语义分析，完成抽象语法树的生成。接着，调用 IRGenerator 类的 generate 函数生成 IR 对象（中间代码）。至此就是编译器前端处理的代码。

之后，调用 generateAssembly 函数生成汇编语言的代码，并通过 writteFile 函数写入文件。这样汇编代码的文件就生成了。

从下一章开始，我们将进入语法分析的环节。

第 **1** 部分

代码分析

第 **3** 章

语法分析的概要

本章先简单地介绍一下负责代码分析的语法分析
器的相关内容，接着对描述 cbc 的解析器所使用
的 JavaCC 这一工具的概要进行说明。

3.1 语法分析的方法

本节将对语法分析的一般方法进行说明。

代码分析中的问题点

代码的分析可不是用普通的方法就可以解决的。例如，考虑一下 C 语言中的算式。C 语言中的 8+2-3 应该解释为 (8+2)-3，但 8+2*3 的话就应该解释为 8+(2*3)。分析算式时，一定要考虑**运算符的优先级**（operator precedence）。

C 语言中能够填写数字的地方可以用变量或数组、结构体的元素来替代，甚至还可以是函数调用。对于这种多样性，编译器都必须能够处理。

而且，无论是算式、变量还是函数调用，如果出现在注释中，则不需要处理。同样，出现在字符串中也不需要处理。编译器必须考虑到这种因上下文而产生的差异。

如上所述，在分析编程语言的代码时，需要考虑到各种因素，的确非常棘手。

代码分析的一般规律

为了处理分析代码时产生的各类问题，人们尝试了各种手段，现在编程语言的代码分析在多数范围内都有一般规律可循。只要遵循一般规律，绝大多数的编程语言都能够顺利分析。

另外，如果将编程语言设计得能够根据一般规律进行代码分析，那么之后的处理就会容易得多。Cb 就是这样设计的一种语言。它将 C 语言中不符合代码分析一般规律的部分进行了改良，尽量简化了代码分析处理。

换言之，Cb 语言中所修改的规范也就是利用一般规律难以处理的规范。关于这部分规范的内容，以及原来的规范为什么使用一般规律难以处理，后文将进行适当的说明。

词法分析、语法分析、语义分析

接着，我们就来具体了解一下代码分析的一般规律。第 1 章中提到了代码分析可分为语法分析和语义分析两部分。一般来说，语法分析还可以继续细分为以下 2 个阶段。

1. 词法分析
2. 语法分析

首先解释一下词法分析。

词法分析（lexical analyze）就是将代码分割为一个个的单词，也可以称为**扫描**（scan）。举例来说，词法分析就是将 x = 1 + 2 这样的程序分割为 "x" "=" "1" "+" "2" 这样 5 个单词。并且在该过程中，会将空白符和注释这种对程序没有实际意义的部分剔除。正因为预先有了词法分析，语法分析器才可以只处理有意义的单词，进而实现简化处理。

负责词法分析的模块称为**词法分析器**（lexical analyzer），又称**扫描器**（scanner）。

理想的情况是将词法分析、语法分析、语义分析这 3 个阶段做成 3 个独立的模块，这样的代码是最优美的。但实际上，这 3 个阶段并不能明确地分割开。现有的编程语言中，能将词法分析、语法分析、语义分析清晰地分割开的恐怕也不多。因此，比较实际的做法是以结构简洁为目标，在意识到存在 3 个阶段的基础上，进行各类尝试和修改。

本书中制作的 Cb 编译器的词法分析为独立的模块，但语义分析的一部分将放在语法分析的模块中来实现。

"语法分析"一词的二义性

这里有一点需要注意，实际上"语法分析"有两重含义：其一，语法分析中词法分析以外的部分才称为"语法分析"；其二，正如在第 1 章中提到的狭义编译的第 1 阶段，词法分析和语法分析两者合起来称为"语法分析"。

这的确比较容易混淆，但通常根据上下文还是能够区别的。词法分析和语法分析成对出现时，这里的"语法分析"是指词法分析以外的部分，即狭义的语法分析。另一方面，语法分析和代码生成、链接等并列出现时，指的则是包括词法分析在内的广义上的语法分析。本书原则上对上述两种情况不进行区分，统称为"语法分析"。在需要明确区分时，会用"狭义的语法分析"和"广义的语法分析"来指代。

扫描器的动作

接着，让我们更深入地了解一下这部分内容。先从扫描器（即词法分析器）的结构开始，以下面的 Cb 代码为例。

```
import stdio;

int
main(int argc, char** argv)
```

```
{
    printf("Hello, World!\n");  /* 打个招呼吧 */
    return 0;
}
```

这就是所谓的 Hello,World！程序。扫描器将此代码分割为如下的单词。

```
import
stdio
;
int
main
(
int
argc
,
char
*
*
argv
)
{
printf
(
"Hello, World!\n"
)
;
return
0
;
}
```

需要注意的是，这里已经剔除了空白符、换行以及注释。一般情况下，空白符和注释都是在词法分析阶段进行处理的。

单词的种类和语义值

扫描器的工作不仅仅是将代码分割成单词，在分割的同时还会推算出单词的种类，并为单词添加语义值。

单词的种类是指该单词在语法上的分类，例如单词"54"的种类是"整数"。

语义值（semantic value）表示单词所具有的语义。例如，在 C 语言中，单词"54"的语义为"数值 54"。单词""string""的语义为"字符串 "string""。"printf"和"i"的语义有可能是函数名，也有可能是变量名。

所以，为了表示"整数 54"，扫描器会为单词"54"添加"这个单词的语义是数值 54"这样的信息。该信息就是语义值。单词""Hello\n""的种类是字符串，添加的语义值为"H""e""l""l""o""换行符"这 6 个字符（图 3.1）。

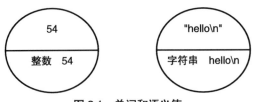

图 3.1 单词和语义值

另外，也有一些单词本身不存在语义值。例如，对于保留字 int 来说，"保留字 int"这样的种类信息已经完全能够表示语义，不需要额外的语义值。

 **token**

在编程语言处理系统中，我们将"一个单词（的字面）"和"它的种类""语义值"统称为 token。通过使用 token 这个词，词法分析器的作用就可以说是解析代码（字符行）并生成 token 序列。

以刚才列举的 Hello,World！程序为例，cbc 的扫描器输出的 token 序列如表 3.1 所示。

表 3.1 Hello,World！的词法分析结果

单词	种类	语义值（无语义值的话为 "-"）
int	保留字 int	-
main	标识符	"main"
(	(	-
int	保留字 int	-
argc	标识符	"argc"
,	,	-
char	保留字 char	-
*	*	-
*	*	-
argv	标识符	"argv"
)	)	-
{	{	-
printf	标识符	"printf"
(	(	-
"Hello, World!\n"	字符串	"Hello,World!\n"
)	)	-
;	;	-
return	保留字 return	-
0	整数	"0"
;	;	-
}	}	-

cbc 中使用 --dump-tokens 选项就可以显示任意代码的扫描结果的 token 序列。请大家一定自己试着用 cbc --dump-tokens 处理各类代码，看一下会生成怎样的结果。

抽象语法树和节点

编程语言的编译器中解析器的主要作用是解析由扫描器生成的 token 序列，并生成代码所对应的树型结构，即语法树。确切地说，也有方法可以不需要生成语法树，但这样的方法仅限于极小型的编译器，因此本书予以省略。

语法树和语法是完全对应的，所以例如 C 语言的终结符分号以及表达式两端的括号等都包含在真实的语法树中。但是，保存分号和括号基本没有实际的意义，因此实际上大部分情况下会生成一开始就省略分号、括号等的抽象语法树。也就是说，解析器会跳过语法树，直接生成抽象语法树。

无论语法树还是抽象语法树，都是树形的数据结构，因此和普通的树结构相同，由称为**节点**（node）的数据结构组合而成。用 Java 来写的话，一个节点可以用一个节点对象来表示。

3.2 解析器生成器

本节我们将了解自动生成解析器的工具。

什么是解析器生成器

手动编写扫描器或解析器是一件非常无聊且繁琐的事情，原因在于不得不反复编写同样的代码。而且手动编写扫描器或解析器的话，将很难理解要解析的究竟是一种怎样的语法。

因此，为了使工作量和可读性两方面都有所改善，人们对自动生成扫描器和解析器的方法进行了研究。生成扫描器的程序称为**扫描器生成器**（scanner generator），生成解析器的程序称为**解析器生成器**（parser generator）。只需指定需要解析的语法，扫描器生成器和解析器生成器就能生成解析相应语法的代码。

cbc 使用名为 JavaCC 的工具来生成扫描器和解析器。JavaCC 兼具扫描器生成器和解析器生成器的功能，因此能够在一个文件中同时记述扫描器和解析器。

解析器生成器的种类

扫描器生成器都大体类似，解析器生成器则有若干个种类。现在具有代表性的解析器生成器可分为 **LL 解析器生成器**和 **LALR 解析器生成器**两类。

这样划分种类的依据是解析器生成器能够处理的语法的广度。解析器生成器并非能够处理所有语法，有着其自身的局限性。可以说这种局限性越小，能够处理的语法就越广。

一般的解析器生成器的种类如表 3.2 所示。大家可以结合该表来阅读下面的内容。一般来说，能够处理的语法范围最广的解析器生成器是 LR 解析器生成器。但是因为 LR 解析器生成器的速度非常缓慢，所以出现了通过稍微缩减可处理的语法范围来提高效率的解析器生成器，那就是 LALR 解析器生成器。而 LL 解析器生成器比 LALR 解析器生成器的结构更简单、更易于制作，但可处理的语法范围也更小。

表 3.2　解析器生成器的种类

种类	可处理的语法范围	速度
LR 解析器生成器	广	一般
LALR 解析器生成器	相对狭窄	一般
LL 解析器生成器	较窄	较快

LALR 解析器生成器能够处理的语法范围比 LL 要广泛很多，加上现有的编程语言几乎都属于 LALR 语法，因此解析器生成器长期以来都是以 LALR 解析器生成器为主。而最具代表性的 LALR 解析器生成器就要数 UNIX 上的 yacc 了。

但最近从解析器的易理解性和可操作性来看，LL 解析器生成器的势头正在恢复。本书所用的 JavaCC 就是面向 Java 的 LL 解析器生成器。

解析器生成器的选择

除 JavaCC 之外，还有很多其他的解析器生成器。表 3.3 中列举了各语言具有代表性的解析器生成器。

表 3.3　各类解析器生成器

软件名	能够生成解析器的语言	可处理语法的范围
ANTLR	Java、C、C++ 等多数语言	LL(*)
JavaCC	Java	LL(k)
jay	Java	LALR(1)
yacc	C	LALR(1)
bison	C	LALR(1)
kmyacc	C、Java、JavaScript、Perl	LALR(1)
Lemon	C	LALR(1)
Parse::RecDecendent	Perl	LL(1)
Racc	Ruby	LALR(1)
Parsec	Haskell	LL(k)
happy	Haskell	LALR(1)

在"可处理语法的范围"一列中，有的像 LALR(1) 这样，标注了 (1) 这样的数字。这表示能够超前扫描的 token 数，其中 (k) 或 (*) 表示能够超前扫描任意个数。基本上可以认为这个数字越大解析器生成器的功能就越强。也就是说，同样为 LL 解析器生成器，比起 LL(1)，LL(k) 或者 LL(*) 要更强大。有关 token 的超前扫描的内容将在第 5 章进行讲解。

另外，cbc 选择 JavaCC 作为解析器生成器的原因有如下 4 个。

- 具备了所必需的最低限度的功能
- 运行生成的解析器时不需要专门的库
- 软件的实现比较成熟
- 生成的代码还算是可读的

但是大家在制作解析器时不必局限于 JavaCC。只要学会使用一个解析器生成器，学习其他的解析器生成器也就变得容易了。通过本书理解了 JavaCC 的优缺点后，也请大家试着研究一下其他生成器。

编译器的编译器

有些人将解析器生成器称为**编译器的编译器**（compiler compiler）。JavaCC 的 CC 也是"编译器的编译器"的略称，yacc 的 CC 也是。这里解释一下"编译器的编译器"这个说法。

顾名思义，编译器的编译器是指生成编译器的编译器。只要确定编程语言的规格和 CPU 的规格，就能生成供这个 CPU 使用的特定编程语言的编译器。关于编译器的编译器这个想法，最早从 20 世纪 60 年代人们就开始研究了。

有了编译器的编译器，就能简单地制作编译器，非常方便。但同时制作编译器的编译器也是件非常困难的事情。能够实际使用的编译器的编译器至今尚未出现。

但作为制作编译器的编译器的研究成果，我们已知道编译器中的一部分可以相对容易地自动生成。"可以相对容易地自动生成的部分"就是扫描器和解析器。由于编译器的编译器一直无法投入实际应用，而只有扫描器生成器和解析器生成器逐渐走红，不知从何时开始，扫描器生成器和解析器生成器就被称为编译器的编译器了。

但事实上，解析器生成器生成的是解析器，并非编译器，因此将解析器生成器称为编译器的编译器就有点言过其实了，还是称之为解析器生成器比较合适，至少笔者是这么认为的。

3.3 JavaCC 的概要

本书中的 Cb 编译器使用名为 JavaCC 的工具来生成解析器。本节就对 JavaCC 进行简单的说明。

什么是 JavaCC

JavaCC 是 Java 的解析器生成器兼扫描器生成器。为 JavaCC 描述好语法的规则，JavaCC 就能够生成可以解析该语法的扫描器和解析器（的代码）了。

JavaCC 是 LL 解析器生成器，因此比起 LR 解析器生成器和 LALR 解析器生成器，它有着可处理语法的范围相对狭窄的缺点。但另一方面，JavaCC 生成的解析器有易于理解、易于使用的优势。另外，因为支持了"无限长的 token 超前扫描"，所以可处理语法范围狭窄的问题也得到了很好的改善，这一点将在第 5 章中介绍。

语法描述文件

语法规则通常会用一个扩展名为".jj"的文件来描述，该文件称为**语法描述文件**。cbc 中在名为 Parser.jj 的文件中描述语法。

一般情况下，语法描述文件的内容多采用如下形式。

```
options {
    JavaCC 的选项
}

PARSER_BEGIN ( 解析器类名 )
package 包名 ;
import 库名 ;

public class 解析器类名 {
    任意的 Java 代码
}
PARSER_END ( 解析器类名 )

扫描器的描述

解析器的描述
```

　　语法描述文件的开头是描述 JavaCC 选项的 options 块，这部分可以省略。

　　JavaCC 和 Java 一样将解析器的内容定义在单个类中，因此会在 PARSER_BEGIN 和 PARSER_END 之间描述这个类的相关内容。这部分可以描述 package 声明、import 声明以及任意的方法。

　　在此之后是扫描器的描述和解析器的描述。这部分的内容将在以后的章节中详细说明，这里暂且省略。

语法描述文件的例子

　　如果完全没有例子将很难理解语法描述文件，因此这里举一个非常简单的例子。如代码清单 3.1 所示，这是一个只能解析正整数加法运算并进行计算的解析器的语法描述文件。请大家粗略地看一下，只要对内容有大致的了解就行了。

代码清单 3.1　Adder.jj

```
options {
    STATIC = false;
}

PARSER_BEGIN(Adder)
import java.io.*;

class Adder {
    static public void main(String[] args) {
        for (String arg : args) {
            try {
                System.out.println(evaluate(arg));
            }
            catch (ParseException ex) {
                System.err.println(ex.getMessage());
            }
        }
    }

    static public long evaluate(String src) throws ParseException {
        Reader reader = new StringReader(src);
        return new Adder(reader).expr();
    }
}
PARSER_END(Adder)

SKIP: { <[" ","\t","\r","\n"]> }

TOKEN: {
    <INTEGER: (["0"-"9"])+>
}

long expr():
```

```
{
    Token x, y;
}
{
    x=<INTEGER> "+" y=<INTEGER> <EOF>
        {
            return Long.parseLong(x.image) + Long.parseLong(y.image);
        }
}
```

在一开始的 `options` 块中，将 `STATIC` 选项设置为 `false`。将该选项设置为 `true` 的话，JavaCC 生成的所有成员及方法都将被定义为 `static`。

若将 `STATIC` 选项设置为 `true`，那么所生成的解析器将无法在多线程环境下使用，因此该选项应该总是被设置成 `false`。比较麻烦的是，`STATIC` 选项的默认值是 `true`，因此无法省略该选项，必须明确地将其设置为 `false`。

接着，从 `PARSER_BEGIN（Adder）`到 `PARSER_END（Adder）`是解析器类的定义。解析器类中需要定义的成员和方法也写在这里。为了实现即使只有 `Adder` 类也能够运行，这里定义了 `main` 函数。`main` 函数的内容将稍后讲解。

之后的 `SKIP` 和 `TOKEN` 部分定义了扫描器。`SKIP` 表示要跳过空格、制表符（tab）和换行符。`TOKEN` 表示扫描整数字符并生成 token。

从 `long expr...` 开始到最后的部分定义了狭义的解析器。这部分解析 token 序列并执行某些操作。cbc 生成抽象语法树，但 `Adder` 类并不生成抽象语法树，而是直接计算表达式的结果。

运行 JavaCC

要用 JavaCC 来处理 `Adder.jj`，需使用如下 `javacc` 命令。

```
$ javacc Adder.jj
Java Compiler Compiler Version 4.0 (Parser Generator)
(type "javacc" with no arguments for help)
Reading from file Adder.jj . . .
File "TokenMgrError.java" does not exist.  Will create one.
File "ParseException.java" does not exist.  Will create one.
File "Token.java" does not exist.  Will create one.
File "SimpleCharStream.java" does not exist.  Will create one.
Parser generated successfully.
$ ls Adder.*
Adder.Java   Adder.jj
```

除了输出上述消息之外，还会生成 `Adder.java` 和其他的辅助类。

要编译生成的 `Adder.java`，只需要 `javac` 命令即可。输入如下命令试着进行编译。

```
$ javac Adder.java
$ ls Adder.*
Adder.class  Adder.java  Adder.jj
```

这样就生成了 `Adder.class` 文件。

让我们马上试着执行一下。`Adder` 类是从命令行参数获取计算式并进行计算的，因此可以如下这样从命令行输入计算式并执行。

```
$ java Adder '1+5'
6
$ java Adder '1  + 5'
6
$ java Adder '300 + 1234'
1534
```

可见已经能很好地进行加法运算了。

启动 JavaCC 所生成的解析器

在本节结束前，我们来了解一下 main 函数的代码。首先，代码清单 3.2 中再一次给出了 main 函数的代码。

代码清单 3.2　Adder#main 函数（Adder.java）

```java
static public void main(String[] args) {
    for (String arg : args) {
        try {
            System.out.println(evaluate(arg));
        }
        catch (ParseException ex) {
            System.err.println(ex.getMessage());
        }
    }
}
```

该函数将所有命令行参数的字符串作为计算对象的算式，依次用 `evaluate` 方法进行计算。例如从命令行输入参数 `"1 + 3"`，`evaluate` 方法就会返回 4，之后只需用 `System.out.println` 方法输出结果即可。

下面所示的是 `evaluate` 方法的代码。

代码清单 3.3　Adder#evaluate 方法（Adder.java）

```java
static public long evaluate(String src) throws ParseException {
    Reader reader = new StringReader(src);
    return new Adder(reader).expr();
}
```

该方法中生成了 `Adder` 类（解析器类）的对象实例，并让 `Adder` 对象来计算（解析）参

数字符串 `src`。

要运行 JavaCC 生成的解析器类，需要下面 2 个步骤。

1. 生成解析器类的对象实例
2. 用生成的对象调用和需要解析的语句同名的方法

首先说一下第 1 点。JavaCC 4.0 生成的解析器中默认定义有如下 4 种类型的构造函数。

1. Parser(InputStream s)
2. Parser(InputStream s, String encoding)
3. Parser(Reader r)
4. Parser(× × × × TokenManager tm)

第 1 种形式的构造函数是通过传入 `InputStream` 对象来构造解析器的。这个构造函数无法设定输入字符串的编码，因此无法处理中文字符等。

而第 2 种形式的构造函数除了 `InputStream` 对象之外，还可以设置输入字符串的编码来生成解析器。如果要使解析器能够解析中文字符串或注释的话，就必须使用第 2 种或第 3 种构造函数。但如下所示，如果要处理中文字符串，仅靠改变构造函数是不够的。

第 3 种形式的构造函数用于解析 `Reader` 对象所读入的内容。`Adder` 类中就使用了该形式。

第 4 种形式是将扫描器作为参数传入。如果是要解析字符串或文件输入的内容，没有必要使用该形式的构造函数。

解析器生成后，用这个实例调用和需要解析的语法（正确地说是标识符）同名的方法。这里调用 `Adder` 类实例的 `expr` 方法，就会开始解析，解析正常结束后会返回语义值。

中文的处理

下面讲解一下用 JavaCC 处理带有中文字符的字符串的方法。

要使 JavaCC 能够正确处理中文，首先需要将语法描述文件的 `options` 块的 `UNICODE_INPUT` 选项设置为 `true`，如代码清单 3.4 所示。

代码清单 3.4　options 块（parser/Parser.jj）

```
options {
    STATIC = false;
    DEBUG_PARSER = true;
    UNICODE_INPUT = true;
    JDK_VERSION = "1.5";
}
```

这样就会先将输入的字符串转换成 UNICODE 后再进行处理。`UNICODE_INPUT` 选项为 `false` 的情况下只能处理 ASCII 范围内的字符。

另外，使用刚才列举的构造函数的第 2 种或第 3 种形式，为输入的字符串设置适当的编码。使用第 3 种形式的情况下，在 Reader 类的构造函数中指定编码。

编码所对应的名称请见表 3.4。这样即使包含中文字符的代码也能够正常处理了。

表 3.4　编码的名称

编码	JavaCC 的构造函数所对应的名称
UTF-8	"UTF-8"
GB2312	"gb2312"
GBK	"gbk"

第 **4** 章

词法分析

本章将先介绍基于 JavaCC 的词法分析的相关
内容，之后再介绍 Cb的扫描器的实现。

4.1　基于 JavaCC 的扫描器的描述

本节将结合 cbc 的扫描器的代码，来介绍基于 JavaCC 描述扫描器的方法。

本章的目的

第 3 章中已经介绍过扫描器的作用，扫描器是将由编程语言描述的代码切分成单词，并同时给出单词的语义值。换言之，就是给出 token 序列。

那么要怎样用 JavaCC 来制作目标语言的扫描器呢？ JavaCC 采用**正则表达式**（regular express）的语法来描述需要解析的单词的规则，并由此来表现扫描器。

正则表达式是以指定字符串模式为目的的微型语言。Linux 上的 grep 命令、awk 命令、Perl 等，很多情况下都可以使用正则表达式，因此知晓什么是正则表达式的人还是比较多的。如果还不知道正则表达式，也请借此机会试着学习一下。

另外，JavaCC 的正则表达式和 grep 等所使用的正则表达式即便功能相同，字面表述也完全不一样。直接使用 grep 等的正则表达式的话，将无法按照预期正常运行，这点请注意。

JavaCC 的正则表达式

我们来讲解一下 JavaCC 所使用的正则表达式。首先，JavaCC 的正则表达式能够描述的模式如表 4.1 所示。

表 4.1　JavaCC 的正则表达式

种类	示例
固定字符串	"int"
连接	"ABC" "XYZ"
字符组	["X","Y","Z"]
限定范围的字符组	["0"-"9"]
排除型字符组	~["X","Y","Z"]
任意一个字符	~[]
重复 0 次或多次	("o")*
重复 1 次或多次	("o")+
重复 n 次到 m 次	("o"){1,3}
重复 n 次	("o"){3}
可以省略	("0x")?
选择	"ABC"|"XYZ"

下面按顺序详细讲解。

固定字符串

JavaCC 中要描述"和字符串自身相匹配的模式"时，可以用双引号（""）括起来，比如像 `"int"` 和 `"long"` 这样。

这里的"匹配"是"适合""符合"的意思。当字符串很好地符合由正则表达式描述的字符串模式时，就可以说"字符串匹配模式"。例如字符串 `"int"` 匹配模式 `"int"`。

连接

像 `"ABC"` 之后接着 `"XYZ"` 这样表示模式连续的情况下，只需接着上一个模式书写即可。例如 `"ABC"` 之后接着 `"XYZ"` 的模式如下所示。

```
"ABC" "XYZ"
```

像这样由连续模式表现的正则表达式的模式称为**连接**（sequence）。

上面的例子是固定字符串的连接，因此写成 `"ABCXYZ"` 也是一样的。当和之后讲述的模式组合使用时，连接模式就能够体现其价值。

字符组

想要表示"特定字符中的任一字符"时，可以使用方括号，像 `["X", "Y", "Z"]` 这样表示，该模式匹配字符 `"X"` 或 `"Y"` 或 `"Z"`。像这样指定字符的集合称为**字符组**（character class）。

还可以用中划线"-"来指定字符的范围。例如 `["0"-"9"]` 表示字符 `"0"` 到 `"9"` 范围内包含的字符都能够匹配。也就是说，它和 `["0","1","2","3","4","5","6","7","8","9"]` 是相同的。

也可以组合使用","和"-"。例如标识符中能够使用的字符（字母、数字或下划线）可以如下这样描述。

```
["a"-"z", "A"-"Z", "0"-"9", "_"]
```

排除型字符组

字符组通过指定集合中包含的字符来表现字符集合，反之也可以指定集合中不包含的字符。也就是说，能够描述像"数字之外的所有字符"这样的模式。这样的模式称为**排除型字符组**（negated character class）。

排除型字符组的写法如下所示，通常是在字符组前面加上"~"。

```
~["X", "Y", "Z"]
```

这样就能表示 "X"、"Y"、"Z" 以外的字符。

下面的写法能够表示任意一个字符，这是非常实用的排除型字符组的用法。

```
~[]
```

"[]"是不包含任何字符的字符组，因此将其反转就是包含所有字符。

重复 1 次或多次

JavaCC 的正则表达式能够描述一个模式的重复，分为重复 0 次或多次和重复 1 次或多次。我们先从重复 1 次或多次开始讲解。

例如，要描述字符 "x" 重复 1 次或多次，可如下这样使用"+"。

```
("x")+
```

"x" 两侧的括号无论在何种模式下都是必需的，这点请注意。

上述模式匹配 "x" 重复 1 次或多次，即和"x""xx""xxxxxxx"等匹配。

重复 0 次或多次

如果要描述重复 0 次或多次，可以如下这样使用"*"。

```
("x")*
```

使用"*"时两侧的括号也是必不可少的。该模式和"x""xx""xxxxxx"以及""（空字符）匹配。

和空字符匹配，这也是"*"的关键之处（同时也是问题）。例如，调查一下模式 ("y")* 和字符串 xxx 的开头是否匹配。字符串 xxx 中一个 y 字符也没有，因此感觉是不匹配的，但实际是 ("y")* 和 xxx 的开头匹配。原因是字符串 xxx 的开头可以看作是长度为 0 的空字符。

像这样错误地使用"*"很容易产生奇怪的现象。在使用"*"时要注意，结合其他的模式，模式整体不能在不经意之间和空字符串匹配。

重复 n 次到 m 次

"重复 0 次或多次"和"重复 1 次或多次"都是重复次数上限不固定的模式，JavaCC 的正则表达式还可以描述"重复 n 次到 m 次"的模式。要描述重复 n 次到 m 次，可以如下这样使用 {n,m}。

```
("o"){3,9}
```

该模式和 3 个至 9 个字符的 o 相匹配。匹配的字符串的例子有 "ooo" "ooooo" "ooooooooo" 等。

正好重复 n 次

JavaCC 的正则表达式也可以描述 "正好重复 n 次"。如下所示，使用 {n} 来描述正好重复 n 次。

```
(["0"-"7"]){3}
```

该模式和 3 个 0 到 7 范围内的数字字符相匹配。匹配的字符串的例子有 "000" "345" "777" 等。

可以省略

要表示某个模式出现 0 次或 1 次，即可以省略，如下这样使用 "?" 即可。

```
("0x")?
```

上述模式描述了 "0x" 是可有可无（可以省略）的。还要注意的是两侧的括号是必需的。

例如很多语言中的整数字面量能够添加正号和负号，但也可以省略。这样的模式可以如下这样描述。

```
(["+", "-"])? (["0"-"9"])+
```

该模式和 "5" "+1" "-35" 等匹配。

选择

最后的模式是 "选择"，能够描述 "A 或者 B 或者 C" 这样 "选择多个模式中的一个" 的模式。例如描述 ""ABC" 或者 "XYZ""，如下这样使用竖线 "|" 即可。

```
"ABC" | "XYZ"
```

请注意 "|" 的优先级非常低。例如有如下这样的模式，你知道选择对象的范围是从哪里到哪里吗？

```
"A" "B" | "C" "D"
```

正确的答案是 "模式全体"，即如下这样解读。

```
("A" "B") | ("C" "D")
```

而不是像下面这样只是将 "B" 和 "C" 作为选择的对象。

```
"A" ("B" | "C") "D"
```

如果想按上述这样解读的话，要明确地用括号括起来。

4.2　扫描没有结构的单词

从本节开始我们将实际使用 JavaCC 来制作 cbc 的扫描器。

首先来看一下用 JavaCC 的 TOKEN 命令对最简单的标识符和保留字进行扫描的方法。

TOKEN 命令

JavaCC 中扫描 token 要像下面这样使用 **TOKEN 命令**（TOKEN directive），并排记载 token 名和正则表达式。

```
TOKEN: {
      <token 名 1 : 正则表达式 1>
    | <token 名 2 : 正则表达式 2>
    | <token 名 3 : 正则表达式 3>
              ⋮
    | <token 名 n : 正则表达式 n>
}
```

这样记载后就会生成扫描器，扫描器扫描符合正则表达式模式的字符串并生成对应的 token。

并且 TOKEN 命令的块在一个文件中可以出现任意多次，因此按照逻辑上的相关性分开记载 TOKEN 命令比较好。

扫描标识符和保留字

cbc 中扫描标识符和保留字的部分是最简单的，下面让我们一起来看一下这部分的代码示例（代码清单 4.1）。

代码清单 4.1　扫描标识符和保留字（parser/Parser.jj）

```
TOKEN: {
      <VOID    : "void">
    | <CHAR    : "char">
    | <SHORT   : "short">
    | <INT     : "int">
    | <LONG    : "long">
    | <STRUCT  : "struct">
    | <UNION   : "union">
```

```
      |  <ENUM      :  "enum">
      |  <STATIC    :  "static">
      |  <EXTERN    :  "extern">
      |  <CONST     :  "const">
      |  <SIGNED    :  "signed">
      |  <UNSIGNED  :  "unsigned">
      |  <IF        :  "if">
      |  <ELSE      :  "else">
      |  <SWITCH    :  "switch">
      |  <CASE      :  "case">
      |  <DEFAULT_  :  "default">
      |  <WHILE     :  "while">
      |  <DO        :  "do">
      |  <FOR       :  "for">
      |  <RETURN    :  "return">
      |  <BREAK     :  "break">
      |  <CONTINUE  :  "continue">
      |  <GOTO      :  "goto">
      |  <TYPEDEF   :  "typedef">
      |  <IMPORT    :  "import">
      |  <SIZEOF    :  "sizeof">
}

TOKEN: {
    <IDENTIFIER: ["a"-"z", "A"-"Z", "_"] (["a"-"z", "A"-"Z", "_", "0"-"9"])*>
}
```

　　第 1 个 TOKEN 命令描述了保留字的规则，第 2 个 TOKEN 命令描述了标识符的规则。保留字的正则表达式都是固定字符串的模式，很容易理解。意思是发现固定字符串 "void" 就生成 VOID token，发现 "char" 就生成 CHAR token……

　　与之相比，IDENTIFIER 的正则表达式就稍显复杂。该模式描述了第 1 个字符是字母或下划线，第 2 个字符及以后是字母、下划线或数字这样的规则。

选择匹配规则

　　严谨地思考一下的话，刚才说明的内容其实存在模棱两可之处。例如，代码中写有 voidFunction 的话会生成何种 token 呢？理想的情况当然是生成 IDENTIFIER 的 token，但开头的 void 部分和 VOID token 的正则表达式匹配，所以也有可能生成 VOID token。

　　事实上 voidFunction 不会生成 VOID 的 token。原因是 JavaCC 会同时尝试匹配所有的正则表达式，并选择匹配字符串最长的规则。voidFunction 和 VOID token 的正则表达式匹配的部分是只有 4 个字符的 void，而 IDENTIFIER token 的正则表达式和 voidFunction 的 12 个字符匹配。12 个字符比 4 个字符长，因此对于 voidFunction，JavaCC 会生成 IDENTIFIER token。

那么和多个规则的正则表达式匹配的字符串长度相同的情况下又会怎样呢？例如代码 void f()，和 VOID token 以及 IDENTIFIER token 的正则表达式都匹配 void 这 4 个字符。

像这样和多个规则的正则表达式匹配的字符串长度相同的情况下，JavaCC 优先选择在文件中先定义的 token 规则。也就是说，如果 VOID token 的规则写在 IDENTIFIER token 规则之前，那么生成 VOID token。而如果 IDENTIFIER token 的规则先定义的话，则生成 IDENTIFIER token。

因此，如果将 IDENTIFIER token 的规则定义写在保留字的规则之前，那么所有保留字都会被扫描成为 IDENTIFIER token，所以所有保留字的规则必须在写在 IDENTIFIER 的规则之前。

扫描数值

作为使用 TOKEN 命令的另一个例子，我们来看一下扫描数值的代码。cbc 中相应部分的代码如代码清单 4.2 所示。

代码清单 4.2　扫描数值（parser/Parser.jj）

```
TOKEN: {
    <INTEGER: ["1"-"9"] (["0"-"9"])* ("U")? ("L")?
            | "0" ["x", "X"] (["0"-"9", "a"-"f", "A"-"F"])+ ("U")? ("L")?
            | "0" (["0"-"7"])* ("U")? ("L")?
            >
}
```

这次的正则表达式稍微有些复杂，我们试着将其分解后来看。

首先是下列 3 个正则表达式的组合，从上到下分别是十进制、十六进制、八进制的数值字面量的模式。

```
["1"-"9"] (["0"-"9"])*                         ("U")? ("L")?
"0" ["x", "X"] (["0"-"9", "a"-"f", "A"-"F"])+ ("U")? ("L")?
"0" (["0"-"7"])*                               ("U")? ("L")?
```

上述各个正则表达式中用到的模式有下面这些。

["1"-"9"]

0 以外的 1 位数字

["0"-"9"]

任意 1 位数字

(["0"-"9"])*

任意的数字，0 位或多位排列

("U")?

可省略的字符 "U"

`("L")?`

可省略的字符 "L"

`["x","X"]`

字符 "x" 或字符 "X"

`["0"-"9","a"-"f","A"-"F"]`

任意 1 位数字或 a~f、A~F 的任意 1 个字符（十六进制的字符）

`(["0"-"9","a"-"f","A"-"F"])+`

十六进制字符 1 位或多位排列

`["0"-"7"]`

0 到 7 的 1 位数字（八进制的字符）

`(["0"-"7"])*`

八进制字符 0 位或多位排列

`("U")?`　`("L")?` 这两部分是等同的。该模式下两者都省略的话为""（空字符）；省略一者的话为"U"或"L"；两者都不省略的话是"UL"。这可以用来描述表示数值类型的结尾词"U""L""UL"[1]。

---

① U 表示无符号整数，L 表示长整数，UL 表示无符号的长整数。——译者注

4.3 扫描不生成 token 的单词

本节将介绍空白符和注释这种不生成 token 的字符串的扫描方法。

SKIP 命令和 SPECIAL_TOKEN 命令

上一节中介绍的都是生成 token 的规则，例如扫描到 "void" 会生成 VOID token。

与之相对，编程语言的代码中存在本身不具有意义的部分，例如空白符和注释，这一部分在扫描后必须跳过。

要跳过这部分代码，可以如下使用 SKIP 命令（SKIP directive）。

```
SKIP: {
    <token 名：模式 >
  | <token 名：模式 >
          ⋮
  | <token 名：模式 >
}
```

不使用 TOKEN 命令而使用 SKIP 命令的话就不会生成 token，因此使用 SKIP 命令可以省略 token 名。

还可以用 SPECIAL_TOKEN 命令（SPECIAL_TOKEN directive）来跳过 token。SKIP 命令和 SPECIAL_TOKEN 命令的区别在于是否保存跳过的 token。使用 SKIP 命令无法访问跳过的字符串，使用 SPECIAL_TOKEN 命令就可以借助下面被扫描的 TOKEN 对象来取得跳过的字符串。相应的方法将在第 7 章详细说明。

跳过空白符

让我们试着看一下使用 SKIP 命令和 SPECIAL_TOKEN 命令的例子。从 cbc 的代码中提取出跳过 token 之间的空白符的规则，如代码清单 4.3 所示。

代码清单 4.3　跳过空白符（parser/Parser.jj）

```
SPECIAL_TOKEN: { <SPACES: ([" ", "\t", "\n", "\r", "\f"])+> }
```

[" ", "\t", "\n", "\r", "\f"] 表示 " "（空格）、"\t"（制表符）、"\n"（换行

符）、"\r"（回车）、"\f"（换页符）之中的任意一个，后面加上"+"表示上述 5 种字符之一
1 个或多个排列而成的字符串。

因为使用了 SPECIAL_TOKEN 命令，所以上述描述表示读取并跳过由空格、制表符、换
行、回车、换页符之中的任意一个排列组成的字符串。

另外，因为使用了 SPECIAL_TOKEN 命令而非 SKIP 命令，所以读取跳过的部分可以通过
下面要扫描的 Token 对象进行访问。

跳过行注释

再来看一下另一个扫描后不生成 token 的例子。扫描行注释的 cbc 代码如代码清单 4.4 所示。

代码清单 4.4　跳过行注释（parser/Parser.jj）

```
SPECIAL_TOKEN: {
    <LINE_COMMENT: "//" (~["\n", "\r"])* ("\n" | "\r\n" | "\r")?>
}
```

这里又用到了新的模式，同样让我们按顺序来看一下。

"//"
字符串"//"

["\n","\r"]
换行（"\n"）或回车（"\r"）

~["\n","\r"]
换行（"\n"）或回车（"\r"）以外的字符

(~["\n","\r"])*
换行（"\n"）或回车（"\r"）以外的字符 0 个或多个排列

"\n"|"\r\n"|"\r"
各种平台上的换行符

("\n"|"\r\n"|"\r")?
换行符，可省略

总结一下，上述代码所描述的模式是以"//"开始，接着是换行符以外的字符，并以换行符
结尾的字符串。简单来说，这里描述的是从"//"开始到换行符为止的字符串。文件的最后可
能没有换行符，因此换行符是可以省略的。

4.4 扫描具有结构的单词

本节将为大家介绍对块注释和字符串字面量这样有起始符号和终结符号的 token 的扫描方法。

最长匹配原则和它的问题

让我们试着思考一下块注释（/*……*/）的扫描方法。这个例子中包含了几个比较棘手的问题，让我们按顺序来看一下。

首先要注意的是下列模式是无法正确地扫描块注释的。

```
SKIP { <"/*" (~[])* "*/"> }
```

如果这样写，那么直到注释的终结符为止都和模式"（~[]）*"匹配，最终下面代码中底纹较深的部分都会被作为注释扫描。

```
import stdio;
              /* 本应只有这一行是注释…… */
int
main(int argc, char **argv)
{
    printf("Hello, World!\n");
    return 0;          /* 以状态 0 结束 */
}
```

原因在于"~[]"和任意一个字符匹配，所以和"*""/"也是匹配的。并且"*"模式会尽可能和最长的字符串进行匹配，因此结果就是和最后（第 2 处）出现的"*/"之前的部分都匹配了。

这里的"尽可能和最长的字符串匹配"的方针称为**最长匹配原则**（longest match principle）。扫描块注释的情况下最长匹配原则表现得并不理想，但一般情况下最长匹配原则并不是太糟糕。也有一些其他的正则表达式的实现方式，但首先我们还是默认使用能够正确运行的最长匹配。

基于状态迁移的扫描

为了解决模式"（~[]）*"在块注释的情况下过度匹配的问题，需要进行如下修改。

```
SKIP: { <"/*"> : IN_BLOCK_COMMENT }
<IN_BLOCK_COMMENT> SKIP: { <~[]> }
<IN_BLOCK_COMMENT> SKIP: { <"*/"> : DEFAULT }
```

上述例子中的 IN_BLOCK_COMMENT 是扫描的**状态**（state）。通过使用状态，可以实现只扫描代码的一部分。

让我们来讲解一下状态的使用方法。首先再看一下上述例子中的第 1 行。

```
SKIP: { <"/*"> : IN_BLOCK_COMMENT }
```

这样在规则定义中写下 { 模式：状态名 } 的话，就表示匹配模式后会**迁移**（transit）到对应的状态。上述例子中会迁移到名为 IN_BLOCK_COMMENT 的状态。

扫描器在迁移到某个状态后只会运行该状态专用的词法分析规则。也就是说，在上述例子中，除了 IN_BLOCK_COMMENT 状态专用的规则之外，其他的规则将变得无效。

要定义某状态下专用的规则，可以如下这样在 TOKEN 等命令前加上 < 状态名 >。

```
< 状态名 > TOKEN: {~}
< 状态名 > SKIP: {~}
< 状态名 > SPECIAL_TOKEN: {~}
```

再来看一下扫描块注释的例子中的第 2 行和第 3 行。

```
<IN_BLOCK_COMMENT> SKIP: { <~[]> }
<IN_BLOCK_COMMENT> SKIP: { <"*/"> : DEFAULT }
```

只有当扫描器处于 IN_BLOCK_COMMENT 状态下时，这两个规则才有效，而其他规则在这个状态下将变得无效。

最后再看一下示例代码的第 3 行。

```
<IN_BLOCK_COMMENT> SKIP: { <"*/"> : DEFAULT }
```

该行中的 <"*/">:DEFAULT 也表示状态迁移，意思是匹配模式 "*/" 的话就迁移到 DEFAULT 状态。

DEFAULT 状态（DEFAULT state）表示扫描器在开始词法分析时的状态。没有特别指定状态的词法分析规则都会被视作 DEFAULT 状态。也就是说，至今为止所定义的保留字的扫描规则、标识符的规则以及行注释的规则实际上都属于 DEFAULT 状态。

<"*/">:DEFAULT 的意思是匹配模式 "*/" 的话就回到最初的状态。

MORE 命令

至此，扫描块注释的代码如下所示。

```
SKIP: { <"/*"> : IN_BLOCK_COMMENT }
<IN_BLOCK_COMMENT> SKIP: { <~[]> }
<IN_BLOCK_COMMENT> SKIP: { <"*/"> : DEFAULT }
```

但实际上上述代码仍然存在问题，上述代码在扫描过程中到达文件的尾部时会出现很糟糕的情况。

　　例如，对下面这样（存在语法错误）的 Cb 代码进行词法分析。

```
int
main(int argc, char **argv)
{
    return 0;
}
/* 文件结束
```

　　上述代码应该是忘记关闭块注释了。如果对上述程序进行处理，理想的情况是提示"注释未关闭"这样的错误，但如果使用刚才的词法分析规则，则不会提示错误而是正常结束。

　　未提示错误的原因在于使用了 3 个 SKIP 命令的规则进行扫描。像这样分成 3 个规则来使用 SKIP 命令的话，3 个规则就会分别被视为对各自的 token 的描述，因此匹配到任何一个规则都会认为扫描正常结束。所以即使块注释中途结束，上述规则也无法检测出来。实际是用 3 个规则对一个注释进行词法分析，所以要将"这 3 个规则用于解析一个注释"这样的信息传给扫描器。

　　这时就可以使用 MORE 命令（MORE directive）。通过使用 MORE 命令，可以将一个 token 分割为由多个词法分析的规则来描述。

　　首先，使用 MORE 命令改进后的块注释的词法分析规则如下所示。

```
MORE: { <"/*"> : IN_BLOCK_COMMENT }
<IN_BLOCK_COMMENT> MORE: { <~[]> }
<IN_BLOCK_COMMENT> SKIP: { <"*/"> : DEFAULT }
```

　　第 1 行和第 2 行的 SKIP 命令 被替换为了 MORE 命令，这样就能向扫描器传达"仅匹配该规则的话扫描还没有结束"。换言之，如果使用 MORE 命令扫描后遇到文件末尾，或无法和之后的规则匹配，就会发生错误。

　　因此只要使用 MORE 命令，在块注释的中途遇到文件结尾时就可以正确提示错误了。

跳过块注释

　　关于跳过块注释我们已经讨论了很多，这里再来总结一下。我们从 cbc 的代码中提取出扫描块注释的部分，如代码清单 4.5 所示。

代码清单 4.5　跳过块注释（parser/Parser.jj）

```
MORE: { <"/*"> : IN_BLOCK_COMMENT }
<IN_BLOCK_COMMENT> MORE: { <~[]> }
<IN_BLOCK_COMMENT> SPECIAL_TOKEN: { <BLOCK_COMMENT: "*/"> : DEFAULT }
```

　　我们主要解决了两大问题。

　　首先，使用（~[]）* 这样一个模式一口气扫描注释的话，就会越过注释的终结符而引发过度匹配问题，因此我们引入了状态迁移对其进行改善。

其次，只使用 SKIP 命令或 SPECIAL_TOKEN 命令进行扫描的话，在注释的中途遇到文件结尾时就无法正确提示错误。因此除最后的规则之外我们全部使用 MORE 命令，以便能够明示扫描器正在扫描一个 token。

解决了上述两个问题，就能够正确扫描块注释，也能够很好地处理错误了。

虽然看起来有些复杂，但所有具有起始符和终结符的单词都可以用类似的方法进行扫描。此后还将介绍类似的例子，所以请掌握状态迁移和 MORE 命令的用法。

扫描字符串字面量

让我们再来看一个使用 MORE 命令的例子。提取出字符串字面量（"Hello" 等）的扫描规则，如代码清单 4.6 所示。字符串字面量同样具有起始符和终结符，所以也使用了状态迁移和 MORE 命令。

代码清单 4.6　扫描字符串字面量（parser/Parser.jj）

```
MORE: { <"\""> : IN_STRING }                        // 规则 1
<IN_STRING> MORE: {
        <(~["\"", "\\", "\n", "\r"])+>              // 规则 2
    |   <"\\" (["0"-"7"]){3}>                        // 规则 3
    |   <"\\" ~[]>                                   // 规则 4
}
<IN_STRING> TOKEN: { <STRING: "\""> : DEFAULT }      // 规则 5
```

首先，借助状态迁移可以用多个规则来描述 token。扫描到规则 1 的起始符 """ 后迁移到 IN_STRING 状态，只有规则 2、3、4 在该状态下是有效的。

其次，除了最后的规则 5 之外，规则 1 ~ 4 都使用 MORE 命令将用多个规则扫描一个 token 这样的信息传达给了 JavaCC。这样一来，在 token 扫描到一半而中途结束时就能够给出正确的错误提示。

扫描字符字面量

最后来看一下扫描字符字面量（'A' 等）的代码。字符字面量的规则如代码清单 4.7 所示。

代码清单 4.7　扫描字符字面量（parser/Parser.jj）

```
MORE: { <"'"> : IN_CHARACTER }                       // 规则 1
<IN_CHARACTER> MORE: {
        <~["'", "\\", "\n", "\r"]> : CHARACTER_TERM  // 规则 2
    |   <"\\" (["0"-"7"]){3}>      : CHARACTER_TERM   // 规则 3
    |   <"\\" ~[]>                 : CHARACTER_TERM   // 规则 4
}
<CHARACTER_TERM> TOKEN: { <CHARACTER: "'"> : DEFAULT } // 规则 5
```

从代码上看和字符串字面量的分析规则非常相似，但也有一些不同之处。相同之处在于扫描到规则 1 的起始符"'"之后迁移到 IN_CHARACTER 状态，但之后若扫描到一个字符或转义字符（escape sequence），则要迁移到 CHARACTER_TERM 状态。

至此我们所看过的块注释或字符串字面量中，从起始符到终结符之间的长度是任意的，但字符字面量的内容不允许超过一个字符的字面量，因此扫描到一个字符的内容后能接受的就只有终结符"'"了。这里迁移到 CHARACTER_TERM 状态即表示"下一个符号只接受终结符"。

扫描块注释的正则表达式

本节我们组合使用了多个规则来扫描块注释，事实上只用一个规则也能够描述块注释，该规则可以写成如下形式。

```
SKIP : { < "/*" (~["*"])* ("*")+ (~["/", "*"] (~["*"])* ("*")+)* "/" > }
```

但这样的写法存在 3 个问题。

首先，过于复杂、难以理解。从静心凝神开始分析，你可能要花费整整 1 小时才会发出"啊！原来可以这样扫描啊！"的感慨，完全领会可能需要 3 个小时左右。

其次，容易让人觉得自己来思考这样复杂的模式太难了。

最后，注释的终结符缺失时，上述模式将无法识别"扫描注释途中遇到文件结尾"这样的错误。注释途中文件结束的情况下，像上面这样用一个规则描述模式的话，仅能识别出"文件最后存在无法扫描的字符串"这样的错误。

使用状态迁移的方法最初可能看起来有些复杂，稍微习惯后就能够很方便地使用。像块注释和字符串这样具有起始符和终结符的 token，请使用状态迁移进行扫描。

第 **5** 章

基于 JavaCC 的解析器的描述

本章将介绍基于 JavaCC 的解析器的描述方法。

5.1 基于 EBNF 语法的描述

本节我们将一边制作 Cb 语言的解析器，一边对使用 JavaCC 制作解析器的方法进行介绍。

本章的目的

首先，让我们来回顾一下解析器的作用。

编译器中解析器的作用是利用扫描器生成的 token 序列来生成语法树。例如，生成如图 5.1 所示的语法树。

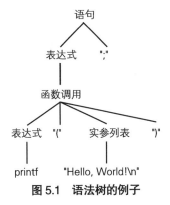

图 5.1 语法树的例子

如图 5.1 所示，字符串和 " ("、") " 等对应代码中的 1 个单词。换言之，就是能够作为扫描器中的 1 个 token 被识别。

另一方面，"语句"和"函数调用"则对应多个单词，即对应多个 token。但这样的语法扫描器是无法识别的。

将上述这样由多个 token 构成的语法单位识别出来，正是解析器最重要的工作。在 token 序列中，只要知道了"这个单词列是语句""这是函数调用"等，接下来就只需根据 token 信息来构建语法树即可，并不是什么太难的工作。

基于 JavaCC 的语法描述

下面就来讲一下使用 JavaCC 从 token 序列中识别出"语句""表达式""函数调用"等语法单位的方法。

只要为 JavaCC 描述"语句""表达式""函数调用"这样的语法单位各自是由怎样的 token 序列构成的，就能够对该语法进行分析（parse）。

例如，让我们以最简单的赋值表达式为例来思考一下。最简单的赋值表达式可以描述为"符号""`"="`""表达式"的排列。换言之，如果存在"符号""`"="`""表达式"这样的排列，那就是赋值表达式。这个规则在 JavaCC 中表示成下面这样。

```
assign():
{}
{
    <IDENTIFIER> "=" expr()
}
```

`assign()` 对应赋值表达式，`<IDENTIFIER>` 对应 token 标识符，`"="` 对应 `"="`token，`expr()` 对应表达式。`assign()` 和 `expr()` 是笔者随便取的名字，并不是说赋值表达式就必须是 `assgin()`，表达式必须是 `expr()`。

像 `<IDENTIFIER>` 这样已经在扫描器中定义过的 token，在描述解析器时可以直接使用。其他的如 `"="` 这样的固定字符串因为同样可以表示 token，所以也能在规则中使用。

另外，表达式 `expr()` 自身也是由多个 token 构成的。这样的情况下需要进一步对 `expr()` 的规则进行描述。夹杂着中文来写的话大致如下所示。

```
expr():
{}
{
        expr() "+" expr()
    或  expr() "-" expr()
    或  expr() "*" expr()
            ⋮
            ⋮
}
```

像这样写好所有语法单位的规则之后，基于 JavaCC 的解析器的描述也就完成了。大家应该有一个大致的印象了吧。

终端符和非终端符

这里请记住 1 个术语。JavaCC 中将刚才的"语句""函数调用""表达式"等非 token 的语法单位称为**非终端符**（nonterminal symbol），并将非终端符像 Java 的函数调用一样在后面加上括号写成 `stmt()` 或 `expr()`。

既然有"非"终端符，自然也有终端符。**终端符**（terminal symbol）可以归纳为 token。使用在扫描器中定义的名称，可以写成 `<IDENTIFIER>` 或 `<LONG>`。并且 JavaCC 中除了扫描器中定义的 token 以外，`"="`、`"+"`、`"=="` 这样的字符串字面量也可以作为终端符来使用（表 5.1）。

表 5.1 终端符和非终端符

种类	含义	例
终端符	token	\<IDENTIFER\>、\<LONG\>、"="、"+"
非终端符	由终端符排列组成的语法单位	stmt()、expr()、assignment()

在讲解 token 时我们提到了"token 是单词的字面表现和含义的组合",这里的终端符和非终端符中的"符"可以说蕴含了相同的意思。

也就是说,这里的"符"也兼具字面表现和含义两重功能。举例来说,赋值表达式这样的非终端符就既有 i=1 这样的字面表现,又有"将整数 1 赋值给变量 i"这样的含义。字面表现和含义两者的组合才能称为"符"。

顺便提一下,至于为什么称为终端和非终端,是因为在画语法树的图时,终端符位于树的枝干的末端(终端)。非终端符由于是由其他符号的列组成的,因此一定位于分叉处,而非树的末端。

JavaCC 的 EBNF 表示法

下面具体地说一下 JavaCC 中语法规则的描述方法。

JavaCC 使用名为 EBNF(Extended Backus-Naur Form)的表示法来描述语法规则。EBNF 和描述扫描器时使用的正则表达式有些相似,但比正则表达式所能描述的语法范围更广。

首先,表 5.2 中罗列了 JavaCC 的解析器生成器所使用的 EBNF 表示法。

表 5.2 JavaCC 的 EBNF 表示法

种类	例子
终端符	\<IDENTIFIER\> 或 ","
非终端符	name()
连接	\<UNSIGNED\>\<LONG\>
重复 0 次或多次	(","expr())*
重复 1 次或多次	(stmt())+
选择	\<CHAR\>|\<SHORT\>|\<INT\>|\<LONG\>
可以省略	[\<ELSE\> stmt()]

我们已经讲过了终端符和非终端符,下面我们从第 3 项的"连接"开始来看一下。

连接

连接是指特定符号相连续的模式,比如首先是符号 A,接着是符号 B,再接着是符号 C……

例如 C 语言(C♭)的 continue 语句是保留字 continue 和分号的排列。反过来说,如果保留字 continue 之后接着分号,就说明这是 continue 的语句。JavaCC 中将该规则写成如下形式。

```
<CONTINUE> ";"
```

<CONTINUE> 是表示保留字 continue 的终端符，";" 是表示字符自身的终端符。像这样，JavaCC 中通过简单地并列符号来表示连接。

表示连接的符号可以是终端符也可以是非终端符，当然两者混用也是可以的。

重复 0 次或多次

接着我们来看一下如何描述将符号重复 0 次或多次。重复是指相同的符号 X 并排出现多次的模式。

例如，C 语言（Cb）的代码块中可以记载 0 个或多个语句的排列，我们来试着描述一下。下面的写法就能表示 0 个或多个语句（stmt：statement）排列。

```
(stmt())*
```

和正则表达式相同，* 是表示重复 0 次或多次的特殊字符。并且此处 stmt() 两侧的括号不能省略。

再来看一个例子。函数的参数是由逗号分隔的表达式（expr：expression）排列而成的。换种说法就是 expr 之后排列着 0 个或多个逗号和 expr 的组合。这样的规则在 JavaCC 中写成如下形式。

```
expr() ("," expr())*
```

上述表述中，* 的作用域是与其紧挨着的左侧括号中的内容，也就是说，作用对象是逗号和 expr 这两者。因此上述规则能够表现下面这样的符号列。

```
expr()
expr() "," expr()
expr() "," expr() "," expr()
expr() "," expr() "," expr() "," expr()
            ⋮
```

在编程语言的语法中，"期间○○重复多次"是非常常见的，因此请将刚才的写法作为常用的语法描述记忆下来。

重复 1 次或多次

刚才我们看了重复 0 次或多次，JavaCC 同样可以表示重复 1 次或多次。和正则表达式一样，重复 1 次或多次也使用 + 写成如下形式。

```
(stmt())+
```

上述代码描述了非终端符 stmt() 重复 1 次或多次。如果 stmt() 是语句的话，(stmt())+ 就是 1 个或多个语句的排列。

选择

接着是符号的选择（alternative）。选择是指在多个选项中选择 1 个的规则，比如选择符号 A 或者符号 B。

例如 Cb 的类型有 void、char、unsigned char 等，可以写成如下形式。

```
<VOID> | <CHAR> | <UNSIGNED> <CHAR> | ……
```

即 <VOID> 或 <CHAR> 或 <UNSIGNED><CHAR> 或……的意思。

可以省略

某些模式可能出现 0 次或 1 次，即可以省略。表示这样的模式时使用 []。

以变量的定义为例。定义变量时可以设置初始值，但如果不设置的话也没有问题。也就是说，初始值的记载是可以省略的。这样的情况下，在 JavaCC 中可以写成如下形式。

```
storage() typeref() name() ["=" expr()] ";"
```

5.2 语法的二义性和 token 的超前扫描

本节将介绍使用 JavaCC 进行语法分析时所遇到的各类问题，以及其解决方法之一——token 的超前扫描。

语法的二义性

事实上，JavaCC 并非能够分析所有用上一节叙述的方法（EBNF）所描述的语法。原因在于用 EBNF 描述的语法本质上存在具有二义性的情况。

举一个有名的例子，让我们试着考虑一下 C 语言中的 if 语句的语法。C 语言中的 if 语句用 JavaCC 的 EBNF 可以如下这样描述。

```
"if" "(" expr() ")" stmt() ["else" stmt()]
```

另一方面，作为符合上述规则的具体代码，我们来看一下下面的例子。

```
if (cond1)
    if (cond2)
        f();
    else
        g();
```

让我们根据刚才的规则试着分析一下这段代码。

乍看之下会觉得第 2 个 if 和 else 是成对的，这一整体位于最初的 if 条件之下。加上括号后的代码如下所示。

```
if (cond1) {
    if (cond2) {
        f();
    } else {
        g();
    }
}
```

但实际上，如果不依赖直觉，仅依据刚才的规则仔细思考一下，下面这样的解释也是可能的。

```
if (cond1) {
    if (cond2) {
        f();
```

```
    }
} else {
    g();
}
```

也就是说，对于 1 份具体的代码，可以如图 5.2 这样生成 2 棵语法树。像这样对于单个输入可能有多种解释时，这样的语法就可以说存在二义性。

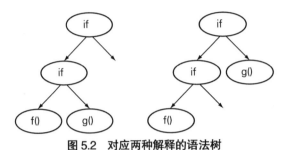

图 5.2　对应两种解释的语法树

顺便说一下，C 语言中的 `if` 语句的规则存在二义性的问题是比较有名的，俗称**空悬 else**（dangling else）。

JavaCC 的局限性

刚才的空悬 else 问题，其语法在本质上就存在二义性。除此之外，也存在因为 JavaCC 本身的局限性而无法正确解析程序的情况。例如像下面这样描述语法时就会发生这种问题。

```
type(): {}
{
    <SIGNED> <CHAR>      // 选项 1
  | <SIGNED> <SHORT>     // 选项 2
  | <SIGNED> <INT>       // 选项 3
  | <SIGNED> <LONG>      // 选项 4
    ......
```

事实上，JavaCC 在遇到用"|"分隔的选项时，在仅读取了 1 个 token 的时刻就会对选项进行判断，确切的动作如下所示。

1. 读取 1 个 token
2. 按照书写顺序依次查找由上述 token 开头的选项
3. 找到的话就选用该选项

也就是说，根据上述规则，JavaCC 在读取了 `<SIGNED>`token 时就已经选择了 `<SIGNED>` `<CHAR>`，即选项 1。因此即便写了选项 2 和选项 3，也是完全没有意义的。这个问题称为 JavaCC 的**选择冲突**（choice conflict）。

⫶⫶ 提取左侧共通部分

值得庆幸的是，当你写了会发生选择冲突的规则的情况下，若用 JavaCC 处理该语法描述文件，就会给出如下警告消息。因此如果是无法分析的语法，马上就能知道。

```
$ javacc Parser.jj
Java Compiler Compiler Version 4.0 (Parser Generator)
(type "javacc" with no arguments for help)
Reading from file Parser.jj . . .
Warning: Choice conflict involving two expansions at
        line 642, column 8 and line 643, column 7 respectively.
        A common prefix is: "unsigned"
        Consider using a lookahead of 2 for earlier expansion.
Parser generated with 0 errors and 1 warnings.
```

像这样，消息中如果出现了 Choice conflict 字眼，就说明发生了选择冲突。

解决上述问题的方法有两个，其中之一就是将选项左侧共通的部分提取出来。以刚才的规则为例，修改为如下这样即可。

```
type(): {}
{
    <SIGNED> (<CHAR> | <SHORT> | <INT> | <LONG>)
    ......
```

这样就不会发生选择冲突了。

当遇到 JavaCC 的上述局限性时，应首先考虑是否可以用提取共通部分的方法来处理。但还是存在使用此方法仍然无法描述的规则，以及提取共通部分的处理非常复杂的情况，这样的情况下就可以通过接下来要讲的 "token 的超前扫描" 来解决。

⫶⫶ token 的超前扫描

之前提到了 JavaCC 在遇到选项时仅根据读取的 1 个 token 来判断选择哪个选项。事实上这只是因为 JavaCC 默认仅根据读取的 1 个 token 进行判断。只要明确指定，JavaCC 可以在读取更多的 token 后再决定选择哪个选项。这个功能就称为 token 的超前扫描 [1]（lookahead）。

刚才列举的语法规则也能够用 token 的超前扫描进行分析，为此要将规则写成如下形式。

```
type(): {}
{
    LOOKAHEAD(2) <SIGNED> <CHAR>         // 选项 1
  | LOOKAHEAD(2) <SIGNED> <SHORT>        // 选项 2
  | LOOKAHEAD(2) <SIGNED> <INT>          // 选项 3
  | <SIGNED> <LONG>                      // 选项 4
    以下省略
```

---

[1]　也称为 "向前读取"。——译者注

添加的 LOOKAHEAD(2) 是关键。LOOKAHEAD(2) 表示的意思为"读取 2 个 token 后，如果读取的 token 和该选项相符合，则选择该选项"。也就是说，读取 2 个 token，如果它们是 <SIGNED> 和 <CHAR> 的话，就选用选项 1。同样，第 2 个选项的意思是读取 2 个 token，如果它们是 <SIGNED> 和 <SHORT> 的话，就选用选项 2。

需要超前扫描的 token 个数（上述例子中为 2）是通过"共通部分的 token 数 +1"这样的算式计算得到的。例如，上述规则中选项之间的共通部分为 <SIGNED>，只有 1 个，因此需要超前扫描的 token 个数为在此基础上再加 1，即 2。

为什么这样能够解决问题呢？因为只要读取了比共通部分的 token 数多 1 个的 token，就一定能读到非共通部分的 token，也就是说，能够读到各选项各自特有的部分。经过了这样的确认后再进行选择就不会有问题了。

最后的选项（选项 4）不需要使用 LOOKAHEAD。这是因为 LOOKAHEAD 是在还剩下多个选项时，为了延迟决定选择哪个选项而使用的功能。

正如之前所讲的那样，JavaCC 会优先选用先描述的选项，因此，当到达最后的选项即意味着其他的选项都已经被丢弃，只剩下这最后 1 个选项了。在只剩下 1 个选项时，即便推迟选择也是没有意义的。如果和任何一个选项都不匹配的话，那只能是代码存在语法错误了。

最后，无法获知"共通部分的 token 数"的情况也是存在的。这样的例子以及解决方案将在稍后介绍"更灵活的超前扫描"这一部分时进行讨论。

可以省略的规则和冲突

除"选择"以外，选择冲突在"可以省略"或"重复 0 次或多次"中也可能发生。

可以省略的规则中，会发生"是省略还是不省略"的冲突，而非"选择选项 1 还是选项 2"的冲突。之前提到的空悬 else 就是一个具体的例子。空悬 else 的问题在于内侧的 if 语句的 else 部分是否省略（图 5.3）。如果内侧的 if 语句的 else 部分没有省略，则 else 部分属于内侧的 if 语句，如果省略的话则属于外侧的 if 语句。

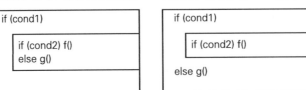

图 5.3　空悬 else 问题和冲突

空悬 else 最直观的判断方法是"else 属于最内侧的 if"，因此试着使用 LOOKAHEAD 来进行判断。首先，未使用 LOOKAHEAD 进行判断的规则描述如下所示。

```
if_stmt(): {}
{
    <IF> "(" expr() ")" stmt() [<ELSE> stmt()]
}
```

使用 LOOKAHEAD 来避免冲突发生的规则如下所示。

```
if_stmt(): {}
{
    <IF> "(" expr() ")" stmt() [LOOKAEHAD(1) <ELSE> stmt()]
}
```

如你所见，判断方法本身非常简单。通过添加 LOOKAHEAD(1)，就可以指定"读取 1 个 token 后，如果该 token 符合规则（即如果是 <ELSE>）则不省略 <ELSE> stmt()"。这样就能明确 else 始终属于最内侧的 if 语句，空悬 else 的问题就可以解决了。

重复和冲突

重复的情况下会发生"是作为重复的一部分读入还是跳出重复"这样的选择冲突。

来看一个具体的例子，如下所示为 Cb 中表示函数形参的声明规则。

```
param_decls(): {}
{
    type() ("," type())* ["," "..."]
}
```

这个规则中，表示可变长参数的 "," "..." 不会被解析。原因大家应该知道的吧。

根据上述规则，在读取 type() 后又读到 "," 时，本来可能是 "," type() 也可能是 "," "..." 的，但 JavaCC 默认向前只读取 1 个 token，因此在读到 "," 时就必须判断是继续重复还是跳出重复。并且恰巧 "," 和 ("," type()) 的开头一致，所以 JavaCC 会一直判断为重复 ("," type())*，而规则 "," "..." 则完全不会被用到。实际上如果程序中出现 "," "..."，会因为不符合规则 "," type() 而判定为语法错误。

要解决上述问题，可以如下添加 LOOKAHEAD。

```
param_decls(): {}
{
    type() (LOOKAHEAD(2) "," type())* ["," "..."]
}
```

这样 JavaCC 在每次判断该重复时就会在读取 2 个 token 后再判断是否继续重复，因此在输入了 "," "..." 后就会因为检测到和 "," type() 不匹配而跳出 ("," type())* 的重复。

更灵活的超前扫描

关于 token 的超前扫描，JavaCC 中还提供了更为灵活的方法。之前提到的 LOOKAHEAD 可以指定 "恰好读取了几个 token"，除此之外还可以指定 "读取符合这个规则的所有 token"。

让我们来看一下需要用到上述功能的例子。请看下面的规则。

```
definition(): {}
{
    storage() type() <IDENTIFIER> ";"
  | storage() type() <IDENTIFIER> arg_decls() block()
  以下省略
```

上述是 Cb 的参数定义和函数定义的规则。左侧的部分完全一样，也就是说，这样的规则也会发生选择冲突。虽说可以通过提取左侧共通部分来解决问题，但这次让我们考虑尝试用超前扫描的方法。

用超前扫描来分析上述规则，读取 "恰好 n 个" token 是行不通的。原因在于共通部分 storage() type() <IDENTIFIER> 中存在非终端符号 storage() 和 type()。因为不知道 storage() 和 type() 实际对应几个 token，所以无法用读取 "恰好 n 个" token 来处理。

这里就需要使用刚才提到的 "读取符合这个规则的所有 token" 这样的设置。上述规则中选项间的共通部分是 storage() type() <IDENTIFIER>，因此只要读取了共通部分加上 1 个 token，即 storage() type() <IDENTIFIER> ";"，就能够区别 2 个选项了。将规则进行如下改写。

```
definition(): {}
{
    LOOKAHEAD(storage() type() <IDENTIFIER> ";")
    storage() type() <IDENTIFIER> ";"
  | storage() type() <IDENTIFIER> arg_decls() block()
  以下省略
```

如上所示，只需在 LOOKAHEAD 的括号中写上需要超前扫描的规则即可。这样利用超前扫描就能够顺利地区分 2 个选项了。

超前扫描的相关注意事项

这里讲一个和 token 的超前扫描相关的注意事项。

即便写了 LOOKAHEAD 也并非一定能按照预期对程序进行分析。添加 LOOKAHEAD 后 Choice conflict 的警告消息的确消失了，但实际上 JavaCC 不会对 LOOKAHEAD 描述的内容进行任何检查。在发生选择冲突的地方加上 LOOKAHEAD 后不再显示警告，仅此而已。LOOKAHEAD 处理的描述是否正确，我们必须自己思考。

新的解析器构建手法

几年前，说起解析器人们首先还是会想起 yacc（LALR），但最近解析器界出现了新的流派。

其中之一是和 LL 解析器、LR 解析器风格截然不同的 **Packrat 解析器**。无论哪款 Packrat 解析器，都具有如下特征。

1. 支持无限的超前扫描
2. 无需区分扫描器和解析器，可以一并编写
3. 内存的消耗量和字符串的长度（代码的长度）成比例
4. 语法无二义性（不会发生空悬 else 的问题）

Packrat 解析器可以说是今后的潜力股。

其二是出现了直接使用编程语言来描述语法的方法。例如 **parser combinator** 技术就是其中之一。

JavaCC 用不同于 Java 的形式来描述语法，之后再生成代码。如果使用 parser combinator 这样的技术的话，就可以用 Java 等编程语言直接表示语法。利用这样的手法，解析器生成器就成为了单纯的程序库，因此无需导入像 JavaCC 这样的额外的工具，这是它的主要优点。

无论上述哪种变化，都是以能够更简单、方便地使用解析器为共同目标。因此，在用 Java 来制作解析器时，不必拘泥于 JavaCC，不妨尝试一下这些新的方法。

第 **6** 章

语法分析

本章将一边介绍 C*b* 编译器的解析器，一边从实践的角度来说明基于 JavaCC 的解析器的描述方法。

6.1 定义的分析

本节我们将一边实际描述 Cb 的语法，一边具体地看一下基于 JavaCC 的解析器的描述方法。

表示程序整体的符号

语法中一定会有表示"需要解析的对象整体"的符号。在 Cb 中，编译的单位，即"单个的文件"是需要分析的对象，所以需要用相应的语法规则对其进行表示。cbc 中表示 1 个文件整体的非终端符号被称为 compilation_unit，它的规则如代码清单 6.1 所示。

代码清单 6.1　compilation_unit 的规则（parser/Parser.jj）

```
compilation_unit(): {}
{
    import_stmts() top_defs() <EOF>
}
```

Cb 的文件的开头是数个 import 声明（import_stmts），之后排列的是函数或类型定义（top_defs）。上述规则表现的就是这样的排列方式。

<EOF> 是表示文件末尾（End of File，EOF）的终端符号。在像 compilation_unit() 这种表示需要分析的对象整体的符号最后，要写上 <EOF>。

刚才提到的"函数或类型定义的排列"，其实恰恰是非常重要之处。Cb 的程序就是定义的集合。例如 Perl 或 Ruby 这样的语言可以不定义函数或方法而直接编写可执行的语句，因此程序就表现为语句的集合。相反，像 C、Java、Cb 这样以编译为前提的语言，一般其程序表现为函数或类的定义的集合。

语法的单位

既然已经出现了"定义""语句"这样的用语，下面就让我们来说一下编程语言中经常用到的语法单位。

一般编程语言的语法单位有下面这些。

● 定义（definition）
● 声明（declaration）

- 语句（statement）
- 表达式（expression）
- 项（term）

"定义"是指变量定义、函数定义或类定义等。以 C 语言为例，就有变量的定义、函数的定义以及类型的定义（准确地说是声明）。

函数或方法的定义的本体中包含有"语句"。例如 C 语言的函数定义的本体中存在 if 语句、while 语句和 for 语句的排列。

"表达式"是比语句小、具有值的语法单位。具有值，是指将表达式写在赋值的右侧，或者在函数调用时写在参数的位置等。C 语言中的加法运算 (x+y)、减法运算 (x-y) 以及函数调用都属于表达式。另一方面，if、while 和 for 是语句，所以不具有值。比方说不存在"if 语句整体的值"或"while 语句整体的值"这样的说法，if 语句也不能写在赋值语句的右侧。

最后，可能大家不太熟悉，在编程语言的语法中，"项"这一语法单位也经常被使用。项是表达式中构成二元运算的一方，也就是仅由一元运算符构成的语法。例如，x+y 中的 x 就是项。"+""-"将 2 个项组合起来，因此称为二元运算符。

定义包含语句，语句包含表达式，表达式包含项。请记住这样的层次结构。

接着我们以自上而下的方式从定义开始看一下各个规则。

import 声明的语法

我们先来看一下 import 声明的规则。import 声明的列表所对应的符号是 import_stmts，单个 import 声明就是 import_stmt。import 的规则如代码清单 6.2 所示。

代码清单 6.2　import 声明的列表（parser/Parser.jj）

```
import_stmts(): {}
{
    (import_stmt())*
}
```

代码清单 6.3　import 声明（parser/Parser.jj）

```
import_stmt(): {}
{
    <IMPORT> name() ("." name())* ";"
}
```

import_stmts 是 0 个或多个 import_stmt 的列表，import_stmt 由保留字 import、name()、0 个或多个点 (".") 和 name() 的列表，以及最后的分号 (";") 排列而成。非终端符号 name 之后还会经常出现，所以我们也一起来看一下。

代码清单 6.4 name 的规则（parser/Parser.jj）

```
name(): {}
{
    <IDENTIFIER>
}
```

如上所示，非终端符号 name 和 <IDENTIFIER> 是相同的。既然这样，那么特地使用名为 name 的非终端符号好像没有意义。别急，到之后构建语法树的阶段你就会明白为什么这么做了。

我们回到 import_stmt。既然 name 和 <IDENTIFIER> 相同，那么 import_stmt 的规则和下面的写法是等价的。

```
<IMPORT> <IDENTIFIER> ("." <IDENTIFIER>)* ";"
```

具体来说，就是像下面这样的排列。

```
import stdio;
import sys.types;
```

大家理解了吗?

各类定义的语法

让我们回到主题，来看一下定义的语法。表示定义列表的符号是 top_defs。top_defs 的规则如代码清单 6.5 所示。

代码清单 6.5 top_defs 的规则（parser/Parser.jj）

```
top_defs(): {}
{
    ( LOOKAHEAD(storage() typeref() <IDENTIFIER> "(")
      defun()
    | LOOKAHEAD(3)
      defvars()
    | defconst()
    | defstruct()
    | defunion()
    | typedef()
    )*
}
```

似乎一下子变得复杂了，不用怕，我们先把 LOOKAHEAD 去掉来看一下。

```
    ( defun()
    | defvars()
    | defconst()
    | defstruct()
    | defunion()
    | typedef()
    )*
```

可以看出 `top_defs` 是由 0 个或多个 `defun`（函数定义，define function）或 `defvars`（变量定义，define variable）或 `defconst`（常量定义，define constant）或 `defstruct`（结构体定义，define struct）或 `defunion`（联合体定义，define union）或 `typedef` 组成的。简而言之，就是在文件的最高层上，排列着 0 个或多个定义。

理解规则的含义后，我们再来试着看一下 LOOKAHEAD。第 1 个 LOOKAHEAD 是描述 `defun()` 的，如下所示。

```
LOOKAHEAD(storage() typeref() <IDENTIFIER> "(")
defun()
```

这里的 LOOKAHEAD 主要是为了区分 `defun`（函数定义）和 `defvars`（变量定义）。函数定义和变量定义直到形参列表的括号出现为止是无法区分的，因此对这一共通部分实施超前扫描。

第 2 个 LOOKAHEAD(3) 也一样，是为了区分 `defvars`、`defconst` 和 `defstruct`、`defunion` 而加上的。`defvars` 和 `defconst` 的开头出现了变量类型，这样的类型中也包括结构体和联合体。因此只读取 1 个 token 是无法和结构体或联合体的定义进行区分的。

以具体的例子来说明。例如，定义 `struct point` 类型的变量 p 的代码如下所示。

```
struct point p;
```

另一方面，`struct point` 结构体的定义如下例所示。

```
struct point {
    int x;
    int y;
};
```

上述情况下，在扫描开始的 2 个 token（`struct` 和 `point`）的阶段，是无法区别要定义的是 `struct point` 类型的变量还是 `struct point` 类型自身的。只有在扫描了 3 个 token 时，即看到 `struct point p` 或 `struct point {` 时，才能够区分这两者。LOOKAHEAD(3) 中的 "3" 就是上述内容的体现。

变量定义的语法

接着我们来看一下变量定义的规则。表示变量定义的符号是 `defvars`。变量定义支持一次定义多个变量，所以用了复数形式 `defvars`。`defvars` 的规则如代码清单 6.6 所示。

代码清单 6.6　defvars 的规则（parser/Parser.jj）

```
defvars(): {}
{
    storage() type() name() ["=" expr()]
            ("," name() ["=" expr()])* ";"
}
```

```
storage(): {}
{
    [<STATIC>]
}
```

首先，`storage()`是可以省略的`static`。之后是`type()`（变量类型）和`name()`（变量名）。我们已经知道`name()`在语法上和`<IDENTIFIER>`是等价的。

最后是可以省略的初始化表达式`["=" expr()]`。C语言中可以通过`var = {1,2,3}"`这样的写法来初始化数组或结构体，但Cb中不支持这样的写法，初始化时可用的仅限于一般的表达式。

函数定义的语法

下面让我们试着看一下函数定义的语法。表示函数定义的符号是`defun`。`defun`的规则如代码清单6.7所示。

代码清单6.7　defun的规则（parser/Parser.jj）

```
defun(): {}
{
    storage() typeref() name() "(" params() ")" block()
}
```

`storage()`和刚才一样是可以省略的`static`。紧接着的`typeref()`在语法层面上和`type()`是相同的。后面跟着的是表示函数名的`name()`、用括号围起来的`params()`（形参声明），以及`block()`（函数本体）。

再看一下`params()`和`block()`的规则。先从`params()`看起（代码清单6.8）。

代码清单6.8　params的规则（parser/Parser.jj）

```
params(): {}
{
      LOOKAHEAD(<VOID> ")") <VOID>      // 选项1
    | fixedparams() ["," "..."]        // 选项2
}
```

Cb的`params()`（形参声明）有如下3种。

1. 无参数（形参声明为`void`。如`getc`等）
2. 定长参数（参数的个数是固定的。如`puts`或`fgets`等）
3. 可变长参数（参数的个数不确定。如`printf`等）

`params()`规则的第1个选项表示无参数的情况。使用`LOOKAHEAD`是为了排除返回值为`void`类型的函数指针等。

params() 规则的第 2 个选项是定长参数或可变长参数，所表示的语法为：fixedparams()
是定长参数的声明，可变长参数的情况下后面再加上 "," "..."。

顺便说一下，C 和 Cb 都必须有 1 个或 1 个以上的形参后才支持可变长参数。也就是说，
f(...) 这样的声明是不允许的。必须要有最少 1 个的固定参数，例如 f(int x, ...)。这么
做的原因在于 C 语言（Cb）是通过可变长参数的前一个参数的地址来取得剩余参数的。

接着来看一下 fixedparams() 的规则。请看代码清单 6.9。

代码清单 6.9　fixedparams 的规则（parser/Parser.jj）

```
fixedparams(): {}
{
    param() (LOOKAHEAD(2) "," param())*
}

param(): {}
{
    type() name()
}
```

fixedparams() 是用 "," 分割的多个 param()。param() 由 type()（类型）和
name()（形参名）排列而成。加上 LOOKAHEAD(2) 是为了让解析器注意到当输入为 ","
"..." 的时候，"..." 和 params() 不匹配，这样就能够顺利地跳出重复。换言之，就是为
了避免把输入 "," "..." 解析为规则 "," param()。

最后我们来看一下函数定义的本体 block() 的规则（代码清单 6.10）。

代码清单 6.10　block 的规则（parser/Parser.jj）

```
block(): {}
{
    "{" defvar_list() stmts() "}"
}
```

block() 由占位符（"{" 和 "}"）围着，以 defvar_list()（临时变量定义列表）开
始，接着是语句列表（stmts()）。

结构体定义和联合体定义的语法

结构体和联合体的语法比较类似，所以我们一起来看一下。结构体定义的语法规则
defstruct() 和联合体定义的语法规则 defunion() 如代码清单 6.11 所示。

代码清单 6.11　defstruct 的规则（parser/Parser.jj）

```
defstruct(): {}
{
    <STRUCT> name() member_list() ";"
}
```

```
defunion(): {}
{
    <UNION> name() member_list() ";"
}
```

结构体、联合体的定义中，首先是 `<STRUCT>` 或 `<UNION>`（保留字 `struct` 或 `union`），接着是 `name()`（类型名），之后是成员列表。

C 语言中在定义结构体的同时可以定义该类型的变量，Cb 中两者则必须分开定义。如果能在定义结构体的同时定义变量，那么就可以一边定义结构体一边编写返回该结构体的函数或生成该结构体的数组，解析器会因此变得格外复杂。

类型和变量的声明能够一并进行这一点也是 C 语言的类型声明中非常讨厌之处。不仅对解析器来说难以解析，而且笔者认为这还是大量产生人们难以阅读的代码的温床。

结构体成员和联合体成员的语法

让我们回到结构体定义的规则。表示结构体或联合体成员的 `member_list` 的规则如代码清单 6.12 所示。

代码清单 6.12　member_list 的规则（parser/Parser.jj）

```
member_list(): {}
{
    "{" (slot() ";")* "}"
}

slot(): {}
{
    type() name()
}
```

`member_list()` 是由占位符（`"{"` 和 `"}"`）围起来的 `slot()` 和 `";"` 的列表。`slot()` 由 `type()`（类型名）和 `name()`（成员名）排列而成。

`member_list()` 可能有些抽象，让我们一边看代码清单 6.13，一边试着找一下它和符号的对应关系。

代码清单 6.13　结构体定义的实例

```
struct point {
    int x;
    int y;
};
```

C 语言中对于 1 个类型可以用逗号分隔定义多个成员，Cb 中不支持这样的写法。

typedef 语句的语法

最后讲一下 typedef 语句的定义。表示 typedef 语句的符号是 typedef，其规则如代码清单 6.14 所示。

代码清单 6.14　typedef 的规则（ parser/Parser.jj ）

```
typedef(): {}
{
    <TYPEDEF> typeref() <IDENTIFIER> ";"
}
```

这个规则没有任何需要推敲之处了吧。由 <TYPEDEF>（保留字 typedef ）、typeref（本来的类型）、标识符 <IDENTIFIER>（新的类型名）以及 ";" 排列而成。

类型的语法

至此我们已经多次用到了 type 和 typeref 这样的符号。在本节结束前，让我们来看一下它的规则。

请注意这里所说的“类型”并不是指类型的定义。严格来说，我们接下来看到的规则表示的是“类型的名字”。cbc 中将类型的名字称为**类型引用**（ typeref, type reference ）。刚才所讲的结构体和联合体的定义中不包含 typedef。

type 及其相关规则如代码清单 6.15 所示。

代码清单 6.15　type 的规则（ parser/Parser.jj ）

```
type(): {}
{
    typeref()
}

typeref(): {}
{
    typeref_base()
    ( LOOKAHEAD(2) "[" "]"        // 不定长数组
    | "[" <INTEGER> "]"           // 定长数组
    | "*"                         // 指针
    | "(" param_typerefs() ")"    // 函数指针
    )*
}
```

type() 的语法和 typeref() 完全一样。仅从语法上看会觉得 type() 规则重复定义了，但在生成语法树的时候就能够看出 type() 规则存在的意义。

typeref() 的规则是在 typeref_base() 后添加任意数量的数组 [] 或指针 * 等符号。param_typerefs() 只是将之前提到的函数的形参的规则（ params() ）中的变量名去除，这里就不进行讲解了。

C 语言和 Cb 在变量定义上的区别

事实上，变量定义的语法是 C 语言和 Cb 差异最显著之处。这也是笔者有意进行修改的。
C 语言中定义 int 类型的数组 x 时的代码如下所示。

```
int x[5];
```

而 Cb 中采用的则是 Java 的风格。

```
int[5] x;
```

通过这样的语法修改，Cb 中能够只使用 1 个符号 type()（或 typeref()）来表示类型。
并且数组、指针、函数指针都采用统一的后置记法，也就无需一一考虑"先和指针结合还是先
和数组结合"等问题了。因此，"指向'函数指针的数组的数组'的指针"这种类型的变量在
Cb 中就能够简单地写成如下形式，读的时候也只需按照从左到右的顺序即可。

```
int (char*, ...)*[][]*
```

例如下面这行代码在 C 语言和 Cb 中的含义就不一样。

```
int *x, y;
```

C 语言中这样的定义表示 x 是 int* 类型，而 y 是 int 类型。在 Cb 中，这样的定义则表
示 x 和 y 都是 int* 类型。也就是说，为了明确意图，Cb 中应该像下面这样用空格进行分割。

```
int*    x, y;    // 为了强调意图而改变空格数量
```

众所周知，C 语言的变量定义非常难以理解。在这点上，像 Cb 这样将类型和变量名明确分
开的做法更易于理解一些。

基本类型的语法

接着让我们来看一下刚才出现过的 typeref_base 的规则。该符号表示除数组、指针以外
的基本类型。其规则如代码清单 6.16 所示。

代码清单 6.16　typeref_base 的规则（parser/Parser.jj）

```
typeref_base(): {}
{
      <VOID>
    | <CHAR>
    | <SHORT>
    | <INT>
```

```
    |  <LONG>
    |  LOOKAHEAD(2) <UNSIGNED> <CHAR>
    |  LOOKAHEAD(2) <UNSIGNED> <SHORT>
    |  LOOKAHEAD(2) <UNSIGNED> <INT>
    |  <UNSIGNED> <LONG>
    |  <STRUCT> <IDENTIFIER>
    |  <UNION> <IDENTIFIER>
    |  LOOKAHEAD({isType(getToken(1).image)}) <IDENTIFIER>
}
```

首先 unsigned char 和 unsigned short 等规则的开头部分一致，因此这些规则都必须添加 LOOKAHEAD 来解决选择冲突。

在最后的规则中出现了未曾见过的 LOOKAHEAD 的用法。这里的 LOOKAHEAD 执行由 "{" 和 "}" 括起来的 Java 代码，如果返回 true 则视作超前扫描成功。也就是说，在上述情况下，如果 isType(getToken(1).image) 返回 true，就选择最后的选项。

getToken 是 JavaCC 提供的方法，根据指定的参数返回前项的 token，即 getToken(1) 会返回前项的第 1 个 token。

isType 是 cbc 自行定义的函数，如果传入的参数是 typedef 中定义过的类型名则返回 true。也就是说，这个 LOOKAHEAD 只有在下一个读入的 <IDENTIFIER> 是 typedef 中定义过的类型名时才会成功。

之所以需要这个 LOOKAHEAD，是因为如果允许任意的 <IDENTIFIER>（标识符）作为类型名，会发生比较严重的冲突。例如，请试着思考一下下面这样的语法。

```
return (int)(x + y);
```

这样的语句怎么看都是将 x + y 转换成 int 型后返回。但下面这样的语句又是怎么样的呢？

```
return (t)(x + y);
```

在上述情况下，如果 t 为类型名，那么和刚才一样，将 x + y 转换为 t 类型后返回。但如果 t 并非类型名，则有可能是利用函数指针的函数调用（t 是被赋值为函数指针的变量）。

如果允许所有的 <IDENTIFIER> 都作为类型名，那么上述表达式就无法被解析为函数调用了。为了防止这样的事情发生，所以要使用 LOOKAHEAD 进行限制：只把在 typedef 中定义过的名称识别为类型名。

6.2 语句的分析

本节我们将设计表现语句的规则。

语句的语法

在函数定义的规则中第一次出现了表示语句列表的符号 stmts。本节我们就从 stmts 开始依次来看一下。stmts 及其相关的规则如代码清单 6.17 所示。

代码清单 6.17　stmts 的规则（parser/Parser.jj）

```
stmts(): {}
{
    (stmt())*
}

stmt(): {}
{
    ( ";"
    | LOOKAHEAD(2) labeled_stmt()
    | expr() ";"
    | block()
    | if_stmt()
    | while_stmt()
    | dowhile_stmt()
    | for_stmt()
    | switch_stmt()
    | break_stmt()
    | continue_stmt()
    | goto_stmt()
    | return_stmt()
    )
}
```

stmts() 是 0 个或多个 stmt() 的排列，而 stmt() 是上述 13 个选项中的 1 个。

第 1 个选项 ";" 表示空语句。

下面的 labeled_stmt() 表示带有 goto 标签（例如 on_error:）的语句。labeled_stmt() 开头的 goto 标签为标识符（<IDENTIFIER>），和函数调用或赋值的规则是共通的。因此这里使用 LOOKAHEAD(2)，通过读入 <IDENTIFIER> 和 ":" 来和其他选项进行区分。

下一个选项表示在 expr()（表达式）后面加上 ";" 的也属于语句。例如函数的调用属于表达式，但仅由 printf 的调用等组成的语句也是存在的。该选项对应的就是这种情况。

block() 是由 "{" 和 "}" 围起来的语句列表，即表示多个语句。

关于从 if_stmt() 到 return_stmt() 这部分，从名字上就能看出，if_stmt() 是 if 语句，while_stmt() 是 while 语句，dowhile_stmt() 是 do~while 语句。

下面我们来看一下各个语句的规则。因为种类较多，这里不对所有的规则进行讲解，仅选取具有代表性的 if 语句、while 语句、for 语句和 break 等比较简单的语句来看一下。

if 语句的语法

让我们先来看一下 if 语句。表示 if 语句的符号 if_stmt() 的规则如代码清单 6.18 所示。

代码清单 6.18　if_stmt 的规则（parser/Parser.jj）

```
if_stmt(): {}
{
    <IF> "(" expr() ")" stmt() [LOOKAHEAD(1) <ELSE> stmt()]
}
```

if 语句由保留字 if、用括号围起来的表达式（expr()）、语句（stmt()）排列而成。之后跟着的是可以省略的 else 部分。如第 5 章中所述，为了防止空悬 else 的问题，这里需要 LOOKAHEAD(1)。

省略 if 语句和大括号

看了 if 语句的规则，你可能会觉得奇怪。因为乍看之下会觉得这样的规则无法解析像下面这样带有大括号的语句。

```
if (cond) {
    // 条件为真的情况
}
else {
    // 条件为假的情况
}
```

但事实并非如此，用刚才的规则可以解析上述语句。原因在于 stmt 中包含了程序块（block）。上述语句能够如图 6.1 这样进行解析。

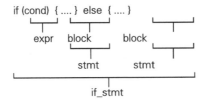

图 6.1　带有 block 的 if 语句的解释

也就是说，在 C 语言中，并非 if 语句的 then 部分和 else 部分可以用大括号围起来，也可以省略大括号，而是 if 语句的 then 部分和 else 部分中只写 1 个语句，该语句自身有可能是用大括号围起来的。多数 C 语言入门书籍中都将大括号作为 if 语句的一部分，因此这样的解析方法让人觉得难以接受，但这就是 C 语言真正的规范。while 语句和 for 语句的大括号也是同样道理。

随便提一下，Cb 中和 C 语言一样可以省略大括号。但如果如下这样修改 if_stmt，大括号就不可省略了。

```
if_stmt(): {}
{
    <IF> "(" expr() ")" "{" stmts() "}" [<ELSE> "{" stmts() "}"]
}
```

上述修改能带来意料之外的好处，那就是不会发生空悬 else 的问题。只要总是为 if 语句加上大括号，就能够清楚地知道哪个 else 属于哪个 if。如果你想确认一下的话，可以按照上面这样修改 cbc 的代码（不使用 LOOKAHEAD），并试着用 JavaCC 进行处理。应该不会出现冲突警告。

但是，笔者并不认为 C 语言的大括号就应该是不可以省略的，因此这里让 Cb 和 C 语言一样可以省略大括号。

while 语句的语法

接着让我们一起来看一下 while 语句的语法。表示 while 语句的符号是 while_stmt()。while_stmt() 的规则如代码清单 6.19 所示。

代码清单 6.19　while_stmt 的规则（parser/Parser.jj）

```
while_stmt(): {}
{
    <WHILE> "(" expr() ")" stmt()
}
```

while_stmt() 由保留字 while、括号括起来的表达式（expr）、语句（stmt）排列而成。这个规则应该没什么问题吧。

for 语句的语法

最后看一下 for 语句的语法。表示 for 语句的符号是 for_stmt()。for_stmt() 的规则如代码清单 6.20 所示。

代码清单 6.20 for_stmt 的规则（parser/Parser.jj）

```
for_stmt(): {}
{
    <FOR> "(" [expr()] ";" [expr()] ";" [expr()] ")" stmt()
}
```

for_stmt() 由保留字 for 开头，之后是 3 个用括号括起来的可以省略的表达式（expr()），表达式之间用 ";" 分割，最后是 for 语句的本体（stmt()）。

各类跳转语句的语法

最后让我们来看几个跳转语句的规则。表示 break 语句的 break_stmt() 和表示 return 语句的 return_stmt() 的规则如代码清单 6.21 所示。

代码清单 6.21 跳转语句的规则（parser/Parser.jj）

```
break_stmt(): {}
{
    <BREAK> ";"
}

return_stmt(): {}
{
    LOOKAHEAD(2) <RETURN> ";"      // 函数没有返回值的情况
  | <RETURN> expr() ";"           // 函数有返回值的情况
}
```

break_stmt() 很简单，只有保留字 break 和 ";"。

另一方面，return_stmt() 分为函数有返回值和没有返回值两种情况，因此有两个选项。第一个选项是没有返回值的情况下的规则，第二个是有返回值的情况下的规则。另外，此时两个选项之间的 <RETURN> 是共通的，为了能够正确解析，这里需要 LOOKAHEAD(2)。

6.3 表达式的分析

本节中我们来设计表现表达式（expr()）的规则。

表达式的整体结构

在看表达式的语法之前，我们先来说一下表达式的整体结构。

我们之前看过的定义或语句的语法都是对等的。例如 if 语句和 while 语句都属于语句（stmt()）的一种，两者以相同的规则并列出现。

但表达式的各部分并不对等，更确切地说，表达式的结构是有层次的。原因在于表达式中所使用的运算符存在**优先级**（precedence）。

例如二元运算符 + 和 * 之间 * 的优先级高，所以 1+2*3 的运算顺序是 1+(2*3)，4*2-3 的运算顺序是 (4*2)-3。以语法树来说，+ 总是在上层（靠近根节点），而 * 则位于下层（图 6.2）。

一般来说，越是离语法树的根节点近的符号，其解析规则越是先出现。这里的"先"是指，从 compilation_unit() 跟踪调查规则时，会较早地出现在跟踪到的规则中。

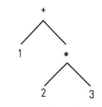

图 6.2 表达式的语法树

换言之，就是可以从优先级低的运算符的规则开始，按照自上而下的顺序来描述表达式的规则。

expr 的规则

表示表达式的符号是 expr()。expr() 的规则如代码清单 6.22 所示。

代码清单 6.22 expr() 的规则（parser/Parser.jj）

```
expr(): {}
{
    LOOKAHEAD(term() "=")
    term() "=" expr()
  | LOOKAHEAD(term() opassign_op())
    term() opassign_op() expr()
  | expr10()
}
```

这个规则比较难以理解，我们姑且如下所示把 LOOKAHEAD 去掉。

```
  term() "=" expr()                  // 选项 1
| term() opassign_op() expr()        // 选项 2
| expr10()                           // 选项 3
```

此时，选项 1 是普通的赋值表达式，选项 2 表示的是自我赋值的表达式，选项 3 的 expr10() 是比赋值表达式优先级更高的表达式。像这样在 expr 后添加数字的符号有 expr1() 到 expr10()。数字越小，所对应的表达式的优先级越高。

term() 是表示不包括二元运算符在内的单位"项"的非终端符号。在 C 语言中，赋值的左边可以用指针表示非常复杂的表达式，因此一般"项"可以位于赋值的左边。

opassign_op() 表示像"+=""*="这样的将二元运算符和赋值运算符组合起来的运算符（复合赋值运算符）。

看一下之前的选项，可见选项 1 和选项 2 左端的 term() 是共通的。另外，如果看一下 expr10() 的内容，就可以发现其左端也有 term()，所以这 3 个选项左端的 term() 都是共通的。为了能够正确解析，要在选项 1 和选项 2 之前都加上 LOOKAHEAD。3 个选项共通的部分只有 term()，所以 LOOKAHEAD 要在 term() 的基础上再多读入 1 个 token。

下面我们来看一下 opassign_op() 的规则。opassign_op() 的规则就是复合赋值运算符的集合（代码清单 6.23）。

代码清单 6.23　opassign_op 的规则（parser/Parser.jj）

```
opassign_op(): {}
{
    (  "+="
    |  "-="
    |  "*="
    |  "/="
    |  "%="
    |  "&="
    |  "|="
    |  "^="
    |  "<<="
    |  ">>="
    )
}
```

想必这个规则没有任何难以理解之处。

条件表达式

接着来看一下 expr10() 的规则。这是条件运算符（三元运算符）的规则（代码清单 6.24）。

代码清单 6.24　expr10 的规则（parser/Parser.jj）

```
expr10(): {}
{
    expr9() ["?" expr() ":" expr10()]
}
```

非终端符号 exprN 中的"N"部分是与优先级对应的，数值越小优先级越高。上述规则的优先级为 10，所以属于较低的优先级。

条件表达式中有 3 个表达式，各个表达式分别用哪个 expr 是这里的难点。原则上来说"只要是该处允许的语法所对应的符号就可以"，但至少对于最左侧的 expr 有着特别的限制，那就是"不允许 expr10 自身或开头和 expr10 相匹配的符号"。

JavaCC 会将 1 个规则转化为 1 个方法，即如果像上面这样定义了符号 expr10 的规则，就会生成 expr10 方法，并且会根据规则生成方法的处理内容。如果在规则中写有非终端符号，就会直接调用符号所对应的方法。也就是说，像上面这样写有 expr9() 的话，就会在该处调用 expr9 方法。如果写的是终端符号，则直接转化为 token。

那么如果在 expr10 的定义中又出现了 expr10 的话会怎么样呢？这样就相当于在方法 expr10 中又调用了 expr10 自身，会陷入无限的递归之中。所以在 expr10 规则的左侧不能出现 expr10 自身或者以 expr10 开头的符号。

二元运算符

下面我们来了解一下二元运算符的规则。C 语言和 C♭ 语言中的二元运算符以及对应的优先级如表 6.1 所示，请边看表边阅读下面的内容。

表 6.1　二元运算符的优先级

优先级	运算符
9	||
8	&&
7	>、<、>=、<=、==、!=
6	|
5	^
4	&（位运算）
3	>>、<<
2	+、-
1	*、/、%

事实上用 JavaCC 来解析不同优先级的二元运算符时有着常规的写法。C♭ 的二元运算符的规则如代码清单 6.25 所示，很明显规则是具有一定模式的。

代码清单 6.25 二元运算符的规则 (parser/Parser.jj)

```
expr9(): {}
{
    expr8() ("||" expr8())*
}

expr8(): {}
{
    expr7() ("&&" expr7())*
}

expr7(): {}
{
    expr6() ( ">"  expr6()
            | "<"  expr6()
            | ">=" expr6()
            | "<=" expr6()
            | "==" expr6()
            | "!=" expr6() )*
}

expr6(): {}
{
    expr5() ("|" expr5())*
}

expr5(): {}
{
    expr4() ("^" expr4())*
}

expr4(): {}
{
    expr3() ("&" expr3())*
}

expr3(): {}
{
    expr2() ( ">>" expr2()
            | "<<" expr2()
            )*
}

expr2(): {}
{
    expr1() ( "+" expr1()
            | "-" expr1()
            )*
}

expr1(): {}
{
```

```
    term() ( "*" term()
           | "/" term()
           | "%" term()
           )*
}
```

每个规则都是 exprN() （运算符 exprN())* 这样的形式，并且在 exprN 的规则中只用
到了规则 exprN-1。

为了理解为什么这样的规则能够顺利地解析表达式，首先我们只用 + 和 * 来思考一下。现
在假设向解析器输入了如下这样的表达式。

```
2 * 3 + 4 + 5 * 6 + 7 * 8
```

一般来说，如果基于解析器的构成来说明解释方法的话，那就是"因为 * 比 + 的优先级高，
所以先进行运算……"。本书则反过来思考，即试着考虑"因为 + 比 * 的优先级低，所以先进
行分割……"。"优先级低"等同于"分割表达式的能力强"，这里试着写一下用 + 分割刚才的表
达式。

```
(2 * 3)      +      (4)      +      (5 * 6)      +      (7 * 8)
```

于是用 + 分割的各表达式就成了使用 * 的表达式或单纯的数值，即成了 expr1()。理解
了吗？

即便运算符继续增加，上述法则也一样适用。这是因为以一定优先级的运算符对表达式进
行分割，分割后的各表达式中仅包含优先级更高的运算符。用优先级 6 的运算符分割表达式，
则分割后的各表达式由 expr5() 组成。用优先级 4 的运算符分割表达式，则分割后的各表达
式由 expr3() 组成。

如果用 EBNF 来描述上述法则，就是我们刚才见到的二元运算符的规则。

6.4 项的分析

本节我们将设计表现项（term）的规则。

项的规则

表示项的符号是 term。term 的规则如代码清单 6.26 所示。

代码清单 6.26　term 的规则（parser/Parser.jj）

```
term(): {}
{
    LOOKAHEAD("(" type()) "(" type() ")" term()
  | unary()
}
```

可以看出，term() 可以是带有 cast（类型转换）运算符的 term()，或者 unary()。

前置运算符的规则

接着我们来看一下 unary 的规则。unary 是表示带有前置运算符的项的符号。unary 的规则如代码清单 6.27 所示。

代码清单 6.27　unary 的规则（parser/Parser.jj）

```
unary(): {}
{
    "++" unary()      // 前置 ++
  | "--" unary()      // 前置 --
  | "+" term()        // 一元 +
  | "-" term()        // 一元 -
  | "!" term()        // 逻辑非
  | "~" term()        // 按位取反
  | "*" term()        // 指针引用（间接引用）
  | "&" term()        // 地址运算符
  | LOOKAHEAD(3) <SIZEOF> "(" type() ")"   // sizeof（类型）
  | <SIZEOF> unary()                        // sizeof 表达式
  | postfix()
}
```

unary() 和 term() 之间只有微妙的差别，那就是能否添加 cast。term() 可以添加 cast，而 unary() 则不能。这方面直接延用了 C 语言的规范。

后置运算符的规则

下面让我们来看一下 postfix（后缀）的规则。

代码清单 6.28　postfix 的规则（parser/Parser.jj）

```
postfix(): {}
{
    primary()
    ( "++"              // 后置 ++
    | "--"              // 后置 --
    | "[" expr() "]"    // 数组引用
    | "." name()        // 结构体或联合体的成员的引用
    | "->" name()       // 通过指针的结构体或联合体的成员的引用
    | "(" args() ")"    // 函数调用
    )*
}

args(): {}
{
    [ expr() ("," expr())* ]
}
```

postfix 由 0 个或多个后置的 "++" 等一元运算符组成。

这里需要特别注意的是函数调用的选项。一般在进行函数调用时，比较多的是用 func_name(arg) 这样的形式，所以你可能会认为函数调用的描述是 <IDENTIFIER> "(" args() ")"。但事实上在 C 语言的函数调用中，函数名部分可以使用任意的表达式。如果表达式是单纯的变量引用，那就是一般的函数调用，除此方法之外还可以通过函数指针来调用函数。

字面量的规则

下面来看一下最后的规则。primary 是最后的符号，同时也是最"小"的符号。primary 的规则如代码清单 6.29 所示。

代码清单 6.29　primary 的规则（parser/Parser.jj）

```
primary(): {}
{
      <INTEGER>
    | <CHARACTER>
    | <STRING>
    | <IDENTIFIER>
    | "(" expr() ")"
}
```

可见，primary 由 <INTEGER>（整数字面量）、<CHARACTER>（字符字面量）、<STRING>（字符串字面量）、<IDENTIFIER>（变量的引用）等组成。

上述规则中最后的选项颇有意思，我们着重看一下。该选项的意思是将 expr（表达式）用括号围起来后就成了 primary。之前都是按照语句（stmt）→表达式（expr）→项（term）→ primary 的顺序逐渐分解为更小的单位，但在最后的单位中却可以塞进表达式。这个颇为有趣。

从下一章开始，我们将在本章所描述的语法中加上代码来制作语法树。

第 **2** 部分

抽象语法树和中间代码

Arctic

Ocean

North
Pole

第 **7** 章

JavaCC 的 action 和
抽象语法树

本章我们将学习利用 JavaCC 生成抽象语法树
的方法。

JavaCC 的 action

7.1

本节将对使用 JavaCC 生成抽象语法树时所使用的 "action" 这一功能进行说明。

本章的目的

上一章中我们描述了 Cb 的语法规则。但仅有语法规则最多只能对源代码的语法进行检查。因为即便能够用语法规则来识别语句或表达式，这样的信息也不能起到任何作用。我们的目标是解析代码并生成语法树，因此必须在识别出语句或表达式时添加生成语法树的代码。

为了达到上述目的，可以使用 JavaCC 中的 action 功能。借助 action，当 token 序列和语法规则匹配时就能够执行任意的 Java 代码。本章将对 action 的使用方法进行说明。

简单的 action

首先来看一个 action 的例子。我们试着在解析到 Cb 的结构体时输出 "发现了结构体！" 为此，我们要在上一章中生成的结构体定义规则的基础上添加一些处理，如代码清单 7.1 所示。

代码清单 7.1 action 的简单例子（1）

```
void defstruct(): {}
{
    <STRUCT> name() member_list() ";"
        {
            System.out.println(" 发现了结构体！");
        }
}
```

只要在符号串之后写上用 "{" "}" 围起来的 Java 代码，那么在解析到该符号串时就会执行上述代码。

另外，为了用 JavaCC 生成解析器，需要在规则的开头标注该非终端符号的语义值。上述符号没有语义值，所以设定为 void 类型。

执行 action 的时间点

事实上，不仅限于符号串的末尾，action 可以写在任何地方。这样当解析进行到写有 action

之处时，action 就会被执行。

请看一下代码清单 7.2 的例子。

代码清单 7.2　简单的 action 的例子（2）

```
void defstruct(): {}
{
    <STRUCT> name()
        {
            System.out.println(" 发现了结构体！");
        }
    member_list()
        {
            System.out.println(" 发现了成员列表！");
        }
    ";"
        {
            System.out.println(" 发现了分号！");
        }
}
```

这次添加了 3 个 action，并且都写在符号串的中间。让我们考虑一下用上述规则来解析下面的符号串。

```
<STRUCT> <IDENTIFIER> "{" <INT> <IDENTIFIER> ";" "}" ";"
```

这样的情况下会按照如下顺序执行。

1. 解析终端符号 <STRUCT>
2. 解析非终端符号 name()
3. 执行第一个 action（显示 "发现了结构体！"）
4. 解析非终端符号 member_list()
5. 执行第二个 action（显示 "发现了成员列表！"）
6. 解析终端符号 ";"
7. 执行最后的 action（显示 "发现了分号！"）

需要注意 "解析终端符号" 和 "扫描终端符号" 是不同的。JavaCC 生成的解析器会对 token 进行超前扫描，因此即便是写在 action 之后的 token，也完全有可能已经被扫描器读取进来了。

例如下面的规则，在 action 执行时 <X> 和 <Y> 就已经被扫描进来了。

```
LOOKAHEAD(2) { System.out.println("action executed"); } <X> <Y>
```

但解析器一定会在执行 action 之后再对 <X> 和 <Y> 进行解析。

顺便提一下，"解析终端符号" 在 JavaCC 中称为**消费终端符号**（consume terminal）。相比起来可能还是本书中的称法更形象，更易于理解。

返回语义值的 action

还记得符号的语义值吗？符号的语义值是一些表示符号含义的值。例如对于终端符号 `<INTEGER>`，它作为整数的值等就是语义值。

同样，非终端符号也有语义值。至于把什么值作为语义值，不同语言的处理方式也不同。cbc 中将抽象语法树的一部分作为非终端符号的语义值。也就是说，如果是表示表达式的非终端符号，那么它的语义值中就保存有表达式所对应的语法树；如果是表示结构体定义的非终端符号，那么其语义值中就保存有结构体所对应的语法树。

若要给非终端符号赋语义值，可以使用 `return` 语句从 action 返回语义值。action 返回语义值的例子如代码清单 7.3 所示。

代码清单 7.3 返回语义值的 action

```
String defstruct(): {}
{
    <STRUCT> name() member_list() ";"
        {
            return "struct";
        }
}
```

这样就能将非终端符号 `defstruct()` 的语义值设置为 `"struct"`。此时和修改前有 2 处区别。

1. 将规则的类型修改为了 `String`
2. 在 action 中添加了 `return` 语句

只需在 action 中调用 `return` 就能够返回符号的语义值。当然不仅限于本例中的常量，通过计算可以得到任意值并返回。

获取终端符号的语义值

JavaCC 的 action 中不仅能够为符号设置语义值，还能够从已经设置了语义值的符号中获取语义值。无论是终端符号还是非终端符号，都能够获取规则中所写的符号的语义值并使用。

首先，获取终端符号的语义值的例子如代码清单 7.4 所示。

代码清单 7.4 从终端符号取得语义值

```
String name():
{
    Token tok;
}
{
    tok=<IDENTIFIER> { return tok.image; }
}
```

　　在第 1 对大括号中声明了这个规则内可用的（Java 的）临时变量 tok。在此作用域内可以声明任意数量的变量，并且还可以自由编写用于初始化的表达式。本书中到目前为止还没有声明过变量，因此这部分一直仅写为 "{}"。

　　然后把声明的变量写成变量名 = <终端符号名>，就能将终端符号的语义值设置到变量中。"=" 两侧可以加上空格，但考虑到规则中存在多个符号的情况，没有空格的写法看上去更干净。

　　终端符号的语义值是 Token 类的实例。Token 类由 JavaCC 自动生成。在上述例子中，将 Token 对象赋给了临时变量 tok，并且返回 tok 中 image 属性的值作为 name() 的语义值。

　　一般而言，非终端符号的规则可以像下面这样描述。

```
语义值的类型  非终端符号名  参数列表
{
        临时变量的声明
}
{
        规则和 action
}
```

　　"参数列表" 部分可以用来描述传递给非终端符号的参数列表。但 cbc 中一概不使用该参数，其他的编译器中使用此参数的情况也基本没有，因此本书中省略对这部分内容的说明。

Token 类的属性

　　Token 类中定义的属性（field）如表 7.1 所示。

表 7.1　Token 类的属性

类型	属性名	含义
int	kind	表示终端符号类型的常量
int	beginLine	token 的第 1 个字符所在的行号
int	beginColumn	token 的第 1 个字符所在的列号
int	endLine	token 的最后的字符所在的行号
int	endColumn	token 的最后的字符所在的列号
String	image	token 的字面
Token	next	下一个 token（SPECIAL_TOKEN 除外）
Token	specialToken	下一个 SPECIAL_TOKEN

　　上述表中，image 是特别常用的属性。例如 printf 这样的文本所对应的终端符号 <IDENTIFIER> 的 image 属性就是字符串 "printf"。另外，像 "Hello, World! \n" 这

样的文本所对应的终端符号为 <STRING> 的话，它的 image 属性就是字符串 "\"Hello, World! \n\""。

请结合图 7.1 掌握 image 属性的作用。

图 7.1 Token 类的 image 属性

关于 Token 类的其他属性我们也来简单地了解一下。

首先，kind 属性中存放的是表示这个 token 的"类型"的常量。该常量定义在由 JavaCC 自动生成的 ParserConstants 接口中，像下面这样调用就能得到字符串形式的 token 名。

```
Token token =（从终端符号获取 Token 对象）;
String name = ParserConstants.tokenImage[token.kind]
```

beginLine、beginColumn、endLine、endColumn 这 4 个属性表示 token 在源代码文件中的位置。行号和列号都从 1 开始。

最后，next 属性和 specialToken 属性是连接 token 的纽带。扫描器把用 TOKEN 扫描到的 token 存放在 next 属性中，把用 SPECIAL_TOKEN 扫描到的 token 存放在 specialToken 属性中。这个属性的含义看图比较容易理解，因此请参考图 7.2。

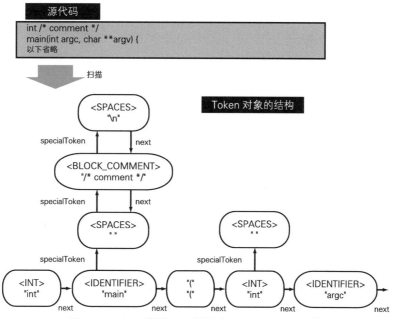

图 7.2 Token 类的 next 属性和 specialToken 属性

用 SPECIAL_TOKEN 扫描得到的 token 会被存放到之后用 TOKEN 扫描到的 token 的 specialToken 属性中。以图 7.2 为例，块注释及其周围空白符所对应的 token 以链表的形式设置到下一个 <IDENTIFIER>token（main）的 specialToken 属性中。

所有这些属性在 cbc 中都会被用到。在获取错误消息中显示的行号时会用到 beginLine 等属性。在根据 --dump-tokens 选项生成 token 序列的功能时会用到 kind 属性、next 属性和 specialToken 属性。

获取非终端符号的语义值

让我们回到原来的话题，接着讲获取符号的语义值的方法。刚才我们已经看了取得终端符号的语义值（Token 对象）的例子，这次让我们来看一下取得非终端符号的语义值的例子。

虽然这么说，其实无论终端符号还是非终端符号，获取语义值的方法都是相同的。区别在于终端符号的语义值总是 Token 对象，而非终端符号的语义值的类则根据符号不尽相同。刚才我们学习了从 action 返回语义值的方法，下面就来看一下非终端符号返回语义值的情况。

举一个简单的例子，解析到结构体后显示"发现了结构体 ××××！"（×××× 为结构体的名字）的代码如下所示。

```
void defstruct():
{
    String str;
}
{
    <STRUCT> str=name() member_list() ";"
        {
            System.out.println(" 发现了结构体 "+str+"!");
        }
}

String name():
{
    Token tok;
}
{
    tok=<IDENTIFIER>
        {
            return tok.image;
        }
}
```

在上述代码中，str=name() 将非终端符号 name() 的语义值赋给临时变量 str。和终端符号一样，只需写"变量名 = 非终端符号"，就能够获取非终端符号的语义值。

但是如之前所述，非终端符号的语义值的类型根据符号的不同而各不相同，因此要声明适当类型的变量。上例中非终端符号 name() 的语义值的类型是 String，所以声明并使用了

String 类型的变量 str。

在规则中写非终端符号等同于方法调用。该方法能返回语义值，调用方能够将返回的语义值赋给临时变量后使用。这样理解的话是不是简单很多?

语法树的结构

至今为止我们所见的 action 都是只输出了消息。这次我们来看一个更实际的例子。cbc 中 defstruct() 的 action 如代码清单 7.5 所示。

代码清单 7.5　defstruct 的规则

```
StructNode defstruct():
{
    Token t;
    String n;
    List<Slot> membs;
}
{
    t=<STRUCT> n=name() membs=member_list() ";"
        {
            return new StructNode(location(t), new StructTypeRef(n), n, membs);
        }
}
```

和刚才的例子相比并没有太大的变化，主要的变动有以下 3 处。

1. defstruct 的语义值的类型变为了 StructNode
2. 使用了更多符号的语义值
3. 从 action 返回 StructNode 对象作为语义值

当然这里用到的 StructNode 类需要自行定义。

关于 StructNode 的构造函数各个参数的含义，稍后再进行讲解，这里先暂时跳过。现在只要认识到像这样逐个编写 action 就能够生成语法树就可以了。

选择和 action

接着我们再稍微细致地来看一下 action 的使用方法。当规则中存在选项时，若使用 action，就能够为各个选项分别添加 action。请看下面的例子。

```
void choice():
{
    Token x, y;
}
{
    x=<X>
```

```
                {
                    System.out.println("X found.  image=" + x.image);
                }
    | y=<Y>
                {
                    System.out.println("Y found.  image=" + y.image);
                }
}
```

通过这样的写法，在发现终端符号 <X> 的情况下就会显示消息 X found....，发现终端符号 <Y> 的情况下就会显示消息 Y found....。需要注意的是，像这样和选项组合使用后，这些 action 之中只有一个会被执行。

如果要在所有选项的最后执行共通的 action，可以像下面这样将规则括起来。

```
void choice2():
{
    Token x, y;
}
{
    (x=<X> | y=<Y>)
                {
                    if (x != null) {
                        System.out.println("X found.  image=" + x.image);
                    }
                    else {
                        System.out.println("Y found.  image=" + y.image);
                    }
                }
}
```

上述情况下需要注意临时变量 x 和 y 之间只有一者会被赋值。只有选项所包含的符号被解析时才能够取得符号的语义值。以 choice2 为例，发现 <X> 时变量 x 会被赋予 Token 对象，y 仍为 null。同样发现 <Y> 时变量 y 会被赋予 Token 对象，x 仍为 null。

JavaCC 和 Java 一样，空白符和换行是没有意义的，所以规则有多种写法。例如 choice() 的规则可以写成如下这样简短的形式。

```
void choice():
{ Token x, y; }
{
    x=<X>   { System.out.println("X found.  image=" + x.image); }
  | y=<Y>   { System.out.println("Y found.  image=" + y.image); }
}
```

cbc 中只有在规则非常简单的情况下才会采用这样的写法。

重复和 action

这里讲一下组合使用重复规则和 action 时的动作。请看下面的例子。

```
void iteration():
{
    Token x, y;
}
{
    (x=<X>  y=<Y>
        {
            System.out.println("x=" + x.image + "; y=" + y.image);
        }
    )*
}
```

请注意这里 action 写在重复的括号中。如果采用这样的写法，每当发现终端符号 <X> 和 <Y> 的列时，action 都会被执行，并显示 x=…; y=…这样的消息。还要注意这里并非只在整个重复之后执行 1 次 action，而是每次重复都会执行 action。

像 x=<X> 这样来获取语义值的情况下，在发现所对应的 token 时，会将语义值赋予变量 x。执行顺序如下所示。

1. 发现第 1 个 <X>，将其语义值赋给 x
2. 发现第 1 个 <Y>，将其语义值赋给 y
3. 第 1 次执行 action
4. 发现第 2 个 <X>，将其语义值赋给 x
5. 发现第 2 个 <Y>，将其语义值赋给 y
6. 第 2 次执行 action
7. 发现第 3 个 <X>，将其语义值赋给 x
8. 发现第 3 个 <Y>，将其语义值赋给 y
9. 第 3 次执行 action

action 执行的情况如图 7.3 所示。

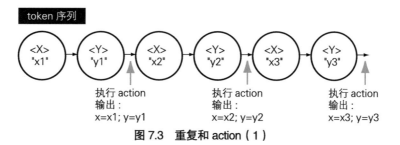

图 7.3　重复和 action（1）

如果希望只在整个重复的最后执行 1 次 action，可以像下面这样将 action 写在括号之外。

```
void iteration2():
{
    Token x, y;
}
```

```
{
    (x=<X>  y=<Y>)*
        {
            System.out.println("x=" + x.image + "; y=" + y.image);
        }
}
```

使用上述规则来解析 6 个终端符号的序列 <X><Y><X><Y><X><Y>，在发现了 3 次重复的 <X><Y> 后只执行 1 次 action。此时的 x 和 y 是第 3 次的 <X> 和 <Y> 的，因此仅输出第 3 次的 <X> 和 <Y> 的 image 的值，如图 7.4 所示。

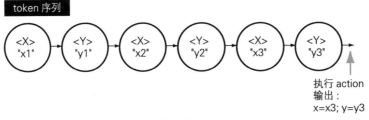

图 7.4　重复和 action（2）

本节总结

本节对 JavaCC 的 action 以及语义值进行了说明。action 和语义值的相关内容可以总结为如下几点。

- 使用 action 能够获取终端符号 / 非终端符号的语义值，还能够给非终端符号赋予语义值
- 终端符号的语义值为 Token 类的实例。从 Token 类的属性中可以取得 token 的字面量及其在源文件中的位置等信息
- 非终端符号的语义值取决于 action。通过在规则的开头添加语义值的类型，并从 action 返回值，就可以设置语义值
- 当解析到规则中写有 action 之处时，action 才会被执行。若在符号串的最后写有 action，那么在该符号串全部被发现后 action 才会被执行
- 组合使用选项和 action，能够编写只有在发现特定的选项时才被执行的 action
- 组合使用重复和 action，能够编写在每次重复时都会被执行的 action

7.2 抽象语法树和节点

本节将介绍 Cb 的抽象语法树的相关内容。

Node 类群

一般编程语言的抽象语法树由名为**节点**（node）的数据结构组成。图 7.5 所示为用各自所对应的节点来表示语句、表达式以及变量等。

图 7.5　抽象语法树和节点

cbc 中用继承自 Node 类的子类来表示单个的节点。继承自 Node 的类非常多。首先 Node 类的子类的继承层次如代码清单 7.6 所示，这里用缩进表示继承。

代码清单 7.6　Node 类群的继承层次

```
Node
    AST                     抽象语法树的根
    ExprNode                表示表达式的节点
        AbstractAssignNode  赋值
            AssignNode      赋值表达式（=）
            OpAssignNode    复合赋值表达式（+=、-=、……）
        AddressNode         地址表达式（&x）
        BinaryOpNode        二元运算表达式（x+y、x-y、……）
            LogicalAndNode  &&
            LogicalOrNode   ||
        CastNode            类型转换
        CondExprNode        条件运算表达式（a?b:c）
        FuncallNode         函数调用表达式
        LHSNode             能够成为赋值的左值的节点
            ArefNode        数组表达式（a[i]）
            DereferenceNode 指针表达式（*ptr）
```

MemberNode	成员表达式（s.memb）
PtrMemberNode	成员表达式（ptr->memb）
VariableNode	变量表达式
LiteralNode	字面量
IntegerLiteralNode	整数字面量
StringLiteralNode	字符串字面量
SizeofExprNode	计算表达式的 sizeof 的表达式
SizeofTypeNode	计算类型的 sizeof 的表达式
UnaryOpNode	一元运算表达式（+x、-x、……）
UnaryArithmeticOpNode	++ 和 --
PrefixOpNode	前置的 ++ 和 --
SuffixOpNode	后置的 ++ 和 --
Slot	表示结构体成员的节点
StmtNode	表示语句的节点
BlockNode	程序块（{...}）
BreakNode	break 语句
CaseNode	case 标签
ContinueNode	continue 语句
DoWhileNode	do ~ while 语句
ExprStmtNode	单独构成语句的表达式
ForNode	for 语句
GotoNode	goto 语句
IfNode	if 语句
LabelNode	goto 标签
ReturnNode	return 语句
SwitchNode	switch 语句
WhileNode	while 语句
TypeDefinition	类型定义
CompositeTypeDefinition	结构体或联合体的定义
StructNode	结构体的定义
UnionNode	联合体的定义
TypedefNode	typedef 声明
TypeNode	存储类型的节点

　　Cb 几乎实现了所有 C 语言的语法，所以节点的种类非常多。读者看到这么多类可能会感到害怕，别担心，让我们按种类对其进行划分，逐个地来看。首先笔者会从直接继承自 Node 的子类中选取几个重要的类进行讲解。除此之外的类将在第 1 次用到时再进行讲解。

　　这几个重要的类如表 7.2 所示。

表 7.2　比较重要的节点类

类名	作用
AST	表示抽象语法树的根的节点类
StmtNode	表示语句的节点的基类
ExprNode	表示表达式的节点的基类
TypeDefinition	定义类型的节点的基类

　　AST 类是抽象语法树的根（root，树的最上层）节点。

　　语句和表达式分别由 StmtNode 和 ExprNode 的子类来表示。stmt 和 expr 在语法规则上是相当的。例如 StmtNode 的子类中定义有与 if 语句对应的 IfNode，ExprNode 的子类中定义有与二元运算表达式对应的 `BinaryOpNode`。

和类型的定义相关的节点用 `TypeDefinition` 的子类来表示。`TypeDefinition` 的子类中定义有表示结构体定义的 `StructNode`、表示联合体定义的 `UnionNode` 以及表示 `typedef` 语句的 `TypedefNode`。

Node 类的定义

Node 类的代码比较简单，所以这里我们来看一下完整的代码（代码清单 7.7）。

代码清单 7.7　Node 类（ast/Node.java）

```java
package net.loveruby.cflat.ast;
import java.io.PrintStream;

abstract public class Node implements Dumpable {
    public Node() {
    }

    abstract public Location location();

    public void dump() {
        dump(System.out);
    }

    public void dump(PrintStream s) {
        dump(new Dumper(s));
    }

    public void dump(Dumper d) {
        d.printClass(this, location());
        _dump(d);
    }

    abstract protected void _dump(Dumper d);
}
```

Node 类并不对应特定的语法，所以没有定义具体的属性。以后可能没有机会说明 Node 类的方法，因此在这里介绍一下。

`Node#location` 是返回某节点所对应的语法在代码中的位置的方法。一般来说，如果代码中存在错误的话，编译器会将出错的语句或表达式所在的文件和行数表示出来，`Node#location` 方法就会将这些信息以 `Location` 对象的形式返回。

抽象语法树的表示

另一方面，Node 类中的 `dump` 方法和 `_dump` 方法是以文本形式表示抽象语法树的方法。

调用 dump 方法可以以如下形式表示 cbc 的抽象语法树。

```
<<AST>> (misc/zero.cb:1)
variables:
functions:
    <<DefinedFunction>> (misc/zero.cb:1)
    name: "main"
    isPrivate: false
    params:
        parameters:
            <<Parameter>> (misc/zero.cb:2)
            name: "argc"
            typeNode: int
            <<Parameter>> (misc/zero.cb:2)
            name: "argv"
            typeNode: char**
    body:
        <<BlockNode>> (misc/zero.cb:3)
        variables:
        stmts:
            <<ReturnNode>> (misc/zero.cb:4)
            expr:
                <<IntegerLiteralNode>> (misc/zero.cb:4)
                typeNode: int
                value: 0
```

在 cbc 命令中指定 --dump-ast 选项就可以解析代码，生成抽象语法树，并通过 dump 方法来表示。上面就是执行 cbc --dump-ast misc/zero.cb 命令后的输出。

misc/zero.cb 仅仅是返回 0 并结束运行的程序，如下所示。

代码清单 7.8　misc/zero.cb

```
int
main(int argc, char **argv)
{
    return 0;
}
```

对比一下上述代码和刚才 dump 方法的输出，生成的抽象语法树是什么样的应该大致有印象了吧。

<<AST>> 和 <<DefinedFunction>> 表示节点的类名。右侧所显示的 (misc/zero.cb:1) 是该节点对应的语法所记载的文件名和行号。(misc/zero.cb:1) 表示名为 misc/zero.cb 的文件的第 1 行。

另外，缩进表示该节点被前一个节点引用。对应的语法树如图 7.6 所示，请大家结合图确认一下。

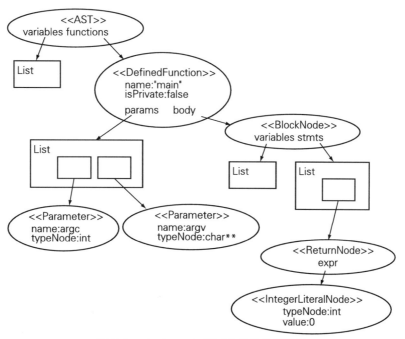

图 7.6　misc/zero.cb 所对应的抽象语法树

本书之后也会常用 dump 方法来表示语法树。

基于节点表示表达式的例子

为了加深理解，我们试着来看一下表示 x+y 等任意的二元运算的节点——BinaryOpNode 类的代码。BinaryOpNode 类的整体代码如代码清单 7.9 所示。

代码清单 7.9　BinaryOpNode 类（ast/BinaryOpNode.java）

```java
package net.loveruby.cflat.ast;
import net.loveruby.cflat.type.Type;

public class BinaryOpNode extends ExprNode {
    protected String operator;
    protected ExprNode left, right;
    protected Type type;

    public BinaryOpNode(ExprNode left, String op, ExprNode right) {
        super();
        this.operator = op;
        this.left = left;
        this.right = right;
    }

    public BinaryOpNode(Type t, ExprNode left, String op, ExprNode right) {
```

```
        super();
        this.operator = op;
        this.left = left;
        this.right = right;
        this.type = t;
    }

    public String operator() {
        return operator;
    }

    public Type type() {
        return (type != null) ? type : left.type();
    }

    public void setType(Type type) {
        if (this.type != null)
            throw new Error("BinaryOp#setType called twice");
        this.type = type;
    }

    public ExprNode left() {
        return left;
    }

    public void setLeft(ExprNode left) {
        this.left = left;
    }

    public ExprNode right() {
        return right;
    }

    public void setRight(ExprNode right) {
        this.right = right;
    }

    public Location location() {
        return left.location();
    }

    protected void _dump(Dumper d) {
        d.printMember("operator", operator);
        d.printMember("left", left);
        d.printMember("right", right);
    }

    public <S,E> E accept(ASTVisitor<S,E> visitor) {
        return visitor.visit(this);
    }
}
```

BinaryOpNode 类中定义了很多方法，但不需要现在就全部理解，当前重要的是理解和抽象语法树的结构相关的属性。BinaryOpNode 类的属性只有 operator、left 和 right 这 3 个。例如用 BinaryOpNode 表示 x+y 这样的表达式时，left 属性对应 x，right 属性对应 y，operator 属性对应 +。

最后，其他的方法也简单地说明一下。type 方法表示该表达式整体的类型，location 方法返回表示节点位置的 Location 对象。另外，通过定义 _dump 方法，就可以用 --dump-ast 选项来输出该节点的 dump。

像这样将节点组合起来就能够表示程序的整体。

JJTree

cbc 中我们自行编写了所有的 action 和节点类来生成语法树，但其实可以使用名为 JJTree 的工具来半自动化地生成 action 和节点类。

关于是否使用 JJTree 笔者考虑了很久，最终因为不喜欢 JJTree 中将节点的成员保存在数组中这种设计而没有使用。所谓将节点的成员保存在数组中，以 IfNode 为例，就是指将条件表达式、then 部分的语句、else 部分的语句这 3 个节点的对象存放在 1 个数组中。

特别是按照 JJTree 的处理方式，各个节点的类型不会被分别保存，这样静态语句的强类型优势就丧失殆尽了。对于这点笔者非常在意。也就是说，为了取得 IfNode 的条件表达式，需要编写 (ExprNode)node.jjGetChild(0) 这样的代码。但笔者不愿意这么做，不喜欢用数字指定成员的顺序，也不喜欢强制的向下类型转换（downcast）。

最初笔者为节点类定义了如下所示的专用的访问器，但后来又觉得既然都做到这一步了，和全部手写也没有什么大的差别，所以就彻底弃用 JJTree 了。

```
public class IfNode extends StmtNode {
    public ExprNode cond() {
        return (ExprNode)jjtGetChild(0);
    }

    public StmtNode thenStmt() {
        return (StmtNode)jjtGetChild(1);
    }

    public StmtNode elseStmt() {
        return (StmtNode)jjtGetChild(2);
    }

    // ……略……
}
```

如果读者对 JJTree 感兴趣，并且不在乎上述问题的话，也可以试着用一下 JJTree。

第 8 章

抽象语法树的生成

本章我们将在第 6 章中设计的语法规则中加入
Java 代码来生成抽象语法树。

8.1 表达式的抽象语法树

从本节开始，我们将实际地在语法规则文件中添加生成抽象语法树的 action。第 6 章中从 compilation_unit() 开始自上而下地对语法规则进行了讲解，本章则恰恰相反，我们将从 primary 开始自下而上地编写 action。一般来说，JavaCC 是根据从末端的规则返回的值来构建抽象语法树的，所以自下而上的方法更为合适。

本节我们将讲解表达式（expr）的抽象语法树的生成。

字面量的抽象语法树

添加 action 后的 primary 的规则如代码清单 8.1 所示。

代码清单 8.1 字面量的规则（parser/Parser.jj）

```
ExprNode primary():
{
    Token t;
    ExprNode n;
}
{

    t=<INTEGER>
        {
            return integerNode(location(t), t.image);
        }
    | t=<CHARACTER>
        {
            return new IntegerLiteralNode(location(t),
                                    IntegerTypeRef.charRef(),
                                    characterCode(t.image));
        }
    | t=<STRING>
        {
            return new StringLiteralNode(location(t),
                new PointerTypeRef(IntegerTypeRef.charRef()),
                stringValue(t.image));
        }
    | t=<IDENTIFIER>
        {
            return new VariableNode(location(t), t.image);
        }
    | "(" n=expr() ")"
```

```
        {
            return n;
        }
}
```

非终端符号 primary 是数值、字符、字符串的字面量、变量以及用括号括起来的表达式中的任意一者。这里为各个选项生成对应的节点对象。对数值字面量（符号 <INTEGER>）和字符字面量（符号 <CHARACTER>）生成 IntegerLiteralNode 对象，对字符串字面量（符号 <STRING>）生成 StringLiteralNode 对象，对变量（符号 <IDENTIFIER>）生成 VariableNode 对象。

在 primary 规则的 action 中所使用的 Parser 类的方法如下所示。

Location location(Token t)

返回表示 token t 位置的 Location 对象。

IntegerLiteralNode integerNode(Location loc, String image)

解析代码中的文本 image，并用适当的参数生成 IntegerLiteralNode。

char characterCode(String image)

解析代码中字符字面量的文本 image，并返回字符编码。

String stringValue(String image)

解析代码中字符串字面量的文本 image，并返回该字符串。

另外，IntegerTypeRef.charRef() 和 new PointerTypeRef() 都是用于生成 TypeRef 类的实例。TypeRef 类是 Cb 中表示类型名称的类。

类型的表示

这里讲一下 cbc 中如何表示类型。

首先，cbc 中类型自身用 Type 类的实例来表示。Type 类的层次如代码清单 8.2 所示。

代码清单 8.2　Type 类的层次

```
Type
    ArrayType
    FunctionType
    IntegerType
    NamedType
        CompositeType
            StructType
            UnionType
        UserType
    PointerType
    VoidType
```

Type 类的子类分别表示各自的名称所对应的类型。例如 ArrayType 表示数组类型，IntegerType 表示 int 和 long 这样的整数类型，UserType 表示由 typedef 所定义的类型。

cbc 中除了 Type 类之外，还使用了表示类型名称的 TypeRef 类。TypeRef 类的层次如代码清单 8.3 所示。

代码清单 8.3　TypeRef 类的层次

```
TypeRef
    ArrayTypeRef
    FunctionTypeRef
    IntegerTypeRef
    PointerTypeRef
    StructTypeRef
    UnionTypeRef
    UserTypeRef
    VoidTypeRef
```

请注意不要混淆 Type 类和 TypeRef 类。Type 类表示类型的定义，TypeRef 类表示类型的名称。举例来说，struct point { int x; int y; }; 是类型的定义，struct point 是类型的名称。

为什么需要 TypeRef 类

cbc 中之所以特意将 Type 类和 TypeRef 类分开，是因为在 Cb 中，在类型定义之前就可以编写用到了该类型的代码。也就是说，Cb 中可以编写如下所示的代码。

```
struct s var;

struct s {
    int memb;
};
```

C 语言中是不可以编写这样的代码的，此处为了迎合当今的趋势而特意修改了 C 语言的规范。

如果允许编写这样的代码，就会出现一个问题。以刚才的代码为例，在解析到 var 的定义时，struct s 这个类型已经出现了，但该类型的定义却还没有被解析到，因此此时无法生成 struct s 所对应的 Type 对象。

解决上述问题的方法大致有两种。

1. 在发现 struct s 这个类型名称时生成不含任何信息的 Type 对象，当类型的定义出现时再添加类型的信息
2. 在发现 struct s 这个类型名称时仅记录名称，之后再转换为 Type 对象

无论哪种方法，都必须在之后向语法树中的某处添加信息。在考虑了哪一个容易理解后，cbc 中选用了第二个方法。

一元运算的抽象语法树

让我们回到语法，来看一下一元运算的规则（`term`、`unary`、`postfix`）和 action。加入 action 后的一元运算的规则如代码清单 8.4 所示。

代码清单 8.4 `term`、`unary`、`postfix` 的规则（parser/Parser.jj）

```
ExprNode term():
{
    TypeNode t;
    ExprNode n;
}
{
    LOOKAHEAD("(" type())
    "(" t=type() ")" n=term()      { return new CastNode(t, n); }
  | n=unary()                      { return n; }
}

ExprNode unary():
{
    ExprNode n;
    TypeNode t;
}
{
    "++" n=unary()     { return new PrefixOpNode("++", n); }
  | "--" n=unary()     { return new PrefixOpNode("--", n); }
  | "+" n=term()       { return new UnaryOpNode("+", n); }
  | "-" n=term()       { return new UnaryOpNode("-", n); }
  | "!" n=term()       { return new UnaryOpNode("!", n); }
  | "~" n=term()       { return new UnaryOpNode("~", n); }
  | "*" n=term()       { return new DereferenceNode(n); }
  | "&" n=term()       { return new AddressNode(n); }
  | LOOKAHEAD(3) <SIZEOF> "(" t=type() ")"
      {
          return new SizeofTypeNode(t, size_t());
      }
  | <SIZEOF> n=unary()
      {
          return new SizeofExprNode(n, size_t());
      }
  | n=postfix()        { return n; }
}

ExprNode postfix():
{
    ExprNode expr, idx;
    String memb;
    List<ExprNode> args;
}
{
    expr=primary()
    ( "++"                     { expr = new SuffixOpNode("++", expr); }
```

```
    | "--"                      { expr = new SuffixOpNode("--", expr); }
    | "[" idx=expr() "]"        { expr = new ArefNode(expr, idx); }
    | "." memb=name()           { expr = new MemberNode(expr, memb); }
    | "->" memb=name()          { expr = new PtrMemberNode(expr, memb); }
    | "(" args=args() ")"       { expr = new FuncallNode(expr, args); }
    )*
        {
            return expr;
        }
}
```

一元运算的 action 都只生成节点对象。各个类所表示的运算如表 8.1 所示。

表 8.1　表示一元运算的类

节点的类名	表示的运算
UnaryOpNode	一元运算 +、-、!、~
PrefixOpNode	前置的 ++ 和 --
SuffixOpNode	后置的 ++ 和 --
DereferenceNode	指针引用（*ptr）
AddressNode	地址运算符（&var）
SizeofTypeNode	对类型的 sizeof 运算
SizeofExprNode	对表达式的 sizeof 运算
CastNode	类型转换
ArefNode	数组引用（ary[i]）
MemberNode	成员引用（st.memb）
PtrMemberNode	通过指针访问成员（ptr->memb）
FuncallNode	函数调用

`postfix` 的 action 结合了重复和 action，所以稍微难以理解。这里只考虑通过指针访问成员的运算符（`->`），将其简化，如下所示。

```
ExprNode postfix():
{
    ExprNode expr;
}
{

    expr=primary()
    ( "->" memb=name() { expr = new PtrMemberNode(expr, memb); } )*
        {
            return expr;
        }
}
```

上述规则表示 primary 之后 `->` 和 name 重复 0 次或多次，具体来说就是 "var" "var->x" "var->x->node" "var->x->node->type" 这样的表达式。

上述规则中，每次发现 "->×××" 就会执行一次 action，有多少个 `->` 就会有多少层 PtrMemberNode 的嵌套。例如，x->y->z 这样的表达式所对应的抽象语法树的 dump 如下所示。

```
<<PtrMemberNode>> (misc/postfix.cb:2)
expr:
    <<PtrMemberNode>> (misc/postfix.cb:2)
    expr:
        <<VariableNode>> (misc/postfix.cb:2)
        name: "x"
    member: "y"
member: "z"
```

二元运算的抽象语法树

接着讲二元运算。二元运算的 action 和一元运算的结构类似，都是结合重复模式来生成嵌套结构的树（代码清单 8.5）。

代码清单 8.5　expr1 的规则（parser/Parser.jj）

```
ExprNode expr1():
{ ExprNode l, r; }
{
    l=term() ( "*" r=term() { l = new BinaryOpNode(l, "*", r); }
             | "/" r=term() { l = new BinaryOpNode(l, "/", r); }
             | "%" r=term() { l = new BinaryOpNode(l, "%", r); }
             )*
        {
            return l;
        }
}
```

用上述规则来解析 x * y * z。x 作为第 1 个 term，其语义值被赋给临时变量 l。之后，当发现 * y 时，执行 action，生成 BinaryOpNode 并赋给临时变量 l。再之后，当发现 * z 时，执行 action，生成 BinaryOpNode 并赋值给临时变量 l。此时 l 的值就是 expr1 整体的语义值。下面是 x * y * z 的语法树的 dump，请对比着规则思考一下处理的过程。

```
<<BinaryOpNode>> (misc/binaryop.cb:2)
operator: "*"
left:
    <<BinaryOpNode>> (misc/binaryop.cb:2)
    operator: "*"
    left:
        <<VariableNode>> (misc/binaryop.cb:2)
        name: "x"
    right:
        <<VariableNode>> (misc/binaryop.cb:2)
        name: "y"
right:
    <<VariableNode>> (misc/binaryop.cb:2)
    name: "z"
```

二元运算符无论规则还是 action 都差不多。代码清单 8.6 是 expr2 的规则，可以看出和

expr1 的规则形式完全相同。其他的二元运算符也几乎完全一样，这里就省略说明了。

代码清单 8.6　expr2 的规则（parser/Parser.jj）

```
ExprNode expr2():
{ ExprNode l, r; }
{
    l=expr1() ( "+" r=expr1() { l = new BinaryOpNode(l, "+", r); }
              | "-" r=expr1() { l = new BinaryOpNode(l, "-", r); }
              )*
        {
            return l;
        }
}
```

条件表达式的抽象语法树

　　这次让我们跳过一些二元运算符，来看一下 expr8（&& 运算符）和 expr9（|| 运算符），以及 C 语言（Cb）中唯一的三元运算符---- 条件表达式（a?b:c）的规则。expr8、expr9、expr10 的规则如代码清单 8.7 所示。

代码清单 8.7　expr8、expr9、expr10 的规则（parser/Parser.jj）

```
ExprNode expr8():
{ ExprNode l, r; }
{
    l=expr7() ("&&" r=expr7() { l = new LogicalAndNode(l, r); })*
        {
            return l;
        }
}

ExprNode expr9():
{ ExprNode l, r; }
{
    l=expr8() ("||" r=expr8() { l = new LogicalOrNode(l, r); })*
        {
            return l;
        }
}

ExprNode expr10():
{ ExprNode c, t, e; }
{
    c=expr9() ["?" t=expr() ":" e=expr10()
                    { return new CondExprNode(c, t, e); }]
        {
            return c;
        }
}
```

　　LogicalAndNode 类表示 && 运算，LogicalOrNode 类表示 || 运算，CondExprNode
类表示条件运算。

　　将这 3 个规则放在一起介绍是因为它们属于控制结构。你可能并不认为 && 和 || 是控制结
构，但事实上对于编译器来说，&&、|| 和 if 语句非常相近。

　　例如有如下 C 语言的表达式。

```
io_ready() && read_file(fp);
```

　　上述表达式只有在 io_ready() 的返回值为真（非 0 的数值）时才会执行 read_
file(fp)。即和下面的写法动作是类似的。

```
if (io_ready()) {
    read_file(fp);
}
```

赋值表达式的抽象语法树

　　最后来看一下赋值表达式的规则。请看代码清单 8.8。

代码清单 8.8　expr 的规则（parser/Parser.jj）

```
ExprNode expr():
{
    ExprNode lhs, rhs, expr;
    String op;
}
{
      LOOKAHEAD(term() "=")
      lhs=term() "=" rhs=expr()
        {
            return new AssignNode(lhs, rhs);
        }
    | LOOKAHEAD(term() opassign_op())
      lhs=term() op=opassign_op() rhs=expr()
        {
            return new OpAssignNode(lhs, op, rhs);
        }
    | expr=expr10()
        {
            return expr;
        }
}

String opassign_op(): {}
{
    ( "+=" { return "+"; }
    | "-=" { return "-"; }
    | "*=" { return "*"; }
```

```
    | "/="  { return "/"; }
    | "%="  { return "%"; }
    | "&="  { return "&"; }
    | "|="  { return "|"; }
    | "^="  { return "^"; }
    | "<<=" { return "<<"; }
    | ">>=" { return ">>"; }
    )
}
```

首先讲一下 expr 的 action 中用到的临时变量 lhs 和 rhs 的名字。单词 LHS、RHS 是编程语言的话题中经常使用的简称，赋值的左边称为 LHS（Left-Hand-Side），右边称为 RHS（Right-Hand-Side）。请记住这两个简称。

其次，请注意这次的规则和之前的二元运算在规则的形式上存在差异，这样的差异是因为运算符的**结合性**（associativity）不同而产生的。

1-2-3 这样的表达式如果加上括号的话就是 (1-2)-3，同样 1/2/3 的话是 (1/2)/3。但是 i=j=1 并非 (i=j)=1，而是 i=(j=1)。

一般来说，如果 x OP y OP z 的含义为 (x OP y) OP z，则称运算符 OP 为**左结合**（left associative），如果含义为 x OP (y OP z)，则称运算符 OP 为**右结合**（right associative）。- 和 / 等之前出现过的二元运算符都是左结合的，只有赋值运算符 = 是右结合的。

一般来说，5-3-1 或 i=j=1 这样可以连写的二元运算符的规则有 2 种写法。第 1 种是和现有的模式相同，如下这样使用 * 的写法。

```
expr1() ("-" expr1())*
```

第 2 种是这次的赋值表达式中用到的使用规则递归的方法。

```
expr(): {}
{
    term() "=" expr()
}
```

事实上无论使用哪种写法，解析得到的程序都是相同的，但在生成语法树时会产生差异。

编译器在处理时是从位于语法树下层的节点开始依次进行的，所以当运算符是左结合时，越是左侧的表达式越是位于下层（图 8.1）。此时从左侧开始依次生成节点比较方便，即重复第 1 种模式（使用 *）即可。

另一方面，运算符是右结合的情况则相反，如图 8.2 所示，越是右侧的表达式的节点越是位于下层，即从右侧的表达式开始依次生成节点比较方便。因此比起使用 JavaCC 的 * 模式，使用规则的递归进行重复处理会更为方便。

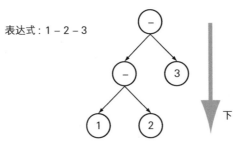

图 8.1 左结合的运算符的表达式

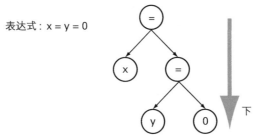

图 8.2 右结合的运算符的表达式

　　随便提一下，还存在既非左结合也非右结合的二元运算符。例如 Java 的 ==，因此 x==y==z 这样的表达式的语法是错误的。像这样不允许 x OP y OP z 的运算符称为**非结合**（non-associative）运算符。Java 的 == 就是非结合的。

8.2 语句的抽象语法树

本节中将以 if 语句（stmt）和 while 语句以及程序块为代表，讲解语句的抽象语法树的生成。

if 语句的抽象语法树

首先，if 语句（if_stmt）的规则如代码清单 8.9 所示。

代码清单 8.9　if_stmt 的规则（parser/Parser.jj）

```
IfNode if_stmt():
{
    Token t;
    ExprNode cond;
    StmtNode thenBody, elseBody = null;
}
{
    t=<IF> "(" cond=expr() ")" thenBody=stmt()
            [LOOKAHEAD(1) <ELSE> elseBody=stmt()]
        {
            return new IfNode(location(t), cond, thenBody, elseBody);
        }
}
```

if 语句是用 IfNode 类来表示的。if 的规则中并没有特别复杂之处，所以让我们直接看一下语法树的 dump。

```
<<IfNode>> (misc/if.cb:3)
cond:
    <<IntegerLiteralNode>> (misc/if.cb:3)
    typeNode: int
    value: 1
thenBody:
    <<BlockNode>> (misc/if.cb:3)
    variables:
    stmts:
        <<ReturnNode>> (misc/if.cb:3)
        expr:
            <<IntegerLiteralNode>> (misc/if.cb:3)
            typeNode: int
            value: 0
```

```
elseBody:
    <<BlockNode>> (misc/if.cb:3)
    variables:
    stmts:
        <<ReturnNode>> (misc/if.cb:3)
        expr:
            <<IntegerLiteralNode>> (misc/if.cb:3)
            typeNode: int
            value: 7
```

上述输出是如下语句的语法树的 dump。

```
if (1) { return 0; } else { return 7; }
```

另外，IfNode 类的构造函数的第 1 个参数取得 location(t)（location 对象），但之前很多节点的构造函数中都是没有 Location 对象的参数的。但是所有的节点类都定义了 location 方法，使用 --dump-ast 选项 dump 语法树，就会输出所有节点的文件名和行号。那么构造函数中不包含 Location 对象参数的节点究竟是如何获取自身的 Location 对象的呢？

答案是 "从自身所持有的其他节点获取"。例如 BinaryOpNode 类的 location 方法就是直接调用左侧表达式的 location 方法并将其结果返回。例如 1+3 这样的表达式，1 的位置就是整体表达式的位置。

while 语句的抽象语法树

接着让我们来看一下 while 语句的规则（代码清单 8.10）。

代码清单 8.10　while_stmt 的规则（parser/Parser.jj）

```
WhileNode while_stmt():
{
    Token t;
    ExprNode cond;
    StmtNode body;
}
{
    t=<WHILE> "(" cond=expr() ")" body=stmt()
        {
            return new WhileNode(location(t), cond, body);
        }
}
```

while 语句（while_stmt）的 action 非常简单，仅仅是依据 Location 对象、条件表达式以及 while 语句本体的节点来生成 WhileNode 节点。我们同样来看一下语法树的 dump。

```
<<WhileNode>> (misc/while.cb:3)
cond:
    <<IntegerLiteralNode>> (misc/while.cb:3)
```

```
        typeNode: int
        value: 1
body:
    <<BlockNode>> (misc/while.cb:3)
    variables:
    stmts:
        <<ReturnNode>> (misc/while.cb:3)
        expr:
            <<IntegerLiteralNode>> (misc/while.cb:3)
            typeNode: int
            value: 0
```

上述输出就是如下语句的语法树的 dump。

```
while (1) { return 0; }
```

程序块的抽象语法树

作为第 3 个语句（stmt）的语法树的例子，我们来讲一下程序块的抽象语法树的生成。表示程序块的符号是 block，它的规则如代码清单 8.11 所示。

代码清单 8.11　block 的规则（parser/Parser.jj）

```
BlockNode block():
{
    Token t;
    List<DefinedVariable> vars;
    List<StmtNode> stmts;
}
{
    t="{" vars=defvar_list() stmts=stmts() "}"
        {
            return new BlockNode(location(t), vars, stmts);
        }
}
```

Cb 和 C 语言一样，只能在块的起始处声明临时变量，因此 block 的语法可以理解为变量声明的列表和语句列表的排列。用于表示程序块的节点 BlockNode 也同样包含了临时变量声明的列表和语句的列表。这里的列表是直接用 Java 的列表类来实现的。

也有一些编译器提供了"表示某些列表的节点"。语法树所使用的数据结构应该尽可能地聚合到节点内以便统一处理。但 cbc 优先考虑到缩减节点类的数量，所以直接使用了 Java 的 List。

接着来看一下表示变量声明列表的 defvar_list 和表示语句列表的 stmts 的规则。defvar_list 将在下一节中介绍，先来看一下 stmts 的规则，如代码清单 8.12 所示。

代码清单 8.12　stmts 的规则（parser/Parser.jj）

```
List<StmtNode> stmts():
{
    List<StmtNode> ss = new ArrayList<StmtNode>();
    StmtNode s;
}
{
    (s=stmt() { if (s != null) ss.add(s); })*
        {
            return ss;
        }
}
```

stmts 是 stmt 的列表，因此用 JavaCC 的 * 模式对 stmt 进行遍历即可。这里的 stmt 可以是 if 语句、while 语句以及其他所有的语句。如果忘记了 stmt 的规则，可以复习一下第 6 章中的相关内容。

action 在每次发现 stmt 时都会将其语义值（即表示一个语句的节点）添加到 Java 的列表对象中，并最终返回该列表对象。

8.3 声明的抽象语法树

本节将介绍函数声明以及变量声明所对应的抽象语法树的生成。

变量声明列表的抽象语法树

首先我们来看一下刚才在程序块中出现过的变量声明的规则。代码清单 8.13 就是加入了 action 的变量声明的规则。

代码清单 8.13　defvar_list 的规则（parser/Parser.jj）

```
List<DefinedVariable> defvar_list():
{
    List<DefinedVariable> result = new ArrayList<DefinedVariable>();
    List<DefinedVariable> vars;
}
{
    ( vars=defvars() { result.addAll(vars); } )*
        {
            return result;
        }
}
```

上述规则无论是规则还是 action 都和之前的 `stmts` 类似，但区别在于 `defvars` 的语义值并非变量声明，而是变量声明的列表。之所以存在这样的区别，是因为 C 语言（Cb）中可以如下这样在一个声明中同时声明多个变量。

```
int x, y, z;    /* 声明 int 类型的变量 x、y、z */
```

cbc 的 `defvars` 的语义值为变量声明（表示变量声明的节点）的列表就是为了处理上述情况。让我们看一下表示变量声明的 `defvars` 的规则并试着思考一下（代码清单 8.14）。

代码清单 8.14　defvars 的规则（parser/Parser.jj）

```
List<DefinedVariable> defvars():
{
    List<DefinedVariable> defs = new ArrayList<DefinedVariable>();
    boolean priv;
    TypeNode type;
    String name;
    ExprNode init = null;
}
```

```
{
    priv=storage() type=type() name=name() ["=" init=expr()]
        {
            defs.add(new DefinedVariable(priv, type, name, init));
            init = null;
        }
    ( "," name=name() ["=" init=expr()]
        {
            defs.add(new DefinedVariable(priv, type, name, init));
            init = null;
        }
    )* ";"
        {
            return defs;
        }
}
```

表示变量声明的节点 DefineVariable 的构造函数有 4 个参数。第 1 个参数为表示是否为 static 的 boolean 值，第 2 个为变量的类型，第 3 个为变量名，第 4 个为初始化表达式。

如前所述，Cb 可以一次声明多个变量，因此声明多个变量时就需要生成相同数量的 DefinedVariable 节点对象。声明时 static 和变量的类型只写一次，所以从第 2 次开始生成 DefinedVariable 对象时就直接使用临时变量 priv 和 type。因为各个变量只有 init（初始化表达式）的值是不同的，不能重复使用，所以 action 中每次生成 DefinedVariable 对象后就将 init 设置回 null。

函数定义的抽象语法树

在介绍变量的定义之后，我们再来看一下函数定义的规则。函数定义的规则如代码清单 8.15 所示。

代码清单 8.15　defun 的规则（parser/Parser.jj）

```
DefinedFunction defun():
{
    boolean priv;
    TypeRef ret;
    String n;
    Params ps;
    BlockNode body;
}
{
    priv=storage() ret=typeref() n=name() "(" ps=params() ")" body=block()
        {
            TypeRef t = new FunctionTypeRef(ret, ps.parametersTypeRef());
            return new DefinedFunction(priv, new TypeNode(t), n, ps, body);
        }
}
```

这里讲一下 action 的含义。首先非终端符号 params 的语义值 Params 是以 TypeNode 形式存储的各个形参的类型，所以不能直接传给 new FunctionTypeRef()，需要先将 Params 中保存的值从 TypeNode 转化为 TypeRef 类型。这个转换过程就是 action 第 1 行中的 ps.parametersTypeRef() 的处理。

接着利用该函数的返回值 TypeRef 和形参的 TypeRef 来生成 FunctionTypeRef 对象。

第 1 行生成 FunctionTypeRef 后，在第 2 行生成 DefinedFunction 对象，其构造函数的参数有 5 个，分别为表示是否为 static 的 boolean 值、存有 FunctionTypeRef 的 TypeNode、函数名、表示参数列表的 Params 对象以及表示函数本体的节点。

表示声明列表的抽象语法树

已经介绍得差不多了，下面我们来看一下表示声明列表的抽象语法树的生成。表示声明列表的非终端符号 top_defs 的规则如代码清单 8.16 所示。

代码清单 8.16　top_defs 的规则（parser/Parser.jj）

```
Declarations top_defs():
{
    Declarations decls = new Declarations();
    DefinedFunction defun;
    List<DefinedVariable> defvars;
    Constant defconst;
    StructNode defstruct;
    UnionNode defunion;
    TypedefNode typedef;
}
{
    ( LOOKAHEAD(storage() typeref() <IDENTIFIER> "(")
      defun=defun()            { decls.addDefun(defun); }
    | LOOKAHEAD(3)
      defvars=defvars()        { decls.addDefvars(defvars); }
    | defconst=defconst()      { decls.addConstant(defconst); }
    | defstruct=defstruct()    { decls.addDefstruct(defstruct); }
    | defunion=defunion()      { decls.addDefunion(defunion); }
    | typedef=typedef()        { decls.addTypedef(typedef); }
    )*
        {
            return decls;
        }
}
```

声明的列表由名为 Declarations 的节点表示。Declarations 节点分别以列表的形式保存了函数定义（DefinedFunction）、变量定义（DefinedVariable）、常量定义（Constant）、结构体定义（StructNode）、联合体定义（UnionNode）、用户类型定义（TypedefNode）。

解析完所有声明的列表后，最终将保存有所有声明信息的 Declarations 节点作为语义值返回并结束。

表示程序整体的抽象语法树

最后讲一下表示程序整体的抽象语法树的生成。如前所述，表示程序整体的节点是 AST 类（代码清单 8.17）。

代码清单 8.17　compilation_unit 的规则（parser/Parser.jj）

```
AST compilation_unit():
{
    Token t;
    Declarations impdecls, decls;
}
{
        {
            t = getToken(1);
        }
    impdecls=import_stmts() decls=top_defs() <EOF>
        {
            decls.add(impdecls);
            return new AST(location(t), decls);
        }
}
```

首先出现的是我们未曾见过的函数调用 getToken(1)。该方法是 JavaCC 预先定义在 Parser 类中的方法，用于在执行 action 时读入第 1 个还未消费的 token。因此上述情况下总是返回整个文件的第 1 个 token。AST 节点会保存这个 token，在指定 --dump-tokens 选项来显示 token 序列时使用。

另外，可编译的文件（*.cb）由 import 声明的列表（import_stmts）和声明列表（top_defs）组成。它们的语义值都是 Declarations 对象，所以调用 Declarations 类的 add 方法将两者合并后生成 AST 节点。

外部符号的 import

刚才在 compilation_unit 的规则中出现了 import_stmts，让我们来简单地看一下。import_stmts 的规则如代码清单 8.18 所示。

代码清单 8.18　import_stmts 的规则（parser/Parser.jj）

```
Declarations import_stmts():
{
    String libid;
    Declarations impdecls = new Declarations();
```

```
    }
    {
        (libid=import_stmt()
            {
                try {
                    Declarations decls = loader.loadLibrary(libid, errorHandler);
                    if (decls != null) {
                        impdecls.add(decls);
                        addKnownTypedefs(decls.typedefs());
                    }
                }
                catch (CompileException ex) {
                    throw new ParseException(ex.getMessage());
                }
            }
        )*
            {
                return impdecls;
            }
    }
```

上述规则的 action 读入 import 声明所指定的文件并进行解析，将文件中记述的函数和类型的声明添加到 Declarations 对象中并返回。

表示 import 文件中记述的函数、变量以及类型的声明的类如表 8.2 所示。

表 8.2　表示声明的类

类名	表示的声明
UndefinedFunction	函数
UndefinedVariable	变量
StructNode	结构体
UnionNode	联合体
TypedeNode	typedef

结构体、联合体、typedef 所对应的节点在 import 文件内外都是一样的，而函数和变量则用 Undefined××× 类取代了 Defined××× 类。

总结

到这里解析和抽象语法树生成的相关内容就都讲解完了。最后我们来看一段程序的抽象语法树的 dump，其中包含了几乎所有本章中讲过的节点。首先，源程序如下所示。

```
import stdio;
import stdlib;

int
main(int argc, char **argv)
{
```

```
    int i, j = 5;

    if (i) {
        return (j * 1 - j);
    }
    else {
        exit(1);
    }
}
```

上述程序的抽象语法树如下所示。

```
<<AST>> (misc/ast.cb:1)
variables:
functions:
    <<DefinedFunction>> (misc/ast.cb:4)
    name: "main"
    isPrivate: false
    params:
        parameters:
            <<Parameter>> (misc/ast.cb:5)
            name: "argc"
            typeNode: int
            <<Parameter>> (misc/ast.cb:5)
            name: "argv"
            typeNode: char**
    body:
        <<BlockNode>> (misc/ast.cb:6)
        variables:
            <<DefinedVariable>> (misc/ast.cb:7)
            name: "i"
            isPrivate: false
            typeNode: int
            initializer: null
            <<DefinedVariable>> (misc/ast.cb:7)
            name: "j"
            isPrivate: false
            typeNode: int
            initializer:
                <<IntegerLiteralNode>> (misc/ast.cb:7)
                typeNode: int
                value: 5
        stmts:
            <<IfNode>> (misc/ast.cb:9)
            cond:
                <<VariableNode>> (misc/ast.cb:9)
                name: "i"
            thenBody:
                <<BlockNode>> (misc/ast.cb:9)
                variables:
                stmts:
                    <<ReturnNode>> (misc/ast.cb:10)
                    expr:
```

```
                        <<BinaryOpNode>> (misc/ast.cb:10)
                        operator: "-"
                        left:
                            <<BinaryOpNode>> (misc/ast.cb:10)
                            operator: "*"
                            left:
                                <<VariableNode>> (misc/ast.cb:10)
                                name: "j"
                            right:
                                <<IntegerLiteralNode>> (misc/ast.cb:10)
                                typeNode: int
                                value: 1
                        right:
                            <<VariableNode>> (misc/ast.cb:10)
                            name: "j"
            elseBody:
                <<BlockNode>> (misc/ast.cb:12)
                variables:
                stmts:
                    <<ExprStmtNode>> (misc/ast.cb:13)
                    expr:
                        <<FuncallNode>> (misc/ast.cb:13)
                        expr:
                            <<VariableNode>> (misc/ast.cb:13)
                            name: "exit"
                        args:
                            <<IntegerLiteralNode>> (misc/ast.cb:13)
                            typeNode: int
                            value: 1
```

　　本章中并没有对所有符号所对应的节点的构造进行讲解，但只要使用 cbc 命令的 --dump-ast 选项，就能够看到任意 Cb 程序的抽象语法树。实际看一下抽象语法树就会发现非常容易理解，所以请一定试着输出一下各类程序的抽象语法树。

8.4　cbc 的解析器的启动

本节将介绍 cbc 的解析器的启动方法。

Parser 对象的生成

cbc 的解析器除了 JavaCC 的定义以外还需要其他属性，为了初始化这些属性，解析器定义了专门的构造函数，如下所示。

代码清单 8.19　Parser 类的属性和构造函数（parser/Parser.jj）

```
private String sourceName;
private LibraryLoader loader;
private ErrorHandler errorHandler;
private Set<String> knownTypedefs;

public Parser(Reader s, String name, LibraryLoader loader,
              ErrorHandler errorHandler, boolean debug) {
    this(s);
    this.sourceName = name;
    this.loader = loader;
    this.errorHandler = errorHandler;
    this.knownTypedefs = new HashSet<String>();
    if (debug) {
        enable_tracing();
    }
    else {
        disable_tracing();
    }
}
```

这个构造函数所设置的属性的含义如下。

private String sourceName

源程序文件的文件名

private LibraryLoader loader

用 import 关键字读入 import 文件的加载器

private ErrorHandler errorHandler

处理错误或警告的对象

private Set<String>knownTypedefs

保存用 typedef 定义的类型名称的表

当第 5 个参数 debug 为 true 时，通过调用 enable_tracing 方法来启用 JavaCC 的跟踪（trace）功能。在 cbc 命令中指定 --debug-parser 选项，就能够看到使用跟踪功能输出的 log。

为了使用 JavaCC 的跟踪功能，还必须在 options 块中将 DEBUG_PARSER 选项设置为 true。因为可以通过 enable_tracing 方法和 disable_tracing 方法来控制跟踪功能的开关，所以 DEBUG_PARSER 选项可以一直设置为 true。

另外，将 DEBUG_TOKEN_MANAGER 选项设置为 true 后会输出扫描器的 debug 信息。但这个选项输出信息的粒度非常细，并不像 DEBUG_PARSER 那么有用。

文件的解析

按照至今为止的做法，解析器只能从流（stream）读入代码。但在解析代码时，绝大多数的情况下都是从文件读取代码。因此从可用性的角度来说，如果有直接解析文件的方法的话会方便很多。在这个方法中生成从文件读入代码的解析器，同时在 Parser 类中定义执行解析的静态方法 parseFile。上述内容如代码清单 8.20 所示。

代码清单 8.20 Parser#parseFile 方法（parser/Parser.jj）

```
static public AST parseFile(File file, LibraryLoader loader,
                            ErrorHandler errorHandler, boolean debug)
                            throws SyntaxException, FileException {
    return newFileParser(file, loader, errorHandler, debug).parse();
}
```

首先用静态方法 newFileParser 生成从文件读入代码的解析器，并调用 parse 方法开始解析。newFileParser 和 parse 都是 cbc 自行定义的方法，让我们依次来看一下它们的实现。

静态方法 newFileParser 的代码如代码清单 8.21 所示。

代码清单 8.21 Parser#newFileParser 方法（parser/Parser.jj）

```
static final public String SOURCE_ENCODING = "UTF-8";

static public Parser newFileParser(File file,
                                   LibraryLoader loader,
                                   ErrorHandler errorHandler,
                                   boolean debug)
                                   throws FileException {
    try {
        BufferedReader r =
            new BufferedReader(
                new InputStreamReader(new FileInputStream(file),
```

```
                                    SOURCE_ENCODING));
        return new Parser(r, file.getPath(), loader, errorHandler, debug);
    }
    catch (FileNotFoundException ex) {
        throw new FileException(ex.getMessage());
    }
    catch (UnsupportedEncodingException ex) {
        throw new Error("UTF-8 is not supported??: " + ex.getMessage());
    }
}
```

上述代码生成读取文件 file 的 FileInputStream 对象，并用 InputStreamReader 和 BufferedReader 将其封装。

InputStreamReader 的编码暂且定为 UTF-8。如果能够根据命令行选项等来设置编码可能更为方便。

解析器的启动

parse 方法的代码如代码清单 8.22 所示。

代码清单 8.22　Parser#parse 方法（parser/Parser.jj）

```
public AST parse() throws SyntaxException {
    try {
        return compilation_unit();
    }
    catch (TokenMgrError err) {
        throw new SyntaxException(err.getMessage());
    }
    catch (ParseException ex) {
        throw new SyntaxException(ex.getMessage());
    }
    catch (LookaheadSuccess err) {
        throw new SyntaxException("syntax error");
    }
}
```

JavaCC 通过调用和需要解析的非终端符号同名的方法开始解析处理，即这里通过调用 compilation_unit 开始解析。

JavaCC 生成的解析器在解析过程中可能发生的异常有 3 种。发生扫描错误的 TokenMgrError、发生解析错误的 ParseException 和 LookaheadSuccess。cbc 会捕获这些异常并转换为自己定义的 SyntaxException 异常。

LookaheadSuccess 是 JavaCC 内部使用的异常，程序员看到后可能会认为是 JavaCC 的 bug，但测试中确实会抛出这个异常，所以姑且进行捕获。

第 **9** 章

语义分析（1）
引用的消解

本章我们来说一下 cbc 的语义分析的概要以及变
量引用的消解、类型名称的消解等话题。

9.1 语义分析的概要

本节将简单介绍一下 cbc 中语义分析的规范和实现。

本章目的

本章将对上一章中生成的抽象语法树的语义进行分析，并实施变量引用的消解和类型检查。具体来说，我们要实施如下这些处理。

1. 变量引用的消解
2. 类型名称的消解
3. 类型定义检查
4. 表达式的有效性检查
5. 静态类型检查

这里简单地讲解一下上述项目。

"变量引用的消解"是指确定具体指向哪个变量。例如变量 "i" 可能是全局变量 i，也可能是静态变量 i，还可能是局部变量 i。通过这个过程来消除这样的不确定性，确定所引用的到底是哪个变量。

"类型名称的消解"即类型的消解。如第 8 章所述，cbc 的类型名称由 TypeRef 对象表示，类型由 Type 对象表示。类型名称的消解就是将 TypeRef 对象转换为 Type 对象。

"类型定义检查"是指检查是否存在语义方面有问题的类型定义。例如 void 的数组、含有 void 成员的结构体、直接将自身的类型（而非通过指针）作为成员的结构体等，都是在语义上有问题的定义。在此过程中将检查是否有这样的定义。

"表达式的有效性检查"是指检查是否存在无法执行的表达式。例如 1++ 这样的表达式可以通过 cbc 的解析器，但 1 并非变量，所以不能自增。因此这个表达式实际上无法执行，属于不正确的表达式。在此过程中将检查是否有这样的不正确的表达式。

关于"静态类型检查"，想必使用 C 或 Java 的各位应该非常熟悉了。在此过程中将检查表达式的类型，发现类型不正确的操作时就会报错。例如在结构体之间进行了 + 运算[1]，将 int 类型的值未经转换直接赋给指针类型的变量等。

---

[1] 没有重载过 + 运算。——译者注

上述 5 个过程的执行顺序有着一定的限制。首先,"类型定义检查"在"类型名称的消解"未结束前不能执行。其次,"表达式的有效性检查"在前 3 个过程结束前不能执行。最后,"静态类型检查"在前 4 个过程都结束前不能执行。总结一下上述限制,如图 9.1 所示。

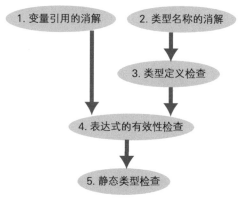

图 9.1 语义分析的处理顺序的限制

抽象语法树的遍历

在语义分析以及之后的处理中需要按顺序访问抽象语法树的所有节点。例如,在进行"变量引用的消解"时,就要从抽象语法树找出所有变量的定义和引用并进行关联。另外,在进行"静态类型检查"时,要从抽象语法树的叶子节点开始依次遍历各个节点,检查节点所对应的表达式的类型。

一般而言,像这样按顺序访问并处理树形结构的所有节点称为树的**遍历**(traverse)。图 9.2 是遍历的示意图。语义分析中遍历抽象语法树是为了进行引用消解和类型检查。

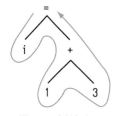

在遍历像抽象语法树这样的由各种类的实例所组成的树形结构并进行各种处理时,常用的手段是利用设计模式中的 **Visitor 模式**。借助 Visitor 模式,像"变量引用的消解"和"静态类型检查"这样一连串的处理就能够合并到一个类中来描述。

图 9.2 树的遍历

不使用 Visitor 模式的抽象语法树的处理

为了理解 Visitor 模式的目的,我们先来思考一下如何不使用 Visitor 模式进行静态类型检查。

静态类型检查需要处理几乎所有的节点,并且不同节点类的处理代码各不相同。例如,在二元运算符的节点(BinaryOpNode)中,要先分别检查左右表达式的类型,再检查左右表达式的类型是否一致。而如果是函数调用的节点(FuncallNode),则先检查所有实参的类型,然后再在此基础上确认是否和函数原型中规定的参数类型一致。像这样，不同节点类中所必需的处理完全不同。

说起面向对象语言中根据类的不同采用不同处理的方法，可以考虑使用函数的**多态**（polymorphism）。像下面这样，在各节点类中定义检查各节点表示的表达式类型的方法，通过递归调用这些方法来进行类型检查。

```
class Node {
    // 规定所有节点类中都必须定义 checkType 方法
    abstract public void checkType();
}

class ExprNode extends Node {}

class UnaryOpNode extends ExprNode {
    public void checkType() {
        expr().checkType();      // 检查使用运算符的表达式类型
        // 检查运算符是否可用
    }
}

class BinaryOpNode extends ExprNode {
    public void checkType() {
        left().checkType();      // 检查左侧表达式的类型
        right().checkType();     // 检查右侧表达式的类型
        // 检查左边和右边的类型是否相符
    }
}

class AssignNode extends ExprNode {
    public void checkType() {
        lhs().checkType();       // 检查左侧表达式的类型
        rhs().checkType();       // 检查右侧表达式的类型
        // 检查左边和右边的类型是否相符
    }
}
                    :
```
在所有节点类中定义 `checkType` 方法

像这样，只要在各节点中递归调用各子节点的 `checkType` 方法，就能在遍历抽象语法树的同时，根据不同的节点类采取不同的处理。

基于 Visitor 模式的抽象语法树的处理

使用多态来遍历抽象语法树的逻辑简单，而且容易理解，但代码就不是那么易读了。因为 Java 中通常以类为单位来划分文件，所以类型检查的代码会分散在所有节点类的文件中。这样一来，类型检查的整个处理过程是如何串联起来的就变得难以理解。

这种情况下 Visitor 模式就能派上用场了。使用 Visitor 模式能将分散在各个类中的类型检查代码聚合到一个类中。

　　Visitor 模式是刚才使用多态的代码的具体应用。既然问题在于处理一个问题的代码分散在所有的节点类中，那么将这些方法的内容聚合到单个类中，然后在各节点类中调用该方法即可。请结合图 9.3 了解 Visitor 模式的概况。

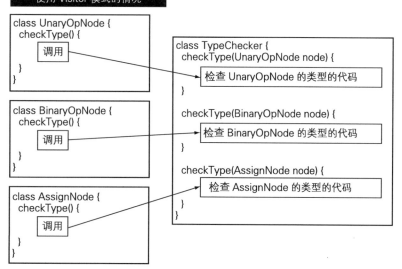

图 9.3　Visitor 模式的概况

像图 9.3 中右侧出现的 TypeChecker 这样的类一般被称为 visitor。

需要注意 TypeChecker 类中根据参数类型的不同对 checkType 方法进行了重载，因此无论是检查哪个节点的方法，都可以命名为 checkType。

Vistor 模式的一般化

Visitor 模式的思考方式如上例所示，但还有少许可优化之处。

图 9.3 所示的做法中最大的问题在于要在节点类中添加大量的代码，而这些代码仅仅是为了调用 visitor 类的方法。编译器中一般都会存在大量表示节点的类，如果类型检查添加一个函数、变量引用的消解添加一个、类型名称的消解添加一个……那么仅仅是调用其他方法的函数就必须定义"节点类数量 × 操作种类"个，这样太麻烦了。我们希望至少在各个节点类中能用一个方法来应对所有处理。

Java 中适用于上述情况的方法就是**接口**（interface）。如果我们通过设定使节点类方面不接收特定的 visitor 类（例如 TypeChecker 类），而是接收接口，那么就能只用一个方法来处理多个 visitor 类。

让我们来看一下 cbc 中基于上述方案的 Visitor 模式的实现。cbc 中实现的 Visitor 模式的概要如下所示。

```
class Node {
    // 规定所有节点类中都必须定义 accept 方法
    abstract public void accept(ASTVisitor visitor);
}

class ExprNode extends Node {}

class UnaryOpNode extends ExprNode {
    public void accept(ASTVisitor visitor) {
        visitor.visit(this);
    }
}

class BinaryOpNode extends ExprNode {
    public void accept(ASTVisitor visitor) {
        visitor.visit(this);
    }
}

class AssignNode extends ExprNode {
    public void accept(ASTVisitor visitor) {
        visitor.visit(this);
    }
}
            :
            :

intarface ASTVisitor {
    public void visit(UnaryOpNode node);
```

```
    public void visit(BinaryOpNode node);
    public void visit(AssignNode node);
                        :
                        :
}

class TypeChecker implements ASTVisitor {
    public void visit(UnaryOpNode node) {
        node.expr().accept(this);      // 检查使用运算符的表达式类型
        // 检查运算符是否可用
    }

    public void visit(BinaryOpNode node) {
        node.left().accept(this);      // 检查左侧表达式的类型
        node.right().accept(this);     // 检查右侧表达式的类型
        // 检查左边和右边的类型是否相符
    }

    public void visit(AssignNode node) {
        node.lhs().accept(this);       // 检查左侧表达式的类型
        node.rhs().accept(this);       // 检查右侧表达式的类型
        // 检查左边和右边的类型是否相符
    }
```

ASTVisitor 是各个 visitor 类的接口。TypeChecker 类通过实现 ASTVisitor 接口，就可以从节点类调用 TypeChecker 的方法。

ASTVisitor 接口和 TypeChecker 类中定义了名为 visit 的方法。visit 方法就是图 9.3 中的 checkType。像图 9.3 中这样直接使用 TypeChecker 类时，方法名 checkType 并没有什么问题。但将多个 visitor 类聚合到一个接口的情况下，checkType 这样的方法名就不那么合适了。因为 visitor 类中还会有用于变量引用的消解的类以及用于类型名称的消解的类，用名为 checkType 的方法来处理变量引用的消解，怎么想都觉得不合适。因此采用了比较中立的方法名 visit。

同样，节点类这边的 checkType 方法也要修改名称，这里采用方法名 accept 是 Visitor 模式的规定。

cbc 中 Visitor 模式的实现

为了提高可读性和代码的通用性，cbc 中的 Visitor 模式在之前的基础上又进行了 3 处微调。

第一，最后出现的代码 node.expr().accept(this)，乍看之下不知道用意何在，因此将 node.expr().accept(this) 这样的处理封装成 check 方法或 resolve 方法。举一个例子，在检查表达式的有效性的 DereferenceChecker 中，check 方法的定义如代码清单 9.1 所示。

代码清单 9.1 DereferenceChecker#check（compiler/DereferenceCherker.java）

```java
private void check(StmtNode node) {
    node.accept(this);
}

private void check(ExprNode node) {
    node.accept(this);
}
```

通过使用上述方法，在 visitor 类中处理节点时，只需要写成 check(node.expr()) 或 resolve(node.expr) 就可以了，和最初使用递归调用的代码看上去很接近。

第二，导入了 Visitor 类作为负责语义分析的 visitor 类群的基类。Visitor 类提供了"遍历所有节点，但不进行任何处理"的代码。通过导入 Visitor 类，在子类中只需为需要额外进行处理的节点类重写 visit 方法即可。

第三，利用 Java5 的 generics 机制，使得 visit 方法能够返回任意的返回值。例如通过实现（implements）ASTVisitor 接口，就可以声明处理 StmtNode 的 visit 方法返回 Void，处理 ExprNode 的 visit 方法返回 Expr。

```java
class IRGenerator implements ASTVisitor<Void, Expr>
```

其实语义分析的 visitor 类群不需要返回值，所以可以都写成 <Void,Void>。只有 IRGenerator 类返回 Void 以外的值。

随便提一下，Void 类不同于 void 类型，所以即使声明为 Void，visit 方法也必须返回一定的值。cbc 不得已（暂时）使用了所有方法都以 return null 结束这样的解决方法。

语义分析相关的 cbc 的类

在本节最后，我们将和语义分析相关的 cbc 的类列举在表 9.1 中。除 TypeTable 之外，其余都是 Visitor 类的子类。

表 9.1 和语义分析相关的类

类	作用
LocalResolver	变量引用的消解
DereferenceChecker	表达式的有效性检查
TypeResolver	类型名称的消解
TypeChecker	静态类型检查
TypeTable	类型定义检查

从下一节开始我们将深入了解各个类的处理内容。

更轻松的 Visitor 模式的实现

　　本节我们介绍了 Visitor 模式以及它的具体实现，说实话这样的实现还是过于繁琐。在各个节点中一一定义完全一样的 accept 方法就已经够麻烦的了，而且 node.accept(this) 从代码的字面上看也完全不知道是什么意思。

　　即便如此，说起基于 Java 的抽象语法树，本节所介绍的实现也属于比较常规的做法，因此即便觉得麻烦也只能姑且这么做。但如果 cbc 并非书籍中的示例代码，笔者会选用其他的方式来实现 Visitor 模式，那就是反射。

　　反射（reflection）是在运行时获取或修改程序自身信息的功能。对 Java 来说，利用反射可以通过字符串来指定调用的函数，同样还可以通过字符串来指定需要获取的属性的值。

　　Visitor 模式的关键在于只需要编写 check(node)，根据实际的 node 类来调用相应的方法。如果只是这样的话，利用多态的确非常简单，因为 Visitor 模式需要在单个类中使用多态。但在编译时只知道 node 的类是 ExprNode 或者 StmtNode，因此需要本节中所介绍的这样稍显繁琐的机制。

　　但是，即使在编译时不知道是什么类，在运行时就也能知道了。然后利用反射就能在运行时根据类调用不同的方法。本书中提供了使用反射实现 Visitor 模式的示例代码，感兴趣的读者可以去看一下。

9.2 变量引用的消解

本节将对变量引用的消解，即确定具体指向哪个变量（定义）的处理进行实现。

问题概要

C 语言（Cb）中的变量有作用域的概念，因此仅看变量名无法马上知道该变量和哪个变量定义是相关联的。例如单个变量 "i"，可能是全局变量，也可能是函数静态变量，还可能是本地的临时变量。为了消除这样的不确定性，我们需要将所有的变量和它们的定义关联起来，这样的处理称为 "变量引用的消解"。具体来说，就是为抽象语法树中所有表示引用变量的 VariableNode 对象添加该变量的定义（Variable 对象）的信息。

另外，函数名也属于变量的一种。C 语言或 Cb 中的表达式 puts("string") 的含义是 "调用变量 puts 所指向的函数"，因此只要确定了变量 puts 所指向的对象，需要调用的函数也就确定了。

实现的概要

变量引用的消解由名为 LocalResolver 的类负责。程序中将名称和其对应的对象进行关联的处理称为**消解**（resolve），因此这里将负责该处理的类命名为 LocalResolver。

为了管理变量的作用域，LocalResolver 类使用了 Scope 类以及其子类。这些类的作用如表 9.2 所示。

表 9.2　Scope 及其子类的作用

类名	作用
Scope	表示作用域的抽象类
ToplevelScope	表示程序顶层的作用域。保存有函数和全局变量
LocalScope	表示一个临时变量的作用域。保存有形参和临时变量

任何程序都存在一个 ToplevelScope 对象，并且该对象位于树的顶层。ToplevelScope 对象的下面有着和定义的函数数量相同的 LocalScope 对象。LocalScope 对象下面连接着由任意数量的 LocalScope 对象所组成的树。

作用域最终形成的树形结构如图 9.4 所示。

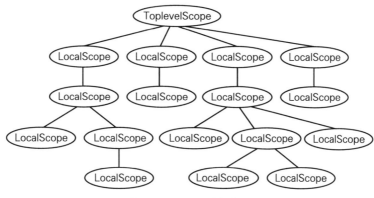

图 9.4 Scope 对象的树

只要生成了这样的树，查找变量的定义就非常简单了。只要从引用了变量的作用域开始，沿着树向上查找变量名，最先找到的变量定义就是要找的目标。如果向上追溯到 `ToplevelScope` 还没有找到变量所对应的定义，即使用了未定义的变量，就会报错。

`LocalResolver` 类利用栈（stack）一边生成 `Scope` 对象的树一边进行变量引用的消解。

Scope 树的结构

`Scope` 对象树是 `LocalResolver` 实现中最重要的部分，因此让我们稍微详细地来看一下。首先，各个类的属性的定义如下所示。

```
abstract public class Scope {
    protected List<LocalScope> children;
}
public class ToplevelScope extends Scope {
    protected Map<String, Entity> entities;
    protected List<DefinedVariable> staticLocalVariables;    // cache
}
public class LocalScope extends Scope {
    protected Scope parent;
    protected Map<String, DefinedVariable> variables;
}
```

首先要注意的是所有 `Scope` 对象都可以用 `LocalScope` 链表的形式来保存子作用域。并且 `LocalScope` 对象拥有 `parent` 属性，可以追溯父亲的 `Scope` 对象。即 `Scope` 对象的树可以从父节点向下查找到子节点，也可以从子节点追溯到父节点。

`ToplevelScope` 类和 `LocalScope` 类分别定义了 `Map` 类型的属性 `entities` 和 `variables`。这里的 `entities` 和 `variables` 都是保存变量和函数的定义的对象。`ToplevelScope` 的 `entities` 中保存着所有顶层的定义。`Map` 的键是变量名，值是 `Entity` 对象（变量或函数的定义）。`LocalScope` 的 `variables` 中保存着所有的临时变量，`Map` 的

键是变量名，值是 DefinedVariable 对象。

　　entities 和 variables 本身都是 LinkedHashMap 的对象，即有序的散列表。因为在处理函数或变量时，按照代码的先后顺序输出消息这种方式对编译器的用户来说更为友好，所以保留了顺序信息。

　　像 Scope 这样管理变量和函数名称列表的类一般称为**符号表**（symbol table）。

LocalResolver 类的属性

　　接着让我们来看一下 LocalResolver 类的构造函数和入口。LocalResolver 类的构造函数如代码清单 9.2 所示。

代码清单 9.2　LocalResolver 类的构造函数（compiler/LocalResolver.java）

```
private final LinkedList<Scope> scopeStack;
private final ConstantTable constantTable;
private final ErrorHandler errorHandler;

public LocalResolver(ErrorHandler h) {
    this.errorHandler = h;
    this.scopeStack = new LinkedList<Scope>();
    this.constantTable = new ConstantTable();
}
```

　　构造函数中设置了 3 个属性。

　　首先，ErrorHandler 类是 cbc 整体所使用的用于处理错误的类，具有隐藏错误消息输出目标的功能。

　　scopeStack 属性中保存的是表示 Scope 嵌套关系的栈。这里栈的实体是 LinkedList 对象，LinkedList 也可以作为栈来使用。

　　ConstantTable 是 cbc 中用于管理字符串常量的类。字符串常量用 ConstantEntry 对象表示，ConstantTable 对象的功能就是统一管理 ConstantEntry 对象。

LocalResolver 类的启动

　　我们继续来看 LocalResolver 类的入口（处理开始的地方）——resolve 方法的代码，如代码清单 9.3 所示。

代码列表 9.3　LocalResolver#resolve(AST)（compiler/LocalResolver.java）

```
public void resolve(AST ast) throws SemanticException {
    ToplevelScope toplevel = new ToplevelScope();
    scopeStack.add(toplevel);

    for (Entity decl : ast.declarations()) {
```

```
                toplevel.declareEntity(decl);
        }
        for (Entity ent : ast.definitions()) {
                toplevel.defineEntity(ent);
        }
        resolveGvarInitializers(ast.definedVariables());
        resolveConstantValues(ast.constants());
        resolveFunctions(ast.definedFunctions());
        toplevel.checkReferences(errorHandler);
        if (errorHandler.errorOccured()) {
                throw new SemanticException("compile failed.");
        }

        ast.setScope(toplevel);
        ast.setConstantTable(constantTable);
    }
```

resolve 方法可以分为 3 个部分：第 1 部分（空行前）将实例的属性初始化；中间部分进行实际的处理；最后部分保存 AST 信息。

先讲解一下第 1 部分和最后部分。

第 1 部分先生成 ToplevelScope 对象，然后将生成的 ToplevelScope 对象用 scopeStack.add(toplevel) 添加到 scopeStack。这样栈里面就有了 1 个 Scope 对象。

在最后部分中，将在此类中生成的 ToplevelScope 对象和 ConstantTable 对象保存到 AST 对象中。这两个对象在生成代码时会用到，为了将信息传给下一阶段，所以保存到 AST 对象中。

变量定义的添加

下面讲一下 resolve 方法中的主要处理。

先从下面这部分代码看起。

```
        for (Entity decl : ast.declarations()) {
                toplevel.declareEntity(decl);
        }
        for (Entity ent : ast.definitions()) {
                toplevel.defineEntity(ent);
        }
```

这两个 foreach 语句都是将全局变量、函数以及类型添加到 ToplevelScope 中。第 1 个 foreach 语句添加导入文件（*.hb）中声明的外部变量和函数，第 2 个 foreach 语句用于导入所编译文件中定义的变量和函数。两者都是调用 ToplevelScope#declareEntity 往 ToplevelScope 对象中添加定义或声明。

ToplevelScope#declareEntity 的内容如代码清单 9.4 所示。

代码清单 9.4　ToplevelScope#declareEntity（entity/ToplevelScope.java）

```
public void declareEntity(Entity entity) throws SemanticException {
    Entity e = entities.get(entity.name());
    if (e != null) {
        throw new SemanticException("duplicated declaration: " +
                entity.name() + ": " +
                e.location() + " and " + entity.location());
    }
    entities.put(entity.name(), entity);
}
```

如果 entities.get(entity.name()) 返回 null 以外的值，就意味着已经定义了和将要添加的变量、函数同名的变量、函数，因此抛出 SemanticException 异常。检查通过的话则调用 entities.put 来添加变量、函数。

函数定义的处理

回到 LocalResolver 类的 resolve 方法，让我们看一下下面 3 行处理。

```
resolveGvarInitializers(ast.definedVariables());
resolveConstantValues(ast.constants());
resolveFunctions(ast.definedFunctions());
```

resolveGvarInitializers 和 resolveConstants 只是分别遍历全局变量和常量的初始化表达式。resolveFunctions 是最重要的，因此我们来看一下它的内部实现（代码清单 9.5）。

代码清单 9.5　LocalResolver#resolveFunctions（compiler/LocalResolver.java）

```
private void resolveFunctions(List<DefinedFunction> funcs) {
    for (DefinedFunction func : funcs) {
        pushScope(func.parameters());
        resolve(func.body());
        func.setScope(popScope());
    }
}
```

对文件中定义的所有函数依次重复如下处理。

1. 调用 pushScope 方法，生成包含函数形参的作用域，并将作用域压到栈（scopeStack）中
2. 用 resolve(func.body()) 方法来遍历函数自身的语法树
3. 调用 popScope 方法弹出刚才压入栈的 Scope 对象，将该 Scope 对象用 func.setScope 添加到函数中

pushScope 和 popScope 这样的方法都是第一次出现，下面我们来看一下它们的实现。

pushScope 方法

pushScope 方法是将新的 LocalScope 对象压入作用域栈的方法，其内容如代码清单 9.6 所示。

代码清单 9.6 LocalResolver#pushScope（compiler/LocalResolver.java）

```
private void pushScope(List<? extends DefinedVariable> vars) {
    LocalScope scope = new LocalScope(currentScope());
    for (DefinedVariable var : vars) {
        if (scope.isDefinedLocally(var.name())) {
            error(var.location(),
                "duplicated variable in scope: " + var.name());
        }
        else {
            scope.defineVariable(var);
        }
    }
    scopeStack.addLast(scope);
}
```

一开始的 new LocalScope(currentScope()) 生成以 currentScope() 为父作用域的 LocalScope 对象。currentScope 是返回当前栈顶的 Scope 对象的方法。换言之，在当前遍历到的表达式所在之处，表示最内侧作用域的 Scope 对象就是 currentScope 方法返回的内容。

接着用 foreach 语句将变量 vars 添加到 LocalScope 对象中。也就是说，向 LocalScope 对象添加在这个作用域上所定义的变量。特别是在函数最上层的 LocalScope 中，要添加形参的定义。

在添加变量时，先用 scope.isDefinedLocally 方法检查是否已经定义了同名的变量，然后再进行添加。向 LocalScope 对象添加变量时使用 defineVariable 方法。

最后通过调用 scopeStack.addLast(scope) 将生成的 LocalScope 对象压到作用域的栈顶。这样就能表示作用域的嵌套了。

另外，注意在检查同名的变量定义时要避免抛出异常。在负责语义分析的 Visitor 类内部，要尽可能地避免抛出异常，继续向前处理，然后在 Visitor 类所有的处理结束后再一起抛出异常。这样能够在一次编译中尽可能多地发现语义上的错误。

currentScope 方法

currentScope 是返回表示当前遍历到的表达式所在之处最内层作用域的 Scope 对象的方法，如代码清单 9.7 所示。

代码清单 9.7　LocalResolver#currentScope（compiler/LocalResolver.java）

```
private Scope currentScope() {
    return scopeStack.getLast();
}
```

可见，实现非常简单，用 getLast 方法取得作用域栈顶的 Scope 对象并返回。

popScope 方法

popScope 是将最新的 LocalScope 对象（currentScope()）从作用域的栈中弹出的方法，如代码清单 9.8 所示。

代码清单 9.8　LocalResolver#popScope（compiler/LocalResolver.java）

```
private LocalScope popScope() {
    return (LocalScope)scopeStack.removeLast();
}
```

popScope 方法的实现也非常简单，仅仅是调用 LinkedList 类的 removeLast 方法将栈顶的对象弹出栈，转换为 LocalScope 后返回。currentScope 方法仅仅是"取得"对象，而 popScope 方法则是将对象"弹出栈"，这是它们的不同之处。

添加临时作用域

程序的顶层除了函数之外，C 语言（Cb）中的程序块（{...}block）也会引入新的变量作用域。我们来试着看一下表示程序块的 BlockNode 类的处理代码。处理 BlockNode 的方法的实现如代码清单 9.9 所示。

代码清单 9.9　LocalResolver#visit（BlockNode）（compiler/LocalResolver.java）

```
public Void visit(BlockNode node) {
    pushScope(node.variables());
    super.visit(node);
    node.setScope(popScope());
    return null;
}
```

首先调用 pushScope 方法，生成存储着这个作用域上定义的变量的 Scope 对象，然后压入作用域栈。

接着执行 super.visit(node);，执行在基类 Visitor 中定义的处理，即对程序块的代码进行遍历。

最后用 popScope 方法弹出栈顶的 Scope 对象，调用 BlockNode 对象的 setScope 方法来保存节点所对应的 Scope 对象。

建立 VariableNode 和变量定义的关联

使用之前的代码已经顺利生成了 `Scope` 对象的树，下面只要实现树的查找以及引用消解的代码就可以了。

处理变量节点（`VariableNode`）的代码如代码清单 9.10 所示。

代码清单 9.10 LocalResolver#visit(VariableNode)（compiler/LocalResolver.java）

```java
public Void visit(VariableNode node) {
    try {
        Entity ent = currentScope().get(node.name());
        ent.refered();
        node.setEntity(ent);
    }
    catch (SemanticException ex) {
        error(node, ex.getMessage());
    }
    return null;
}
```

先用 `currentScope().get` 在当前的作用域中查找变量的定义。`currentScope()` 返回的是 `Scope` 对象，所以可以直接调用 `Scope` 类的 `get` 方法。`get` 方法的实现将在稍后叙述。

取得定义后，通过调用 `ent.refered()` 来记录定义的引用信息，这样当变量没有被用到时就能够给出警告。

还要用 `node.setEntity(ent)` 将定义保存到变量节点中，以便随时能够从 `VariableNode` 取得变量的定义。

如果找不到变量的定义，`currentScope().get` 会抛出 `SemanticException` 异常，将其捕捉后输出到错误消息中。

从作用域树取得变量定义

最后让我们来看一下 `LocalScope` 类的 `get` 方法的实现。`LocalScope#get` 是从作用域树获取变量定义的方法。它的实现如代码清单 9.11 所示。

代码清单 9.11 LocalScope#get（entity/LocalScope.java）

```java
public Entity get(String name) throws SemanticException {
    DefinedVariable var = variables.get(name);
    if (var != null) {
        return var;
    }
    else {
        return parent.get(name);
    }
}
```

首先调用 variables.get 在符号表中查找名为 name 的变量，如果找到的话就返回该变量，找不到的话则调用父作用域（parent）的 get 方法继续查找。如果父作用域是 LocalScope 对象，则调用相同的方法进行递归查找。

另一方面，如果父作用域是 ToplevelScope 的话，执行代码清单 9.12 中的代码。

代码清单 9.12　ToplevelScope#get（entity/ToplevelScope.java）

```java
public Entity get(String name) throws SemanticException {
    Entity ent = entities.get(name);
    if (ent == null) {
        throw new SemanticException("unresolved reference: " + name);
    }
    return ent;
}
```

如 果 在 ToplevelScope 通 过 查 找 entities 找 不 到 变 量 的 定 义，就 会 抛 出 SemanticException 异常，因为已经没有更上层的作用域了。

至此为止变量引用的消解处理就结束了，上述处理生成了以 ToplevelScope 为根节点的 Scope 对象的树，并且将所有 VariableNode 和其定义关联起来了。

全局变量的前向引用

LocalResolver 类在处理一开始就导入所有的全局变量，这样文件内的所有函数就都可以使用文件中全部的全局变量。也就是说，在 Cb 中，使用全局变量的代码可以出现在定义之前。这是其不同于 C 语言之处。最近在定义之前就可以使用变量的语言逐渐增多，Cb 在这方面也不甘落后。

顺便提一下，和 C 语言一样，为了只让在引用之前定义的变量有效，Cb 中采用了在定义的同时进行变量引用的消解的实现方式。可能听上去比较复杂，但实际上只需在语法分析过程中同时处理定义和引用消解就可以了。C 语言的这个规范大概是为了易于实现而制定的（副作用就是程序员要受苦了）。

9.3 类型名称的消解

本节将处理从 TypeRef（类型名称）到 Type（类型对象）的转换。

问题概要

cbc 中类型名称（TypeRef 对象）和实体（Type 对象）是分开处理的。到现在为止，所有类型都是作为 TypeRef 对象进行处理的，在生成代码之前必须全部转换为 Type 对象。本节就将处理上述内容。上一节中将变量的名称和实体进行了关联（消解），这里将类型的名称和实体进行关联（消解）。

实现的概要

负责将 TypeRef 对象转换为 Type 对象的是 TypeResolver 类。TypeResolver 类也是 Visitor 类的一种，所以能够遍历抽象语法树。

TypeResolver 类的处理仅仅是遍历抽象语法树，发现 TypeRef 的话就从叶子节点开始将其转换为 Type 类型。类型和变量的不同之处在于没有作用域的嵌套（作用域唯一），因此没有必要使用栈。

TypeRef 对象和 Type 对象的对应关系保存在 TypeTable 对象中。

TypeResolver 类的属性

让我们从构造函数开始依次看一下 TypeResolver 类。TypeResolver 类的构造函数如代码清单 9.13 所示。

代码清单 9.13　TypeResolver 的构造函数（compiler/TypeResolver.java）

```java
private final TypeTable typeTable;
private final ErrorHandler errorHandler;

public TypeResolver(TypeTable typeTable, ErrorHandler errorHandler) {
    this.typeTable = typeTable;
    this.errorHandler = errorHandler;
}
```

上述构造函数将用于处理错误消息的 ErrorHandler 对象以及 TypeTable 对象设置到类的属性中。TypeTable 是保存 TypeRef 和 Type 对应关系的对象，因此 TypeResolver 类将围绕 TypeTable 进行处理。

TypeResolver 类的启动

接着来看一下 TypeResolver 类的入口 ----resolve 方法。resolve 方法的代码如代码清单 9.14 所示。

代码清单 9.14 TypeResolver#resolve（compiler/TypeResolver.java）

```
public void resolve(AST ast) {
    defineTypes(ast.types());
    for (TypeDefinition t : ast.types()) {
        t.accept(this);
    }
    for (Entity e : ast.entities()) {
        e.accept(this);
    }
}
```

首先调用 defineTypes 方法，根据代码中定义的类型生成 Type 对象，并保存到 TypeTable 对象中。通过 import 导入的类型定义也在这里处理。

但 defineTypes 方法不处理结构体成员的类型等 TypeRef 对象。将抽象语法树中已有的 TypeRef 转换成 Type 的处理将在下面的 foreach 语句中执行。如果这两部分处理不分开进行的话，在处理递归的类型定义时程序会陷入死循环。

第 2 个 foreach 语句将使用 import 从文件外部读入的定义、全局变量以及函数等所有剩余的 TypeRef 转换为 Type。

类型名不同于变量，不存在作用域的嵌套，所以无需使用栈，处理也简单得多。

类型的声明

下面讲解一下 defineTypes 的具体处理。defineTypes 是将类型定义添加到 TypeTable 对象的方法，其代码如代码清单 9.15 所示。

代码清单 9.15 TypeResolver#defineTypes（compiler/TypeResolver.java）

```
private void defineTypes(List<TypeDefinition> deftypes) {
    for (TypeDefinition def : deftypes) {
        if (typeTable.isDefined(def.typeRef())) {
            error(def, "duplicated type definition: " + def.typeRef());
        }
        else {
            typeTable.put(def.typeRef(), def.definingType());
```

```
                }
            }
        }
```

使用 foreach 语句将 deftypes 中的 TypeDefinition 对象逐个取出，将 def.typeRef() 和 def.definingType() 关联成对，用 typeTable.put 方法添加到 typeTable 中。def.typeRef() 返回的是该 TypeDefinition 对象要定义的类型的 TypeRef（类型名称）。def.definingType() 返回的是该 TypeDefinition 对象要定义的 Type（类型）。

但如果 typeTable.isDefined() 为 true 的话，说明这个 TypeRef 已经存在，这种情况下取消添加处理并输出错误消息。

TypeDefinition 类是抽象类，实际生成的实例是 TypeDefinition 的子类 StructNode、UnionNode、TypedefNode。StructNode 表示结构体的定义，UnionNode 表示联合体的定义，TypedefNode 表示 typedef 语句。

这里看一个实现 definingType 方法的示例，StructNode 的 definingType 方法的代码如代码清单 9.16 所示。

代码清单 9.16　StructNode#definingType（ast/StructNode.java）

```
    public Type definingType() {
        return new StructType(name(), members(), location());
    }
```

name() 返回类型的名称（String 对象）。members() 返回类型名称和 TypeRef 配对（pair）的 Slot 对象的列表。location() 返回表示定义所在位置的 Location 对象。根据这 3 个参数生成新类型的 StructType 并返回。

然后在 TypeResolver 类中调用 TypeTable#put 方法将生成的 StrcutType 对象添加到 TypeTable 对象中。TypeTable 对象的内部保存有 HashMap 对象，因此 TypeTable#put 方法只需简单地调用 HashMap#put 即可。

类型和抽象语法树的遍历

继续看 resolve 方法中剩余的处理。

```
        for (TypeDefinition t : ast.types()) {
            t.accept(this);
        }
        for (Entity e : ast.entities()) {
            e.accept(this);
        }
```

上述代码遍历在源文件内外定义的所有类型、变量、函数，将其中所包含的 TypeRef 对象全部转换为 Type 对象。ast 中各方法的含义如表 9.3 所示。

表 9.3 AST 中各方法的含义

方法	含义
ast.types()	源文件内外的类型定义
ast.entities()	用 import 导入的变量和函数的声明，以及源文件内的变量和函数的定义

变量定义的类型消解

如果遍历过程中发现 TypeRef 对象，必须将其转换为 Type 对象。抽象语法树中存在 TypeRef 对象的节点如表 9.4 所示。

表 9.4 存在 TypeRef 对象的节点

节点类名	节点对应的语句
StructNode	结构体定义
UnionNode	联合体定义
TypedefNode	typedef
DefinedVariable	变量定义
UndefinedVariable	变量声明（导入文件内的变量）
DefinedFunction	函数定义
UndefinedFunction	函数声明（导入文件内的函数）
CastNode	类型转换
IntegerLiteralNode	整数字面量
StringLiteralNode	字符串字面量

无论哪个节点，处理内容都大同小异，这里我们专门看一下 DefinedVariable 类和 Definedfunction 类的处理。

首先，处理 DefinedVariable 类的代码如代码清单 9.17 所示。

代码清单 9.17 TypeResolver#visit(DefinedVariable)（compiler/TypeResolver.java）

```java
public Void visit(DefinedVariable var) {
    bindType(var.typeNode());
    if (var.hasInitializer()) {
        visitExpr(var.initializer());
    }
    return null;
}
```

TypeRef 对象基本上都存放在 TypeNode 对象中。TypeNode 是成对地保存 TypeRef 和 Type 的对象，其目的在于简化 TypeResolver 类的代码。

bindType 方法的处理内容如代码清单 9.18 所示。

代码清单 9.18　TypeResolver#bindType（compiler/TypeResolver.java）

```
private void bindType(TypeNode n) {
    if (n.isResolved()) return;
    n.setType(typeTable.get(n.typeRef()));
}
```

首先，用 TypeNode#isResolved 方法检查是否已经完成了转换，如果已经完成，则即刻使用 return 结束处理。如果还未转换，用 n.typeRef() 从 TypeNode 中取出 TypeRef，再用 typeTable.get 转换为 Type 对象，然后将此 Type 对象用 n.setType 设置到 TypeNode 中。

函数定义的类型消解

让我们再来看一下 DefinedFunction 类的处理（代码清单 9.19）。

代码清单 9.19　TypeResolver#visit(DefinedFunction)（compiler/TypeResolver.java）

```
public Void visit(DefinedFunction func) {
    resolveFunctionHeader(func);
    visitStmt(func.body());
    return null;
}

private void resolveFunctionHeader(Function func) {
    bindType(func.typeNode());
    for (Parameter param : func.parameters()) {
        // arrays must be converted to pointers in a function parameter.
        Type t = typeTable.getParamType(param.typeNode().typeRef());
        param.typeNode().setType(t);
    }
}
```

主要的处理都集中在 resolveFunctionHeader 方法中，因此这里仅对此方法进行讲解。在函数定义中，如下这些地方存在 TypeRef。

1. 返回值的类型
2. 形参的类型
3. 函数体的代码中

resolveFunctionHeader 方法的第 1 行用于处理返回值的类型。func.typeNode() 返回保存有返回值类型的 TypeNode 对象，再调用 bindType 方法将返回值的类型从 TypeRef 转换为 Type。

resolveFunctionHeader 方法从第 2 行开始都是对形参进行的处理。用 foreach 语句对 func.parameters() 进行遍历，取出表示形参的 Parameter 对象。然后用 param. typeNode() 取出 Parameter 对象中的 TypeNode 对象，将 TypeRef 转换为 Type。

只有在将形参的 TypeRef 转换为 Type 时使用了 TypeTable 类的 getParamType 方法。它和通常的 get 方法的区别在于数组的 TypeRef 会被转换为指针的 Type。C 语言（Cb）中形参类型是数组的情况下完全等同于指针类型，因此在此处统一成为指针类型。

至此函数定义中所有的 TypeRef 都转换为了 Type。之后只需要用同样的方法处理刚才列举的所有节点即可。具体内容请参考 cbc 的源代码。

下一章我们将继续深入了解语义分析。

第 **10** 章

语义分析（2）
静态类型检查

本章我们将看一下语义分析中以静态类型检查为
中心的类型相关的处理。

10.1 类型定义的检查

本节将检查"void 类型的数组"这样不正确的类型定义。

问题概要

本节将对类型定义的下面 3 个问题进行检查。

1. 包含 void 的数组、结构体、联合体
2. 成员重复的结构、联合体
3. 循环定义的结构体、联合体

具体来说，第 1 条就是对 void[3] 这样的持有 void 类型成员的类型进行检查；第 2 条就是对持有 2 个及 2 个以上同名成员的结构体、联合体进行检查；第 3 条最为棘手，是对成员中包含自己本身的结构体、联合体进行检查。所谓"成员中包含自己本身"，举例来说，就是指下面这样的定义。

```
struct point {
    struct point p;
};
```

这里所说的"成员中包含自己本身"是指直接包含自己本身，通过指针来应用自己本身是没有问题的。例如刚才的例子，如果是下面这样的话就没有问题了。

```
struct point {
    struct point *ptr;
};
```

刚才的例子中存在直接的循环定义，因此一眼就能看出来。还有如下所示的间接循环定义的情况，也需要注意。

```
struct point_x {
    struct point_y y;
};

typedef struct point_x my_point_x;

struct point_y {
    my_point_x x;
};
```

上述例子中还夹杂着使用 `typedef` 定义的类型，因此调查起来更为繁琐。

实现的概要

"包含 `void` 的类型"和"成员重复的类型"可以通过全面检查来解决，这个方法虽然比较笨，但并不算难点。因此本书省略对它的说明，请参考 cbc 的源代码。

问题在于检查"循环定义的类型"的方法。进行这样的类型检查需要将类型定义的整体当作**图**（graph）来思考。

一般情况下，说起"图"，人们想到的就是折线图这样的图形，但程序中的图并不是这样。程序中的图是指结构的抽象化表现。

图 10.1 就是一个简单的图的例子。图由点和连接点的线组成，点称为**节点**（node），连接点的线称为**边**（edge）。边存在方向性的图称为**有向图**（directed graph），边不存在方向性的图称为**无向图**（undirected graph）。

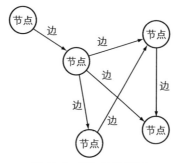

图 10.1　有向图的例子

例如铁路线路图，如果将车站作为节点，将线路作为边的话，就可以用无向图来表示。

将类型的定义抽象为图时，可以将类型作为节点，将该类型对其他类型的引用作为边。例如结构体的定义，将该结构体的类型作为节点，向成员的类型的节点连接一条边。使用 `typedef` 的情况下，将新定义的类型作为节点，向原来的类型节点引一条边。

再来看一个例子。现在假设有如下所示的定义。

```
struct st {
    struct point pnt;
    long len;
};

typedef unsigned int uint;

struct point {
    uint x;
    uint y;
};
```

将上述定义转化为图，如图 10.2 所示。

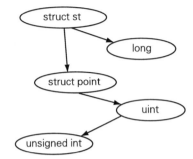

图 10.2　类型定义的图（不存在循环定义的情况）

如果发生循环定义，那么在生成类型定义的图时，图中某处必定存在闭环。循环定义情况下的图如图 10.3 所示。

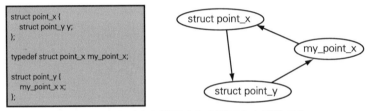

图 10.3　类型定义的图（存在循环定义的情况）

可见图中存在闭环。检查是否存在循环定义，只需检查类型定义的图中是否存在闭环即可。

检测有向图中的闭环的算法

因为边存在方向性，所以类型定义的图属于有向图。要检测有向图中是否存在闭环，可以使用如下算法。

1. 选择任意一个节点（类型）并标注为"查找中"
2. 沿着边依次访问所有与该节点相邻的节点
3. 如果访问到的节点没有标注任何状态，则将该节点标注为"查找中"；如果标注了"查找结束"，则不做任何处理，返回之前的节点；如果已经标注为"查找中"，则说明存在闭环
4. 从当前的节点重复步骤 2 和 3，如果已经没有可访问的相邻节点，则将该节点标注为"查找结束"，并沿原路返回
5. 按照上述流程对所有节点进行处理，如果查找过程中没有遇到"查找中"状态的节点，就说明不存在闭环

上述算法中使用了"有向图的深度优先检索"来检测闭环。简单地说，该算法的概要就是"只要节点有未访问的相邻节点就试着访问，调查是否会回到原来的节点"。从算法执行过程中

的某一时刻来看，就是在为从起始节点到某一节点的路径上的所有节点标注上"查找中"的状态。

　　初次接触该算法会觉得很难，可能看一下代码更容易理解。可以简单地画一下类型定义的图，试着一边遍历图一边调试代码。

结构体、联合体的循环定义检查

　　说了这么久算法，下面我们来看一下检查循环定义的函数 checkRecursiveDefinition，如代码清单 10.1 所示。

代码清单 10.1　TyptTable#checkRecursiveDefiniton（type/TypeTable.java）

```java
protected void checkRecursiveDefinition(Type t, ErrorHandler h) {
    _checkRecursiveDefinition(t, new HashMap<Type, Object>(), h);
}

static final protected Object checking = new Object();
static final protected Object checked = new Object();

protected void _checkRecursiveDefinition(Type t,
                                        Map<Type, Object> marks,
                                        ErrorHandler h) {
    if (marks.get(t) == checking) {
        h.error(((NamedType)t).location(),
                "recursive type definition: " + t);
        return;
    }
    else if (marks.get(t) == checked) {
        return;
    }
    else {
        marks.put(t, checking);
        if (t instanceof CompositeType) {
            CompositeType ct = (CompositeType)t;
            for (Slot s : ct.members()) {
                _checkRecursiveDefinition(s.type(), marks, h);
            }
        }
        else if (t instanceof ArrayType) {
            ArrayType at = (ArrayType)t;
            _checkRecursiveDefinition(at.baseType(), marks, h);
        }
        else if (t instanceof UserType) {
            UserType ut = (UserType)t;
            _checkRecursiveDefinition(ut.realType(), marks, h);
        }
        marks.put(t, checked);
    }
}
```

　　算法说明中的"标注状态"的实现方式是"将 Type 对象和它的状态作为一组保存在

Map 对象 marks 中"，这是上述算法的重点。表示状态的对象并没有特别的规定，cbc 中会将 static final 的属性 checking 和 checked 赋值给 Object 的实例，以此来表示状态。

　　将上述方法的结构转换为自然语言，如下所示，请结合算法说明看一下。

```
void _checkRecursiveDefinition(Type t, Map seen) {
    if（如果 t 的状态为"查找中"）{
        输出错误并 return
    }
    else if（t 的状态为"查找结束"）{
        return;
    }
    else {    // 访问的节点还没有被标注状态
        将 t 标注为"查找中"
        访问所有和 t 相邻的节点（调用 _checkRecursiveDefinition）
        将 t 标注为"查找结束"
    }
}
```

　　结构体、联合体、数组、typedef 所定义的类型以外的类型只有整数类型和指针，因此除了上述 4 个类型以外，其他情况下都不可能出现边。包含某类型的指针的情况下，因为不会产生循环依赖，所以不会有问题。

10.2 表达式的有效性检查

本节将对"1=3""&5"这样无法求值的不正确的表达式进行检查。

问题概要

本节将检查如下这些问题。

- 为无法赋值的表达式赋值（例：1 = 2 + 2）
- 使用非法的函数名调用函数（例："string"("%d\n", i)）
- 操作数非法的数组引用（例：1[0]）
- 操作数非法的成员引用（例：1.memb）
- 操作数非法的指针间接引用（例：1->memb）
- 对非指针的对象取值（例：*1）
- 对非左值的表达式取地址

cbc 中在调用上述表达式的节点的 type 方法试图获取类型时，抛出 SemanticError 异常。另外，**操作数**（operand）指的是 x+y 中的 x 或 *ptr 中的 ptr 这样的作为运算对象的表达式。

刚开始实现 cbc 时，上述检查是和下一阶段的静态类型检查同时进行的。但同时处理抛出异常的检查和不抛出异常的检查比较复杂，因此将获取类型时会抛出异常的表达式分开检查。

实现的概要

相对于之前较复杂的类型的循环定义检查，这次的检查要简单得多。各个问题的表达式的模式显而易见，因此只要对所有的模式逐个检查即可。具体例子以及问题的检测方法如表 10.1 所示，其中包括了刚才列举的问题。

表 10.1　问题和检测方法

有问题的表达式示例	检测方法
1=2+3	检查左边是否为可赋值的表达式
"string"("%d\n", i)	检查操作数的类型是否是指向函数的指针
1[0]	检查操作数的类型是否是数组或指针
1.memb	检查操作数的类型是否是拥有成员 memb 的结构体或联合体

（续）

有问题的表达式示例	检测方法
1->memb	检查操作数的类型是否是指向拥有成员 memb 的结构体或联合体的指针
*1	检查操作数的类型是否是数组或指针
&1	检查操作数的类型是否是可赋值的表达式
++1	检查操作数的类型是否是可赋值的表达式

　　检测问题的方法大致可分为两类：检查表达式是否可以被赋值和检查操作数的类型。赋值、地址运算符、自增、自减的检测属于前者，其他属于后者。

　　另外，获取本次要检查的表达式的类型时可能会抛出异常，因此如果不经思考直接像前面那样进行检查，就会有连锁抛出异常的问题。例如，请看如下表达式。

```
***(1++)
```

　　上述表达式的问题在于 1++。但是如果在检查 * 的操作数时去计算操作数的类型，那么在计算 1++ 的类型时就会产生错误。结果就是"1++""*(1++)""**(1++)""***(1++)"都会出错，因而会检测出 4 个错误。然而对于程序员来说，需要修改的地方恐怕仅仅是 1++ 这一处，所以理想的做法是只检测出 1 处错误。

　　至今为止的做法都是尽量避免抛出异常，但这次要在发现错误时即刻抛出异常，并跳转到不会发生连锁错误的安全之处。作为"不会发生连锁错误的安全之处"，这次采用了语句的末尾。发生错误时，包含该表达式的语句整体会被跳过。这样既能确实避免发生连锁错误，又能在一次编译过程中尽可能多地检测出错误。

DereferenceChecker 类的启动

　　让我们来具体看一下 DereferenceChecker 类的代码。和之前一样，先从类的构造函数开始，DereferenceChecker 类的构造函数如代码清单 10.2 所示。

代码清单 10.2　DereferenceChecker 的构造函数（compiler/DereferenceChecker.java）

```java
private final TypeTable typeTable;
private final ErrorHandler errorHandler;

public DereferenceChecker(TypeTable typeTable, ErrorHandler h) {
    this.typeTable = typeTable;
    this.errorHandler = h;
}
```

　　DereferenceChecker 类的构造函数的参数有 TypeTable 对象和 ErrorHandler 对象，并在构造函数中将它们保存到类的属性中。DereferenceChecker 类的属性仅此 2 个而已。

　　接着，作为入口的 check 方法的代码如代码清单 10.3 所示。

代码清单 10.3 DereferenceChecker#check（compiler/DereferenceChecker.java）

```
public void check(AST ast) throws SemanticException {
    for (DefinedVariable var : ast.definedVariables()) {
        checkToplevelVariable(var);
    }
    for (DefinedFunction f : ast.definedFunctions()) {
        check(f.body());
    }
    if (errorHandler.errorOccured()) {
        throw new SemanticException("compile failed.");
    }
}
```

该方法中有 2 个 foreach 语句。第 1 个 foreach 语句对全局变量（的初始化代码）进行逐一处理，第 2 个 foreach 语句对函数进行逐一处理。这里的处理可以概括为遍历全部节点并进行上述检查。

SemanticError 异常的捕获

之前提到了 DereferenceChecker 类在发现错误时会抛出异常并跳转到语句的末尾。首先让我们来看一下上述机制的实现。处理程序块所对应的节点 BlockNode 的代码如代码清单 10.4 所示。

代码清单 10.4 DereferenceChecker#visit(BlockNode)（compiler/DereferenceChecker.java）

```
public Void visit(BlockNode node) {
    for (DefinedVariable var : node.variables()) {
        checkVariable(var);
    }
    for (StmtNode stmt : node.stmts()) {
        try {
            check(stmt);
        }
        catch (SemanticError err) {
            ;
        }
    }
    return null;
}
```

第 1 个 foreach 语句对在该程序块中声明的变量的初始化代码进行遍历。

第 2 个 foreach 语句是具体处理程序块的代码。把每一个语句的处理用 try ~ catch 包围起来捕获 SemanticError 异常后丢弃。这里的 SemanticError 是"无法获取类型"时抛出的异常类。这样的实现在发现错误时能够立即跳过当前语句，移至下一语句的处理。

非指针类型取值操作的检查

接着让我们看一下检查有问题的表达式的代码。

检查问题的代码都比较类似，因此我们从两类检查方法中各选取一种，来看一下实现的代码。首先来看检查操作数的类型的例子，让我们看一下表示取值运算符（*）的 `DereferenceNode` 的处理（代码清单 10.5）。该方法检查取值运算符的操作数的类型是否为指针。

代码清单 10.5　DereferenceChecker#visit(DereferenceNode)（compiler/DereferenceChecker.java）

```java
public Void visit(DereferenceNode node) {
    super.visit(node);
    if (! node.expr().isPointer()) {
        undereferableError(node.location());
    }
    handleImplicitAddress(node);
    return null;
}
```

首先，通过 `super.visit(node)` 调用基类 `Visitor` 的方法遍历操作数（`node.expr()`）（即检查操作数）。

接着，调用操作数 `node.expr()` 的 `isPointer` 方法，检查操作数的类型是否是指针，即检查是否可以进行取值。如果无法取值，则调用 `undereferableError` 方法输出编译错误。

最后，调用 `handleImplicitAddress` 方法对数组类型和函数类型进行特别处理。该处理还和接下来 `AddressNode` 的处理相关，因此在讲解完 `AddressNode` 之后进行说明。

获取非左值表达式地址的检查

接着是检查操作数是否为左值的例子，我们来看一下表示地址运算符的 `AddressNode` 的处理。`DereferenceChecker` 类中处理 `AddressNode` 的代码如代码清单 10.6 所示。

代码清单 10.6　DereferenceChecker#visit(AddressNode)（compiler/DereferenceChecker.java）

```java
public Void visit(AddressNode node) {
    super.visit(node);
    if (! node.expr().isLvalue()) {
        semanticError(node.location(), "invalid expression for &");
    }
    Type base = node.expr().type();
    if (! node.expr().isLoadable()) {
        // node.expr.type is already pointer.
        node.setType(base);
    }
    else {
        node.setType(typeTable.pointerTo(base));
    }
    return null;
}
```

首先对 `node.expr()` 调用 `isLvalue` 方法，检查 `&expr` 中的 `expr` 是否是可以进行取址操作的表达式。

`ExprNode#isLvalue` 是检查该节点的表达式是否能够获取地址的方法。Cb 中只有表 10.2 中列举的 5 种表达式能够获取地址。

表 10.2　Cb 中能够获取地址的表达式

表达式的种类	cbc 的节点	表达式示例
变量引用	VariableNode	var
成员引用	MemberNode	st.memb
通过指针访问成员	PtrMemberNode	ptr->memb
数组引用	ArefNode	a[0]
取值	DereferenceNode	*ptr

`ExprNode` 类提供了 `isLvalue` 方法的默认实现——直接返回 `false`，即 `isLvalue` 的默认值为 `false`。而表 10.2 中的 5 个类都继承自 `LHSNode`，在 `LHSNode` 中重写 `isLvalue` 方法，将其返回值修改为 `true`。因此只有上述 5 个节点的 `isLvalue` 方法会返回 `true`。

剩余的语句用于确定 `AddressNode` 的类型。通常 `node.expr().isLoadable()` 会返回 `true`，即执行 `else` 部分的处理。`&expr` 的类型是指向 `expr` 类型的指针，因此指向 `node.expr().type()` 的指针类型可以作为节点整体的类型来使用。

隐式的指针生成

在本节的最后，我们来聊一下隐式的指针生成的话题。

C 语言和 Cb 中单个数组类型或函数类型的变量表示数组或函数的地址。例如，假设变量 `puts` 的类型为函数类型（一般称为函数指针），那么 `puts` 和 `&puts` 得到的值是相同的。因此代码清单 10.5 中调用的 `handleImplicitAddress` 方法将数组类型或函数类型转换为了指向数组或函数类型的指针，即隐式地生成指针类型。

在将 `puts` 的类型设置为指向函数的指针的同时，还必须将 `&puts` 的类型也设置为指向函数的指针。这就是代码清单 10.6 中的 `then` 部分——当 `node.expr().isLoadable()` 为假的情况下，即 `node.expr()` 的类型是数组或函数的情况下进行特别处理，使得 `&puts` 的类型和 `puts` 的类型相一致。

刚才我们讨论了类型匹配的话题，和类型相对应，变量的值也必须匹配。值的匹配处理将在中间代码转换过程中进行，关于这部分内容，我们在第 11 章还会讲解。

最后给大家讲个段子。`puts` 是指向函数的指针，因此它的取值运算 `*puts` 的结果是函数类型，但这样又会隐式地转换为指向函数的指针。`*puts` 还是指向函数的指针，因此仍然可以进行取值运算，仍然会转换为指向函数的指针。像这样可以无限重复下去。所以 C 语言中 "`&puts`" "`puts`" "`*puts`" "`**puts`" "`***puts`" 的值都是相同的。

cbc 中也忠实地实现了这恶梦般的规范。

10.3 静态类型检查

本节将实现静态类型检查。

问题概要

几乎所有 C 语言（Cb）的操作都对操作数的类型有所限制。例如结构体之间无法用 + 进行加法运算，指针和数值之间无法用 * 进行乘法运算，将数组传递给参数类型为 int 型的函数会出现莫名其妙的结果。

C 语言（Cb）在这样的情况下会对允许的操作数类型进行限制。例如 * 操作只适用于类型相同的数值之间。在编译过程中检查是否符合这样的限制的处理就是**静态类型检查**（static type checking）。

虽然 C 语言（Cb）对操作数的类型有着严格的限制，但另一方面它允许操作数类型的隐式转换。例如二元运算 * 只允许在相同类型的整数之间进行。但是如果在不同类型的数值之间进行 * 运算，为了能够正常运算，编译器会自动对操作数的类型进行转换。这样的转换就称为**隐式类型转换**（implicit conversion）。例如，当 int 类型的值和 long 类型的值进行乘法运算时，编译器会将两个操作数统一为 long 类型。

由于隐式类型转换的存在，看上去似乎是不同类型的数值在进行乘法运算，实则并非如此，是先对操作数进行类型转换后再进行运算，所以我们必须认识到就 * 操作自身来说，必须是相同类型的操作数才能进行运算。

另外，在一些不得不强行转换为特定类型的情况下也会发生隐式类型转换。例如，当 return 返回值的类型和函数返回值的类型不一致时，必须转换为函数返回值的类型，赋值运算时必须转换为和左值一致的类型等。显式声明的函数返回值或变量类型无法轻易改变，因此只能利用隐式转换来改变值的类型。

在静态类型检查过程中也会实施隐式类型转换。

实现的概要

cbc 中由 TypeChecker 类负责静态类型检查。如前所述，TypeChecker 类的处理内容包括类型检查和隐式类型转换这两方面。无论哪个处理，都只需要简单地处理单个节点即可。类型检查时只需对各节点（各运算）的限制逐个进行检查，当检查的结果需要隐式类型转换时添加 CastNode 对象即可。

例如，试想一下检查二元运算符 * 对应的 BinaryOpNode 对象的场景。* 两侧的表达式必须为相同的数值类型，因此如果左右表达式中存在数组或结构体类型的话，就表示存在类型错误。

即便左右表达式都是数值类型，还可能存在类型不一致的情况。例如左侧的类型为 signed int，右侧为 unsigned short 的情况下，就必须将右侧的 unsigned short 转换为 singed int。这时在右侧表达式中添加用于转换为 signed int 类型的 CastNode 即可。这样隐式类型转换的处理就完成了。

Cb中操作数的类型

关于类型检查，让我们稍微具体地讲一下检查的标准。

Cb 的运算中存在的一些限制如表 10.3 所示。可见和 C 语言基本一致，仅增加了 Cb 函数的返回值不能是结构体或联合体，以及结构体或联合体不能用等号直接赋值这样的限制。另外，C 语言中实际上允许 1[4] 这样的表达式，但在 Cb 中会报错。

表 10.3 Cb 的静态类型检查

检查对象的表达式	限制
变量	除 void 类型以外
赋值的左值	整数或指针
函数的返回值	整数或指针
函数的形参	整数或指针或数组
函数的实参	整数或指针或数组
return 的值	整数或指针或数组，并且符合函数的定义
条件表达式	整数或指针或数组
switch 语句的条件表达式	整数
c?t:e	t 和 e 为相同类型的整数、指针、数组
x + y	x 和 y 分别是指针和整数，或者是类型相同的整数
x - y	x 和 y 分别是指针和整数，或者是类型相同的整数
x * y	x 和 y 是类型相同的整数
x / y	x 和 y 是类型相同的整数
x % y	x 和 y 是类型相同的整数
x & y	x 和 y 是类型相同的整数
x | y	x 和 y 是类型相同的整数
x ^ y	x 和 y 是类型相同的整数
x << y	x 和 y 是类型相同的整数
x >> y	x 和 y 是类型相同的整数
x == y	x 和 y 是类型相同的整数、指针、数组
x != y	x 和 y 是类型相同的整数、指针、数组

（续）

检查对象的表达式	限制
x < y	x 和 y 是类型相同的整数、指针、数组
x <= y	x 和 y 是类型相同的整数、指针、数组
x > y	x 和 y 是类型相同的整数、指针、数组
x >= y	x 和 y 是类型相同的整数、指针、数组
x && y	x 和 y 是类型相同的整数
x || y	x 和 y 是类型相同的整数
+x	x 是整数
-x	x 是整数
~x	x 是整数
!x	x 是整数或指针或数组
++x	x 是整数或指针
--x	x 是整数或指针
x++	x 是整数或指针
x--	x 是整数或指针
f(a)	f 是函数指针，a 符合函数 f 的定义
a[i]	a 是指针或数组，i 是整数
*p	p 是指针或数组
&x	x 为左值
(t)x	x 的类型可转换为类型 t

上表中的"指针"还包括作为函数形参的数组。将函数的形参声明为数组的情况下，其实质就是指针。

隐式类型转换

下面我们详细讲一下 C 语言中隐式类型转换的规范。

C 语言标准中所记录的隐式类型转换的规则相当复杂，但如果只考虑某种固定的 CPU 和 OS 的话就简单很多了。char 的长度是 8bit，short 的长度是 16bit，int 和 long 的长度是 32bit 的情况下，转换规则如下。

1. 首先将 signed char、unsigned char、signed short、unsigned short 转换为 signed int，再按照下述步骤比较两者的类型
2. 按照 unsigned long、signed long、unsigned int、signed int 的优先顺序选用类型，使两者的类型相一致
3. 只有当一方为 unsigned int，另一方为 signed long 时，要例外地统一成 unsigned long

例如有下面这样（unsigned char 类型）*（signed long 类型）的表达式，试着考虑下该表达式会发生怎样的隐式类型转换。

```
unsigned char x = 3;
signed long y = 3;
return x * y;
```

首先根据规则 1 将 unsigned char 转换为 signed int，再比较 signed int 和 signed long。然后根据规则 2，signed long 的优先级更高，因此将两者统一为 signed long。综上，实际上表达式的计算如下所示。

```
(signed long)x * y;
```

即使不知道这部分变换也不会有什么问题。应用 C 语言的话只需要显式的类型转换即可，自己设计语言的话完全可以选择更为简洁易懂的标准。只是 Cb 遵循的原则是：只要没有特别的原因就采用和 C 语言相同的标准，因此这部分完全是按照 C 语言的标准来实现的。但说实话，笔者并不觉得这样实现有多大的意义。

TyperChecker 类的启动

从这里开始我们要进入讲解代码的环节。依然从构造函数看起，TypeChecker 类的构造函数如代码清单 10.7 所示。

代码清单 10.7　TypeChecker 类的构造函数（compiler/TypeChecker.java）

```java
public TypeChecker(TypeTable typeTable, ErrorHandler errorHandler) {
    this.typeTable = typeTable;
    this.errorHandler = errorHandler;
}
```

TypeChecker 类的属性包括 TypeTable 对象和 ErrorHandler 对象。这部分没什么问题吧。

接着，作为 TypeChecker 类的入口的 check 函数如代码清单 10.8 所示。

代码清单 10.8　TypeChecker#check（compiler/TypeChecker.java）

```java
DefinedFunction currentFunction;

public void check(AST ast) throws SemanticException {
    for (DefinedVariable var : ast.definedVariables()) {
        checkVariable(var);
    }
    for (DefinedFunction f : ast.definedFunctions()) {
        currentFunction = f;
        checkReturnType(f);
        checkParamTypes(f);
        check(f.body());
    }
    if (errorHandler.errorOccured()) {
        throw new SemanticException("compile failed.");
    }
}
```

在该方法中，第 1 个 foreach 语句对全局变量的定义进行遍历，第 2 个 foreach 语句对函数定义进行遍历，并实施类型检查。

第 1 个 foreach 语句中使用的 checkVariable 方法在检查变量的类型是否为非 void 的同时，还对变量的初始化表达式进行遍历。

第 2 个 foreach 语句中使用的 checkReturnType 方法检查函数返回值的类型是否为非结构体、联合体或数组。这里再重复一下，Cb 中函数不能返回结构体或联合体。

checkParamTypes 方法检查函数形参的类型是否为非结构体、联合体或 void。因为 Cb 中函数参数的类型不能是结构体或联合体。

最后调用的 check 是遍历参数节点的方法。各节点类会重写该函数，通过调用 check(f.body()) 对函数体进行遍历。

二元运算符的类型检查

接下来只要实现对各节点的类型检查和隐式类型转换，TypeChecker 类的实现就完成了。作为类型检查和隐式类型转换的例子，让我们看一下表示二元运算的节点 BinaryOpNode 类的处理。TypeChecker 类中处理 BinaryOpNode 类的代码如代码清单 10.9 所示。

代码清单 10.9　TypeChecker#visit(BinaryOpNode)（compiler/TypeChecker.java）

```java
public Void visit(BinaryOpNode node) {
    super.visit(node);
    if (node.operator().equals("+") || node.operator().equals("-")) {
        expectsSameIntegerOrPointerDiff(node);
    }
    else if (node.operator().equals("*")
            || node.operator().equals("/")
            || node.operator().equals("%")
            || node.operator().equals("&")
            || node.operator().equals("|")
            || node.operator().equals("^")
            || node.operator().equals("<<")
            || node.operator().equals(">>")) {
        expectsSameInteger(node);
    }
    else if (node.operator().equals("==")
            || node.operator().equals("!=")
            || node.operator().equals("<")
            || node.operator().equals("<=")
            || node.operator().equals(">")
            || node.operator().equals(">=")) {
        expectsComparableScalars(node);
    }
    else {
        throw new Error("unknown binary operator: " + node.operator());
    }
    return null;
}
```

首先，通过 `super.visit(node)` 调用基类 `Visitor` 的实现，即遍历 `BinaryOpNode` 对象以下的节点，由此对 `BinaryOpNode` 的 `left`（左表达式）和 `right`（右表达式）进行类型检查和隐式类型转换。为了正确地进行类型检查，必须在函数的一开始进行上述处理。

接着，根据 `node.operator()` 的不同分开处理。`node.operator()` 是将节点所表示的运算以 `"+"` 或 `"*"` 这样的字符串的形式返回的函数。每种运算的限制各不相同，因此按照相同的限制分组后进行检查。

第 1 组是 `"+"` 和 `"-"`。该组运算符要求左右表达式一方为指针，另一方为整数，或者双方为相同类型的整数。`expectsSameIntegerOrPointerDiff` 就是检查上述限制的方法。

第 2 组是 `"*"`、`"/"`、`"%"`、`"&"`、`"|"`、`"^"`、`"<<"`、`">>"`。这组运算符要求左右双方表达式为相同类型的整数。用 `expectsSameInteger` 方法对上述限制进行检查。

最后 1 组是 `"=="`、`"!="`、`"<"`、`"<="`、`">"`、`">="` 等比较运算符。该组运算符要求左右双方的表达式为相同类型的 **scalar 值**。scalar 在 C 语言中是整数类型、指针以及枚举类型的总称。用 `expectsComparableScalars` 方法对该限制进行检查。

以 `expects ~` 开头的函数的实现大致都是检查表达式的类型之后进行隐式类型转换，因此我们只需要看其中的一个的代码。检查 `"*"` 和 `"/"` 等表达式的 `expectsSameInteger` 方法的代码如代码清单 10.10 所示。

代码清单 10.10　TypeChecker#expectsSameInteger（compiler/TypeChecker.java）

```
private void expectsSameInteger(BinaryOpNode node) {
    if (! mustBeInteger(node.left(), node.operator())) return;
    if (! mustBeInteger(node.right(), node.operator())) return;
    arithmeticImplicitCast(node);
}
```

第 1 个 if 语句检查左侧表达式是否为整数类型，如果不是 `mustBeInteger` 方法会报错。接着的 if 语句检查右侧表达式是否为整数类型，如果不是同样 `mustBeInteger` 方法会报错。最后，调用 `arithmeticImplicitCast` 方法插入隐式类型转换后结束处理。

隐式类型转换的实现

负责隐式类型转换的 `arithmeticImplicitCast` 方法的代码如代码清单 10.11 所示。

代码清单 10.11　TypeChecker#arithmeticImplicitCast（compiler/TypeChecker.java）

```
private void arithmeticImplicitCast(BinaryOpNode node) {
    Type r = integralPromotion(node.right().type());
    Type l = integralPromotion(node.left().type());
    Type target = usualArithmeticConversion(l, r);
    if (! l.isSameType(target)) {
        // insert cast on left expr
        node.setLeft(new CastNode(target, node.left()));
```

```
        }
        if (! r.isSameType(target)) {
            // insert cast on right expr
            node.setRight(new CastNode(target, node.right()));
        }
        node.setType(target);
    }
```

首先，将左右两侧表达式的类型用 integralPromotion 方法提升到 int 类型以上，即将 char 类型和 short 类型转换为 signed int 类型。这样的转换在 C 语言的规范中称为**整型提升**（integral promotion）。integralPromotion 方法的实现比较简单、直接，这里予以省略，请直接参考源代码。

接着调用 usualArithmeticConversion 方法获取运算所需要的操作数类型，使左右表达式双方的类型符合要求的操作数类型，即进行类型转换。类型转换时用 newCastNode 方法生成 CastNode 并添加到左右节点。

运算时操作数类型的规则我们已经讲过了，这里来回忆一下。只有 unsigned int 和 signed long 的运算时统一为 unsigned long，其他情况下按照 unsigned long、signed long、unsigned int、signed int 的优先顺序来统一左右表达式的类型。上述转换在 C 语言的标准中称为**寻常算数转换**（usual arithmetic conversion）。

usual arithmetic conversion 的规则，比起文字说明，直接看代码更容易理解。usualArithmeticConversion 方法的代码摘要如代码清单 10.12 所示。

代码清单 10.12　TypeChecker#usualArithmeticConversion（compiler/TypeChecker.java）

```
    private Type usualArithmeticConversion(Type l, Type r) {
        Type s_int = typeTable.signedInt();
        Type u_int = typeTable.unsignedInt();
        Type s_long = typeTable.signedLong();
        Type u_long = typeTable.unsignedLong();
        if (    (l.isSameType(u_int) && r.isSameType(s_long))
             || (r.isSameType(u_int) && l.isSameType(s_long))) {
            return u_long;
        }
        else if (l.isSameType(u_long) || r.isSameType(u_long)) {
            return u_long;
        }
        else if (l.isSameType(s_long) || r.isSameType(s_long)) {
            return s_long;
        }
        else if (l.isSameType(u_int)  || r.isSameType(u_int)) {
            return u_int;
        }
        else {
            return s_int;
        }
    }
```

第 1 个 if 语句用于处理 unsigned int 和 signed long 的情况，之后以 unsigned long、singed long……的顺序统一左右操作数的类型。

静态类型检查和类型推导

cbc 的静态类型检查是从抽象语法树的叶子节点开始依次对类型进行确认，即自下而上的类型确认。说起 C♭ 的抽象语法树的叶子节点中的符号 primary，可能是 "变量""函数调用" 或 "字面量"。这 3 者的类型是明确可知的。变量和函数的类型是由程序员声明的，字面量的类型是由语言的标准确定的。因此从叶子节点开始自下而上进行处理就一定能确认所有表达式的类型。

仔细想一下，其实未必一定要自下而上地进行类型检查。例如，假设 C♭ 的二元运算符 + 的左侧表达式和右侧表达式的类型都必须为 int。那么 + 的左侧表达式和右侧表达式都应该是 int 类型，这样思考的话，同样可以自上而下地进行类型检查。

自上而下地确定类型会带来哪些好处呢？自上而下地确定类型，意味着无需确定抽象语法树叶子节点的类型，即程序员可以不必声明变量或函数的类型。像这样自上而下地确定表达式类型的方法称为**类型推导**（type inference）。

类型推导多用于 Haskell 或 ML 等**函数型语言**（functional programming language）之中。如果编译器实现了类型推导功能，那么就可以省略大多数变量的类型声明，使程序更为简洁。

关于类型推导本书就介绍到这里，感兴趣的读者可以阅读第 22 章中介绍的图书。

第 **11** 章

中间代码的转换

本章将介绍 cbc 中间代码的结构，以及从抽象语法树到中间代码的转换。

11.1 cbc 的中间代码

本节我们来介绍一下 cbc 中间代码的结构。

中间代码的显示

cbc 的中间代码是仿照国外编译器相关图书 *Modern Compiler Implementation* 中所使用的名为 Tree 的中间代码设计的。顾名思义，Tree 是一种树形结构，其特征是简单，而且方便转换为机器语言。

例如代码清单 11.1 中的 Cb 程序，在 cbc 中会被转换为如图 11.1 所示的中间代码。

代码清单 11.1　inc.cb

```
int
main(int argc, char** argv)
{
    return ++argc;
}
```

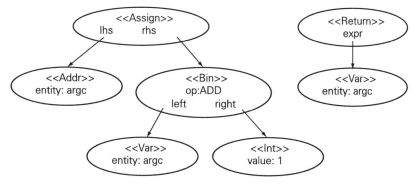

图 11.1　Cb 的中间代码

cbc 的中间代码是单纯的语句（Stmt）列表，语句由表达式（Expr）组合而成。以 inc.cb 为例，Assign 和 Return 为语句，Var、Bin、Int 为表达式。

原本 inc.cb 中只有 1 条语句，中间代码中却出现了 Assign 和 Return 2 条语句。像这样在转换到中间代码后语句增加的情况是比较常见的。

打开 cbc 命令中的选项开关，可以直接在画面上输出中间代码。要显示中间代码，可以在执行 cbc 命令时添加 --dump-ir 选项。

```
$ cbc --dump-ir inc.cb
<<IR>> (inc.cb:1)
variables:
functions:
    <<DefinedFunction>> (inc.cb:1)
    name: main
    isPrivate: false
    type: int(int, char**)
    body:
        <<Assign>> (inc.cb:4)
        lhs:
            <<Addr>>
            type: INT32
            entity: argc
        rhs:
            <<Bin>>
            type: INT32
            op: ADD
            left:
                <<Var>>
                type: INT32
                entity: argc
            right:
                <<Int>>
                type: INT32
                value: 1
        <<Return>> (inc.cb:4)
        expr:
            <<Var>>
            type: INT32
            entity: argc
```

想查看代码生成怎样的中间代码时，就可以使用这个功能试着输出中间代码。

组成中间代码的类

组成中间代码的类如表 11.1 所示。

表 11.1　组成中间代码的类

类	基类	含义
IR	Object	中间代码的根
Assign	Stmt	赋值
CJump	Stmt	条件跳转
Jump	Stmt	无条件跳转
Switch	Stmt	多分支跳转（switch）
LabelStmt	Stmt	标签（跳转目标）
ExprStmt	Stmt	仅包含一个表达式的语句
Return	Stmt	return
Uni	Expr	一元运算（OP e）

（续）

类	基类	含义
Bin	Expr	二元运算（IOPr）
Call	Expr	函数调用
Addr	Expr	取地址（&var）
Mem	Expr	取值（*var）
Var	Expr	变量
Int	Expr	整数常量
Str	Expr	字符串常量

所有语句的节点都继承自 Stmt 类，表达式的节点继承自 Expr 类。

从表 11.1 中可以看出，比起抽象语法树的节点类，中间代码的类的种类大幅减少。抽象语法树的语句和表达式的节点加起来多达 30 多种，而中间代码中仅有 16 种。因此本章的关键在于如何用较少的节点种类来表达和原来相同的含义。

另外，cbc 的中间代码中没有像 if 或 while 这样的流程控制语句，完全依靠**跳转语句**（jump statement）来实现流程控制。跳转语句类似于 C 语言（Cb）中的 goto 语句，能够跳转到同一函数内的任意语句。cbc 的中间代码提供了 CJump（条件跳转）、Jump（无条件跳转）、Switch（多分支跳转）3 种跳转语句。

一般情况下，机器语言中的流程控制只有跳转指令。将 Cb 中丰富的流程控制一下子转换为只有跳转指令的控制机制非常困难，因此尽量在中间代码和代码生成阶段逐渐地向机器语言的表现形式靠拢。

中间代码节点类的属性

中间代码各节点类的属性如表 11.2 所示。

表 11.2　中间代码节点类的属性

类	属性	含义
Assign	lhs	赋值的左表达式
	rhs	赋值的右表达式
CJump	cond	条件表达式
	thenLabel	条件为真的情况下的跳转目标
	elseLabel	条件为假的情况下的跳转目标
Jump	Label	跳转目标
Switch	cond	条件表达式
	cases	由具体条件和跳转目标组成的链表
	defaultLabel	默认的跳转目标
LabelStmt	label	标签（指定跳转目标的对象）
ExprStmt	expr	执行的表达式
Return	expr	表示返回值的表达式

（续）

类	属性	含义
Uni	op	运算的种类
	expr	用于运算的表达式
Bin	op	运算的种类
	left	左表达式
	right	右表达式
Call	expr	表示函数的表达式
	args	参数列表
Addr	expr	获取地址的表达式
Mem	expr	取值的表达式
Var	entity	DefinedVariable 对象
Int	value	值
Str	entry	ConstantEntry 对象

除了表 11.2 中的属性之外，还有表示语句节点的 Location 类型的属性和表示表达式节点的 Type 类型的属性。其中表示表达式节点的 Type 类型和至今为止所使用的 Type 不是同一类型，这里是 net.loveruby.cflat.asm.Type，而至今为止所使用的 Type 类型为 net.loveruby.cflat.type.Type。今后分别将这两者简写为 asm.Type 和 type.Type。

中间代码的运算符和类型

中间代码使用的 asm.Type 类是利用 Java5 中引入的 enum 定义的，并且提供了如表 11.3 所示的实例。

表 11.3　中间代码中的类型（asm.Type 对象）

类型名	含义
INT8	8bit 整数
INT16	16bit 整数
INT32	32bit 整数

通过编写 Type.INT8 或 Type.INT16，就能够获取上述这些值。在 switch 语句的 case 部分可以省略"Type."。

Uni 类和 Bin 类的 op 属性的类型为 Op，OP 类和 asm.Type 一样是利用 enum 定义的。Op 实例的种类如表 11.4 所示。

表 11.4　中间代码的运算符（Op 对象）

运算符	含义
ADD	加法 (+)
SUB	减法 (-)
MUL	乘法 (*)
S_DIV	有符号的除法 (/)

（续）

运算符	含义
U_DIV	无符号的除法 (/)
S_MOD	有符号的取模 (%)
U_MOD	无符号的取模 (%)
BIT_AND	按位逻辑与 (&)
BIT_OR	按位逻辑或 (|)
BIT_XOR	按位逻辑异或 (^)
BIT_LSHIFT	逻辑左移（无符号、<<）
BIT_RSHIFT	逻辑右移（无符号、>>）
ARITH_RSHIFT	算数右移（有符号、>>）
EQ	比较 (==)
NEQ	比较 (!=)
S_GT	有符号的数值比较 (>)
S_GTEQ	有符号的数值比较 (>=)
S_LT	有符号的数值比较 (<)
S_LTEQ	有符号的数值比较 (<=)
U_GT	无符号的数值比较 (>)
U_GTEQ	无符号的数值比较 (>=)
U_LT	无符号的数值比较 (<)
U_LTEQ	无符号的数值比较 (<=)
UMINUS	取反 (-)
BIT_NOT	按位取反 (~)
NOT	逻辑非 (!)
S_CAST	有符号数值的类型转换
U_CAST	无符号数值的类型转换

asm.Type 和 Op 的特点在于类型（asm.Type）无符号，取而代之的是在运算符（Op）的类型中包含符号信息。机器语言的指令会因为操作数有无符号而产生变化，因此在中间代码的阶段应尽量向机器语言靠拢，这样在代码生成阶段就能稍微简单些了。

另外，中间代码中没有结构体、数组和指针。在中间代码及之后的阶段，这些值都用（整数的）指针来表示。

各类中间代码

除了 cbc 树形结构的中间代码以外，还有各式各样的其他结构的中间代码。例如**三地址代码**（three-address code）就是非常著名的中间代码之一。三地址代码是如下这样的指令。

```
z = x OP y
```

三地址代码的指令由 x、y、z、OP 这四者组成，因此称为**四元式**（quadruple）。三地址代码的特点是方式上类似于机器语言，容易通过重排指令进行优化。

在充分进行优化的编译器中会使用多种中间代码。

例如 GCC 中除了在第 1 章提到的 RTL 以外，还使用了名为 GENERIC 和 GIMPLE 的中间代码。RTL 最接近机器语言的表现形式，其次是 GIMPLE，最后是 GENERIC。

还有名为 Coins 的编译器，它先将抽象语法树转换为名为 HIR（High-level Intermediate Representation）的树形中间代码，并进行代码优化。之后再将 HIR 转换为 LIR（Low-level Intermediate Representation）这样一种接近机器语言的中间代码，并进行进一步的优化。

中间代码的意义

本节的最后，让我们稍微详细地来说一下引入中间代码的意义。

我们应该有目的地使用中间代码。例如，如果希望充分运用原始语言的信息并进行优化，应该使用近似于抽象语法树的树型中间代码。如果想在接近机器语言的层面对内存的使用等进行优化，那就应该使用像三地址代码这样更接近机器语言的中间代码。如果不需要优化只是希望尽快地输出机器语言，那么不使用中间代码也是选项之一。无论是上述何种情况，都应该清楚是出于什么目的而使用中间代码。

cbc 中使用中间代码是为了提高代码的可读性，使其更易于理解。同时也有为 cbc 保留进一步优化的余地的意图。

刚开始时 cbc 并不经由中间代码，而是从抽象语法树直接生成机器语言。但这样的话就不得不在代码生成器中处理 Cb 的各类节点，使代码生成器的代码变得复杂、难以理解。

另外，进行优化时，如果没有中间代码，可以想象工作量会大幅增加。例如，试着考虑如下两条语句，假设 n 为 int 类型的变量。

```
n = n * 1;
n *= 1;
```

上述情况下两条语句的意思是完全一样的，并且执行后 n 的值都不会改变，所以即使不执行也不会有问题。因此可以在编译时将这两条语句删除。

但是两条语句所对应的抽象语法树的节点分别为 BinaryOPNode 和 OpAssignNode，因此如果要删除这两条语句，就必须对双方的节点实施同样的优化，即优化代码会重复出现。

在 C 语言（Cb）中，一种含义可以用很多种形式的代码来表示。如果进行优化时要考虑所有的表现形式，那么优化的工作量就会爆炸性地增加。

那么如果先转换为中间代码的话会如何？上述两条语句的中间代码是相同的，因此可以通过一处代码进行优化。这就是使用中间代码的优势。

11.2 IRGenerator 类的概要

本节将介绍负责将抽象语法树转换为中间代码的 IRGenerator 类的整体概况。

抽象语法树的遍历和返回值

IRGenerator 类和语义分析的类群一样，使用 Visitor 模式对抽象语法树进行遍历，但是有一点不同之处。

语义分析的 Visitor 类的 visit 方法的返回值都是 Void 类型，而 IRGenerator 类的返回值并不都是 Void。具体来说，处理表达式（ExprNode）的 visit 方法的返回值为 Expr，即返回的是中间代码的表达式对象。

语义分析基本上只进行检查，不会向抽象语法树中添加信息。而在 IRGenerator 类中需要生成中间代码的树，并返回生成的结果，因此使用了 visit 方法的返回值。

那么处理语句（StmtNode）的 visit 方法的返回值又是怎样的呢？处理语句的 visit 方法的返回值和之前一样是 Void。这是因为语句所对应的中间代码的 Stmt 对象会被设置到属性 stmts 的列表之中，通过这样的方式来返回中间代码的节点。

IRGenerator 类的启动

让我们从 IRGenerator 类的入口开始依次看一下。入口函数 generate 的代码如代码清单 11.2 所示。

代码清单 11.2　generate 方法（compiler/IRGenerator.java）

```
public IR generate(AST ast) throws SemanticException {
    for (DefinedVariable var : ast.definedVariables()) {
        if (var.hasInitializer()) {
            var.setIR(transformExpr(var.initializer()));
        }
    }
    for (DefinedFunction f : ast.definedFunctions()) {
        f.setIR(compileFunctionBody(f));
    }
    if (errorHandler.errorOccured()) {
        throw new SemanticException("IR generation failed.");
    }
```

```
        return ast.ir();
    }
```

第 1 个 foreach 语句将全局变量的初始化表达式转换为中间代码。第 2 个 foreach 语句将所定义的函数的本体转换为中间代码。函数本体的转换比较重要，因此让我们稍微详细地看一下这部分。

函数本体的转换

负责转换函数本体的方法是 compileFunctionBody。它的代码如代码清单 11.3 所示。

代码清单 11.3　compileFunctionBody 方法（compiler/IRGenerator.java）

```java
List<Stmt> stmts;
LinkedList<LocalScope> scopeStack;
LinkedList<Label> breakStack;
LinkedList<Label> continueStack;
Map<String, JumpEntry> jumpMap;

public List<Stmt> compileFunctionBody(DefinedFunction f) {
    stmts = new ArrayList<Stmt>();
    scopeStack = new LinkedList<LocalScope>();
    breakStack = new LinkedList<Label>();
    continueStack = new LinkedList<Label>();
    jumpMap = new HashMap<String, JumpEntry>();
    transformStmt(f.body());
    checkJumpLinks(jumpMap);
    return stmts;
}
```

compileFunctionBody 中对一些对象的属性进行（再）初始化。各个属性的含义如表 11.5 所示。

表 11.5　各函数中使用的属性

属性	目的
stmts	保存由语句转换而成的中间代码的节点
scopeStack	在生成临时变量时，获取当前的作用域
breakStack	表示 break 语句的 "当前的" 跳转目的地的栈
continueStack	表示 continue 语句的 "当前的" 跳转目的地的栈
jumpMap	保存 goto 语句的标签

在这些属性之中，特别重要的是 stmts。所有 Stmt 对象都被保存在该属性的列表中。

属性的初始化之后，执行 transformStmt(f.body())，将函数的本体（f.body()）转换为中间代码。转换的结果被保存到 stmts 属性的列表中并返回。

transformStmt 方法的实现如代码清单 11.4 所示。该方法仅对参数的节点进行遍历，最终节点会被编译为中间代码并添加到 stmts 属性中。

代码清单 11.4 transformStmt 方法（compiler/IRGenerator.java）

```
private void transformStmt(StmtNode node) {
    node.accept(this);
}
```

作为语句的表达式的判别

将语句节点（StmtNode）转换为中间代码时使用刚才讲解的 transformStmt 方法。将表达式节点（ExprNode）转换为中间代码时需要分情况讨论：如果表达式是独立的语句，则使用 transformStmt 方法；如果是其他表达式的一部分，则使用 transformExpr 方法。

例如下面的赋值表达式就是作为独立的语句使用的。

```
x = y;
```

但是下面的赋值表达式就是作为其他表达式的一部分使用的。

```
printf("%d\n", (x = y));
```

两者实际的区别在于是否使用表达式的值，为了传达这样的区别，需要使用不同的转换方法。像前者这样表达式作为独立的语句使用时，即便是 ExprNode 也要用 transformStmt 方法进行转换。像后者这样作为其他表达式的一部分使用时，使用 transformExpr 方法进行转换。

换言之，不使用表达式的值时用 trasnformStmt 方法对表达式进行转换，使用表达式的值时用 transformExpr 方法进行转换。

ExprNode 的 transformStmt 方法和 StmtNode 的 transformStmt 方法的实现完全相同，都是仅仅调用 node.accept(this)。

另一方面，transformExpr 方法的实现则稍有不同，transformExpr 方法的代码如代码清单 11.5 所示。

代码清单 11.5 transformExpr 方法（compiler/IRGenerator.java）

```
private int exprNestLevel = 0;

private Expr transformExpr(ExprNode node) {
    exprNestLevel++;
    Expr e = node.accept(this);
    exprNestLevel--;
    return e;
}
```

像这样，transformExpr 方法在转换节点时会将属性 exprNextLevel 加 1，利用这个属性就能够判断当前转换中的节点是否作为独立的语句使用。isStatement 就是为进行上述判断而提供的方法。isStatement 方法的实现如代码清单 11.6 所示。

代码清单 11.6　isStatement 方法（compiler/IRGenerator.java）

```
private boolean isStatement() {
    return (exprNestLevel == 0);
}
```

　　如果 isStatement() 返回 true，说明转换中的节点是作为独立的语句使用的；如果返回 false，则说明转换中的节点是作为其他表达式的一部分使用的。AssignNode 等一部分节点的转换处理会根据 isStatement() 方法的结果，对转换得到的中间代码进行替换。

11.3 流程控制语句的转换

本节将对 if、while 这样的流程控制语句以及 break 等跳转语句的转换进行讲解。

if 语句的转换（1）概要

下面让我们来看一下将 if 语句转换为中间代码的代码。将 if 语句对应的 AST 节点 IfNode 转换为中间代码的代码如代码清单 11.7 所示。

代码清单 11.7　IfNode 的转换（compiler/IRGenerator.java）

```java
public Void visit(IfNode node) {
    Label thenLabel = new Label();
    Label elseLabel = new Label();
    Label endLabel = new Label();
    Expr cond = transformExpr(node.cond());
    if (node.elseBody() == null) {
        cjump(node.location(), cond, thenLabel, endLabel);
        label(thenLabel);
        transformStmt(node.thenBody());
        label(endLabel);
    }
    else {
        cjump(node.location(), cond, thenLabel, elseLabel);
        label(thenLabel);
        transformStmt(node.thenBody());
        jump(endLabel);
        label(elseLabel);
        transformStmt(node.elseBody());
        label(endLabel);
    }
    return null;
}
```

这里出现了一些新的方法，让我们先来介绍一下。cjump、jump、label 都是生成中间代码的节点并将其添加到 stmts 属性中的**实用方法**（utility method）。cjump 方法生成 CJump 节点，jump 方法生成 Jump 节点，label 方法生成 LabelStmt 节点。各方法的含义如表 11.6 所示。

表 11.6　生成语句的中间代码的方法

方法名	参数	生成的中间代码的含义
cjump	loc, cond, t, e	条件表达式 cond 为真则跳转到标签 t，为假则跳转到标签 e（条件跳转）
jump	lab	跳转到标签 lab（无条件跳转）
label	lab	定义标签 lab

　　代码清单 11.7 的主要部分是一个大的 if 语句，这个 if 语句的上半部分用于处理要转换的 if 语句中 else 部分省略的情况，下半部分用于处理 if 语句中 else 部分存在的情况。

if 语句的转换（2）没有 else 部分的情况

　　下面具体看一下省略 else 部分时的代码，如下所示。

```
cjump(node.location(), cond, thenLabel, endLabel);
label(thenLabel);
transformStmt(node.thenBody());
label(endLabel);
```

　　cjump、label、transformStmt 都是直接将中间代码的节点添加到 stmts 属性中的代码，因此会按照和调用方法时相同的顺序生成中间代码，即上述代码以 "CJump" "LabelStmt" "then 部分的中间代码" "LabelStmt" 的顺序生成中间代码。这部分中间代码的结构如图 11.2 所示。

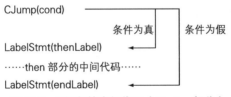

图 11.2　if 语句的中间代码（无 else 部分）

　　首先，根据 CJump 的结果，当条件表达式 cond 的执行结果为真时，跳转到标签 thenLabel 的位置，这样 then 部分对应的中间代码就会被执行。另一方面，当条件表达式 cond 的执行结果为假时，则会跳转到 endLabel 的位置，跳过 then 部分。"标签的位置"是指中间代码节点 LabelStmt 所在的位置，即 cbc 的代码中调用 label 方法的位置。

　　另外，如第 6 章中所述，Cb 中 if 语句的 then 部分和 else 部分都只包含一个语句。即使 then 部分或 else 部分包含多个语句，也会被归并为单个的 BlockNode，因此 then 部分和 else 部分都可以用 trasnformStmt 方法进行编译。

if 语句的转换（3）存在 else 部分的情况

接着来看一下不省略 else 部分时的转换代码，如下所示。

```
cjump(node.location(), cond, thenLabel, elseLabel);
label(thenLabel);
transformStmt(node.thenBody());
jump(endLabel);
label(elseLabel);
transformStmt(node.elseBody());
label(endLabel);
```

这次同样按照代码的书写顺序生成中间代码，即按照 "CJump" "LabelStmt" "then 部分的中间代码" "Jump" "LabelStmt" "else 部分的中间代码" "LabelStmt" 的顺序生成中间代码的节点。其结构如图 11.3 所示。

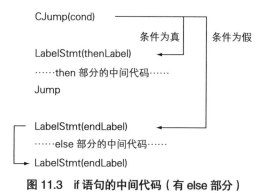

图 11.3　if 语句的中间代码（有 else 部分）

在条件表达式 cond 为真的情况下，跳转到标签 thenLabel 的位置，执行 then 部分对应的中间代码。因为执行完 then 部分的语句后会跳转到 endLabel 标签，所以 else 部分不会被执行。另一方面，当条件表达式 cond 为假时，则跳转到 elseLabel 标签，执行 else 部分对应的中间代码，then 部分不会被执行。

while 语句的转换

下面让我们来看一下 while 语句的中间代码转换。将 while 语句对应的 AST 节点 WhileNode 转换为中间代码的代码如代码清单 11.8 所示。

代码清单 11.8　WhileNode 的转换（compiler/IRGenerator.java）

```java
    public Void visit(WhileNode node) {
        Label begLabel = new Label();
        Label bodyLabel = new Label();
        Label endLabel = new Label();
```

```
        label(begLabel);
        cjump(node.location(),
              transformExpr(node.cond()), bodyLabel, endLabel);
        label(bodyLabel);
        pushContinue(begLabel);
        pushBreak(endLabel);
        transformStmt(node.body());
        popBreak();
        popContinue();
        jump(begLabel);
        label(endLabel);
        return null;
    }
```

这里出现了 pushContinue、pushBreak、popBreak、popContinue 等新方法。这些方法将在稍后另行说明，这里直接忽略即可。这样代码的结构就非常简单了，如下所示。

```
label(begLabel);
cjump(node.location(), transformExpr(node.cond()), bodyLabel, endLabel);
label(bodyLabel);
transformStmt(node.body());
jump(begLabel);
label(endLabel);
```

上述代码生成的中间代码的结构如图 11.4 所示。

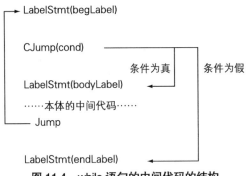

图 11.4　while 语句的中间代码的结构

根据 cjump 方法生成的 CJump 节点，中间代码的含义如下。当条件表达式 node.cond() 的执行结果为真时，跳转到标签 bodyLabel 的位置，执行 while 语句本体所对应的中间代码。本体执行完后无条件地跳转回标签 begLabel 的位置，继续循环。另一方面，当条件表达式的值为假时，直接跳转到标签 endLabel 的位置，结束循环。

break 语句的转换（1）问题的定义

本节的最后，我们来讲一下和 while 语句关系密切的 break 语句的中间代码转换。

break 语句可以用无条件跳转指令 Jump 来表示，它和 if 或 while 语句的区别在于跳转目标标签是由其他节点生成的。

例如，请见图 11.5。

图 11.5　break 语句的跳转目标

只需将图 11.5 中的 break 语句转换为跳转到标签 end 的位置的跳转指令即可，但问题是如何获取标签 end 的位置。这里的 end 标签等同于刚才出现的 endLabel，因此需要以某种方式将标签的位置传递给 break 语句。

注意可能会出现 while 语句嵌套的情况。break 语句的外层存在多个 while 语句或 for 语句时，break 必须仅跳出最内侧的循环。

还要注意 break 语句能够和多种语句组合使用。具体来说，while、for、do~while 以及 switch 语句都可以用 break 语句跳出处理。

总的来说，需要将 break 语句转换为跳转到"包围 break 语句的最内层的 while、for、do~while 或 switch 语句"的末尾的跳转指令。

break 语句的转换（2）实现的方针

为了确定跳转语句的跳转目标，cbc 中使用了如下方法。

1. IRGenerator 类的属性中准备了栈的数据结构
2. 在遍历 AST 时遇到可以用 break 跳出的语句（while 语句等）的话，将跳转目标的标签压入栈
3. 将 while 等语句的本体转换为中间代码
4. 如果在本体的转换中发现 break 语句，就将栈顶的标签作为跳转目标
5. 本体的转换结束后，将栈顶的标签弹出栈

也就是说，表示"当前 break 语句的跳转目标"的标签始终位于栈顶。作为例子，我们将 Cb 代码和对应的栈的情况总结在图 11.6 之中。

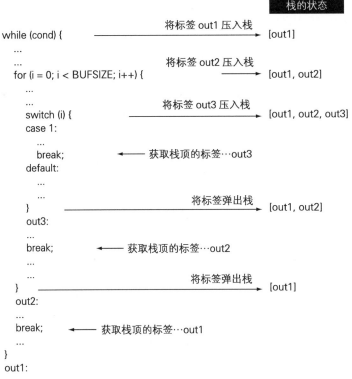

图 11.6　利用栈来确定跳转目标标签

请结合上图理解该算法。

break 语句的转换（3）实现

从这里开始我们将对 cbc 的代码进行讲解。

用于保存 break 语句的跳转目标标签的栈存放于 IRGenerator 类的 breakStack 属性之中，其类型为 LinkedList 对象。该栈借助如表 11.7 所示的 3 个方法进行操作。

表 11.7　操作 breakStack 的方法

方法	含义
pushBreak(label)	将标签 label 压栈
popBreak()	出栈
currentBreakTarget()	返回位于栈顶的标签

接着让我们再来看一下压栈相关的 while 语句的转换处理代码。

代码清单 11.9　WhileNode 的转换（compiler/IRGenerator.java）

```
public Void visit(WhileNode node) {
    Label begLabel = new Label();
```

```
        Label bodyLabel = new Label();
        Label endLabel = new Label();

        label(begLabel);
        cjump(node.location(),
                transformExpr(node.cond()), bodyLabel, endLabel);
        label(bodyLabel);
        pushContinue(begLabel);
        pushBreak(endLabel);
        transformStmt(node.body());
        popBreak();
        popContinue();
        jump(begLabel);
        label(endLabel);
        return null;
    }
```

请注意刚才讲解 while 语句的转换时忽略的 pushBreak 和 popBreak 的调用。在转换 while 语句的本体（node.body()）之前，调用 pushBreak 方法将 endLabel 压栈，待本体的转换结束后，调用 popBreak 退栈。如上述代码所示，只有在 while 语句本体的转换过程中才将 endLabel 压栈。

另一方面，break 语句对应的 BreakNode 的转换代码如代码清单 11.10 所示。

代码清单 11.10　BreakNode 的转换（compiler/IRGenerator.java）

```
    public Void visit(BreakNode node) {
        try {
            jump(node.location(), currentBreakTarget());
        }
        catch (JumpError err) {
            error(node, err.getMessage());
        }
        return null;
    }
```

主要的转换处理位于 try 代码块之中。BreakNode 的转换是使用 currentBreakTarget 方法从 breakStack 取出位于栈顶的标签，再利用 jump 方法生成跳转到该标签的跳转语句。

如果在 while 等语句之外使用 break 语句的话，currentBreakTarget 方法会抛出 JumpError 异常。这时就要用 error 方法输出错误消息，提示编译错误。

至此 break 语句的转换工作就结束了。continue 语句的转换可以用完全相同的方式来实现，具体请参考源代码。

11.4 没有副作用的表达式的转换

从本节开始我们来讲解将表示表达式的节点转换为中间代码的方法。

首先我们考虑最简单的没有副作用（side effect）的表达式的转换。

UnaryOpNode 对象的转换

首先让我们来看一下把 UnaryOpNode 对象转换为中间代码的方法。UnaryOpNode 对象对应的中间代码的节点只有 Uni 这一种，因此转换非常简单。UnaryOpNode 对象的转换处理如代码清单 11.11 所示。

代码清单 11.11　UnaryOpNode 的转换（compiler/IRGenerator.java）

```java
public Expr visit(UnaryOpNode node) {
    if (node.operator().equals("+")) {
        // +expr -> expr
        return transformExpr(node.expr());
    }
    else {
        return new Uni(asmType(node.type()),
                Op.internUnary(node.operator()),
                transformExpr(node.expr()));
    }
}
```

上述方法中首先用 node.operator().equals("+") 来检查 UnaryOpNode 对象所表示的表达式的运算符是否为 "+"，如果是 "+"，则不生成 Uni 节点。一元运算符 "+" 不进行任何运算，可以直接删除。因此 "+" 运算的情况下可以用 transformExpr 方法只把 +expr 中的 expr 部分转换为中间代码。

transformExpr(node.expr()) 和 node.expr().accept(this) 基本相同，会递归地处理 node.expr() 以下的节点，将其转换为中间代码。transformExpr 方法的返回值为中间代码的树 Expr。

另一方面，当运算符不为 "+" 时，则生成 Uni 节点。Uni 类的构造函数的参数声明如下所示。

```java
public Uni(Type type, Op op, Expr expr)
```

从代码清单 11.11 中的调用构造函数可见，传给第 1 个参数的是 asmType(node.

type())。其中 asmType 是将 type.Type 转换为 asm.Type 的方法。例如对于 Cb 中的 int 类型，该方法会返回 Type.INT32。

传给第 2 个参数的是 Op.internUnary(node.operator())。Op.internUnary 是将抽象语法树中的一元运算符（"+" 等）转换为 Op 的静态方法。例如对于 Cb 中的 "-"，该方法会返回 Op.UMINUS。

传给第 3 个参数的是 transformExpr(node.expr())。这里和 "+" 运算符一样，将 +expr 中的 expr 部分转换为中间代码。

至此 UnaryOpNode 对象的中间代码转换处理就结束了。

BinaryOpNode 对象的转换

接着来看一下稍微复杂些的 BinaryOpNode 对象的转换。将 BinaryOpNode 对象转换为中间代码的代码如代码清单 11.12 所示。

代码清单 11.12　BinaryOpNode 的转换（compiler/IRGenerator.java）

```java
public Expr visit(BinaryOpNode node) {
    Expr right = transformExpr(node.right());
    Expr left = transformExpr(node.left());
    Op op = Op.internBinary(node.operator(), node.type().isSigned());
    Type t = node.type();
    Type r = node.right().type();
    Type l = node.left().type();

    if (isPointerDiff(op, l, r)) {
        // ptr - ptr -> (ptr - ptr) / ptrBaseSize
        Expr tmp = new Bin(asmType(t), op, left, right);
        return new Bin(asmType(t), Op.S_DIV, tmp, ptrBaseSize(l));
    }
    else if (isPointerArithmetic(op, l)) {
        // ptr + int -> ptr + (int * ptrBaseSize)
        return new Bin(asmType(t), op,
                left,
                new Bin(asmType(r), Op.MUL, right, ptrBaseSize(l)));
    }
    else if (isPointerArithmetic(op, r)) {
        // int + ptr -> (int * ptrBaseSize) + ptr
        return new Bin(asmType(t), op,
                new Bin(asmType(l), Op.MUL, left, ptrBaseSize(r)),
                right);
    }
    else {
        // int + int
        return new Bin(asmType(t), op, left, right);
    }
}
```

函数很长，这是因为为了支持指针的运算，分支数量有所增加。首先我们只看基本的整数运算的部分。删除代码后半部分的 if 语句中 else 以外的部分，不需要的函数定义也一并删除，只考虑如下代码。

```
Expr right = transformExpr(node.right());
Expr left = transformExpr(node.left());
Op op = Op.internBinary(node.operator(), node.type().isSigned());
Type t = node.type();

    return new Bin(asmType(t), op, left, right);
```

是不是容易理解多了？

一开始的两行将 BinaryOpNode 对象节点中的右表达式 node.right() 和左表达式 node.left() 用 transformExpr 方法进行转换。

这时，注意一定要先处理右表达式，具体原因将在下一节说明。简单来说，在转换有副作用的表达式时，最终生成的代码会按转换的顺序产生副作用，即以转换的顺序实际执行代码。多数环境下，C 语言的参数和表达式都是按照从右到左的顺序执行，Cb 中的参数和表达式也应该按照从右到左的顺序执行。所以这里必须从右侧的表达式开始进行转换。

让我们回到代码，看一下最后的 return 语句。此处生成了中间代码的 Bin 节点。Bin 类的构造函数的第 1 个参数和 Uni 类的构造函数相同，都是 asm.Type，第 2 个参数是运算符（Op），第 3 个参数和第 4 个参数分别是左右表达式。第 2 个参数中用到的 Op.internBinary 是将抽象语法树中的二元运算符（"+"、"*"、"/" 等）转换为中间代码的运算符（Op）的静态方法。中间代码的运算符中包含符号信息，因此要通过参数传递是否是有符号的运算（node.type().isSigned()）。

像这样，除去指针运算的话，BinaryOpNode 对象也只是简单地对应 Bin 节点。

指针加减运算的转换

理解了基本部分之后，接着让我们来看一下指针运算相关的部分。相应的代码如下所示。

```
if (isPointerDiff(op, l, r)) {
    // ptr - ptr -> (ptr - ptr) / ptrBaseSize
    Expr tmp = new Bin(asmType(t), op, left, right);
    return new Bin(asmType(t), Op.S_DIV, tmp, ptrBaseSize(l));
}
else if (isPointerArithmetic(op, l)) {
    // ptr + int -> ptr + (int * ptrBaseSize)
    return new Bin(asmType(t), op,
            left,
            new Bin(asmType(r), Op.MUL, right, ptrBaseSize(l)));
}
else if (isPointerArithmetic(op, r)) {
    // int + ptr -> (int * ptrBaseSize) + ptr
```

```
        return new Bin(asmType(t), op,
                new Bin(asmType(l), Op.MUL, left, ptrBaseSize(r)),
                right);
}
```

最初的部分是"指针−指针"运算的处理，第 2 部分是"指针 ± 整数"运算的处理，第 3 部分是"整数 ± 指针"运算的处理。

首先，"指针−指针"的情况下，运算结果还要再除以指针所指向的类型的大小（size）。例如 (int*)8 - (int*)4 的结果为 (8-4)/sizeof(int)，即 4/4 等于 1，而不是等于 4。因此如图 11.7 所示，在运算结果的节点的基础上还要增加 1 个 Bin。

第 2 部分和第 3 部分是指针和整数之间的加减法。C 语言（Cb）中指针类型的

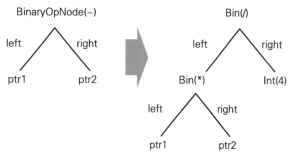

图 11.7 指针之间的减法

值加上整数相当于将指针前移整数值个单位。例如 int* 类型的 ptr 加 2，从机器语言的层面来说不是加 2，而是加 sizeof(int)*2，即加 8。因此整数类型的节点必须和指针所指向类型的 size 进行乘法运算。

可以用 isPointerArithmetic 方法来检查变量是否属于指针类型。另外，因为存在左表达式为指针和右表达式为指针这两种情况，所以要依次对左右表达式进行检查。如果左右都为指针类型，并且运算符不为 −，则这种情况属于类型错误，会在 TypeChecker 阶段报错，所以这里可以直接无视这样的情况。

这里要转换的内容是将整数值乘上 sizeof（指针指向的类型）。比起语言，用图来说明更容易理解，请参考图 11.8。

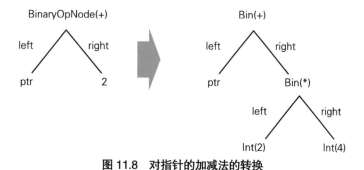

图 11.8 对指针的加减法的转换

sizeof（指针指向的类型）用代码表示为 ptrBaseSize（指针类型）。ptrBaseSize 方法的返回值是中间代码节点 Int。

至此 BinaryOpNode 对象的中间代码转换也完成了。

11.5 左值的转换

本节将讲述 MemberNode 对象和 ArefNode 对象等可以赋值的表达式所对应的对象的转换。

左边和右边

首先，让我们来记几个经常出现的术语——"左边""右边""左值""右值"。

"左边""右边"分别是指赋值的左侧表达式和右侧表达式。例如下面这样的 C 语言表达式，i 为**左边**（LHS，Left Hand Side），5 为**右边**（RHS，Right Hand Side）。

```
i = 5;
```

在 C 语言（Cb）中，右边可以写任意表达式，但左边仅可以写可以赋值的表达式。可以赋值的表达式有变量（i）、指针取值（*ptr）、数组（ary[1]）、结构体和联合体的成员（s.memb 和 p->memb）。

左边的表达式的共通特征是可以用地址运算符（&）取得表达式的地址。

左值和右值

刚才的语句中，变量 i 在左边，但变量同样可以写在右边，如下所示。

```
n = i +1;
```

为了方便比较，我们将两条语句并排写在下面。

```
i = 5;        // 语句 1
n = i +1;     // 语句 2
```

实际上，即便是相同的字符 i，写在左边和写在右边时，编译器所需要的值是不一样的。像语句 2 这样将 i 写在右边的情况下，编译器会生成获取变量 i 的值的代码。但像语句 1 这样将变量写在左边的情况下，编译器就必须生成获取 i 的地址（&i）的代码。

一般来说，表达式 x 出现在左边时表示"x 的地址"。相同的表达式出现在右边时表示"x 的地址中的值"。把表达式写在左边时的值称为**左值**（l-value），写在右边时的值称为**右值**（r-value）。

再举几个例子。请看如下语句。

```
int n;
int *ptr = &n;

*ptr = 3;        // 语句 1
return *ptr;     // 语句 2
```

上述语句中，语句 1 的 *ptr 写在左边，因此作为编译结果需要计算的值为 *ptr 的左值，即 ptr（=&n）。另一方面，语句 2 中的 *ptr 写在右边，因此作为编译结果需要计算的值为 *ptr 的右值，即 *ptr（=3）。

综上，即便是看上去相同的表达式，写在左边写在右边时的含义也不一样。

cbc 中左值的表现

下面来讲一下 Cb 的实现。

Cb 中能写在左边的表达式有 5 种，如表 11.8 所示。

表 11.8 左边

表达式的种类	表达式示例	AST 节点类
变量引用	i	VariableNode
取值	*ptr	DereferenceNode
数组引用	ary[1]	ArefNode
成员引用	s.memb	MemberNode
成员引用	p->memb	PtrMemberNode

上述 5 种节点中，只有 VariableNode 节点的左值和右值分别对应各自专用的中间代码节点，左值的中间代码用 Add 节点表示，右值的中间代码用 Var 节点表示。除此之外的可赋值节点的左值的中间代码，下面将依次进行讲解。

简而言之，左值可以说是地址，那么右值就是该地址上的值。例如，成员引用的表达式 s.y 的右值就是对地址 &s.y 的取值 *(&s.y)。

因此，要计算右值的中间代码，可以说只需在左值的中间代码的基础上增加 Mem 节点即可。例如 Cb 中的 *ptr 所对应的中间代码，左值对应的是 Var 节点，右值的话就是在左值的基础上增加了 Mem 节点的树（图 11.9）。

利用上述特点，cbc 采用如下方针来计算左值。

首先，对所有可以赋值的节点计算其右值的中间代码。例如，表示变量的 VariableNode 对象一般会转换成 Var 节点。只有在赋值的左边需要左值时才进行特别处理，即增加将右值转换为左值的处理。将右值转换为左值，基本上都可以采用如下算法。

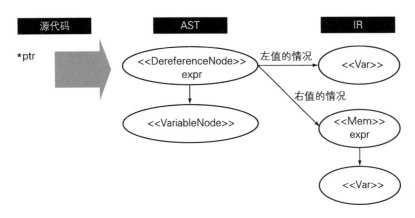

图 11.9 *ptr 对应的 2 个中间代码

1. 右值为 Var 节点的话，将其转换为 Addr 节点
2. 右值为 Mem 节点的话，则取出 Mem 节点
3. 除此之外的情况属于致命错误（编译器的 bug）

IRGenerator 类的 addressOf 方法对上述算法进行了实现。

结构体成员的偏移

接着，为了说明结构体成员（expr.memb）的转换，我们先来讲一下结构体成员的地址计算的相关内容。

访问结构体的成员可以用地址的加法运算和指针来表示。例如，表达式 expr.memb 可以转换为 *(&expr +(memb 的偏移))。这里的"memb 的偏移"是指在内存中存放结构体时元素 memb 的位置。

下面我们以如下所示的 C 语言结构体的定义为例，来详细地讲一下结构体成员的偏移（offset）。

```
struct point {
    int x;
    int y;
    int z;
};
```

这样的结构体 point 在内存中的布局如图 11.10 所示。在这种情况下，从结构体的起始位置到成员的距离（byte 数）称为"成员的偏移"。例如 x 的偏移为 0，y 的偏移为 4，z 的偏移为 8。

偏移

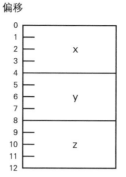

图 11.10   struct point 的内存布局

根据上图可知，结构体的起始地址加上成员的偏移就能够得到成员的地址。例如成员 y 的地址可以通过（结构体的起始地址 +4）来获得。因此成员 y 的值就是对指向（结构体的起始地址 +4）的指针取值，这就是算式 *(&expr + (memb 的偏移)) 的含义。

图 11.10 的内存布局中成员之间没有间隙，但是在 size 不同的类型的组合的情况下，成员之间就可能会产生间隙。关于结构体布局的具体规则将在第 12 章讲解。

成员引用（expr.memb）的转换

接着就让我们来看一下具体的代码。我们已经知道结构体的成员可以转换为 *(&expr + (memb 的偏移)) 这样的算式，因此只需要用中间代码的节点来表示上述算式即可。将成员所对应的 MemberNode 转换为中间代码的代码如代码清单 11.13 所示。

代码清单 11.13   MemberNode 的转换（compiler/IRGenerator）

```
public Expr visit(MemberNode node) {
    Expr expr = addressOf(transformExpr(node.expr()));
    Expr offset = ptrdiff(node.offset());
    Expr addr = new Bin(ptr_t(), Op.ADD, expr, offset);
    return node.isLoadable() ? mem(addr, node.type()) : addr;
}
```

前 3 行都是在生成左值的中间代码。我们可以结合中间代码的图来理解。例如 s.y 这样的 Cb 表达式会转换成如图 11.11 所示的中间代码。单个表达式所生成的中间代码为图 11.11 中 Bin 下方的树。

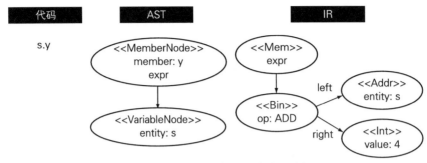

图 11.11　MemberNode 对应的 IR 树

代码的含义如下。

第 1 行的 addressOf(transformExpr(node.expr())) 是在计算 expr.memb 对应的 &expr。node.expr() 是 expr 对应的 AST，用 transformExpr 方法对其进行转换后得到中间代码，再用 addressOf 方法转换就能得到地址。

第 2 行的 ptrdiff(node.offset()) 是表示成员的偏移的中间代码。以刚才的 struct point 为例，y 的偏移是 4。在这种情况下，node.offset() 等于 4，通过 ptrdiff 方法将其转换为中间代码 Int。Int 是表示整数值的中间代码节点。

最后，第 3 行将 expr 和 offset 相加，生成中间代码 Bin。Bin 的构造函数的参数的含义如表 11.9 所示。

表 11.9　Bin 类的构造函数的参数

参数	类型	含义
type	asm.Type	该表达式的类型
op	Op	二元运算的种类
left	Expr	二元运算的左表达式（x + y 中的 x）
right	Expr	二元运算的右表达式（x + y 中的 y）

传给第 1 个参数的 ptr_t() 是 Cb 中指针类型所对应的 asm.Type，即 asm.Type.INT32（32bit 整数）。传给第 2 个参数的 Op.ADD 表示加法运算。

这样一来，图 11.11 中 Bin 以下的部分就生成了。

📒 左值转换的例外：数组和函数

接下来应该只需要在之前得到的中间代码中添加 Mem，将左值转换为右值就可以了。但实际的代码却令人难以理解，如下所示。

```
return node.isLoadable() ? mem(addr, node.type()) : addr;
```

上述代码其实是在对数组和函数类型的表达式进行特别处理。数组的表达式和函数类型的

表达式即使没有写 &，在处理时也必须认为自动添加了 &。例如 printf 指的是 printf 函数的地址，而并非变量 printf 的内容，即和 &printf 是等价的。同样，数组类型的变量 ary 的含义是 &ary[0]。

为了实现上述功能，cbc 中只有在数组和函数类型的表达式的情况下始终生成左值，即便代码写的是 printf，也会生成和 &printf 同样的代码。

说明一下代码。node.isLoadable() 在 node 对应的表达式的类型既非数组也非函数时返回 true。这时返回 mem(addr, node.type())。mem 是在中间代码 addr 中添加 Mem 节点的方法，具体的代码如代码清单 11.14 所示。

代码清单 11.14　mem 方法（compiler/IRGenerator.java）

```
private Mem mem(Expr expr, Type t) {
    return new Mem(asmType(t), expr);
}
```

另外，当 node 对应的表达式为数组或函数类型（即 isLoadable() 返回 false）时，就会直接返回 addr。这样对于数组类型的表达式和函数类型的表达式就生成左值了。

在中间代码以及之后的阶段，Cb 的类型信息就消失了，因此这部分处理必须在中间代码转换之前实施。

成员引用的表达式（ptr->memb）的转换

讲解了访问成员的表达式的转换之后，这次我们再来看一下通过 "->" 访问成员的表达式的转换。对应节点 PtrMemberNode 的转换代码如代码清单 11.15 所示。

代码清单 11.15　PtrMemberNode 的转换（compiler/IRGenerator.java）

```
public Expr visit(PtrMemberNode node) {
    Expr expr = transformExpr(node.expr());
    Expr offset = ptrdiff(node.offset());
    Expr addr = new Bin(ptr_t(), Op.ADD, expr, offset);
    return node.isLoadable() ? mem(addr, node.type()) : addr;
}
```

从代码上看，该代码和 MemberNode 的代码非常相似，差别只有一处：第 1 行从 addressOf(transformExpr(node.expr())) 变为了 transformExpr(node.expr())，即删除了 addressOf 的处理。

只要思考一下 "->" 运算符的含义，就能够理解为何有这样的差别。例如表达式 ptr->y 的含义是 "指针变量 ptr 的值所指向的结构体的成员 y"。这时 ptr 需要的值是变量 ptr 的内容，即右值，而非变量 ptr 的地址（左值）。因此，通过 transformExpr(node.expr()) 来计算 ptr 的值（右值）是正确的。

11.6　存在副作用的表达式的转换

本节我们将考虑赋值和 i++ 这样存在副作用的表达式的转换。

表达式的副作用

先从什么是副作用说起。

副作用（side effect）是指执行表达式时，表达式除返回值之外产生的影响。例如执行赋值表达式，除了返回值之外，内存中的值也发生了变化。这里"内存中的值也发生了变化"这样的影响就是副作用。

一般而言，赋值的主要目的就是改变内存中的值，因此将上述影响称为"副作用"可能让人觉得有些不可思议。其实，这里的术语"副作用"是指将程序的含义从形式上进行分类、分析，和"药的副作用"的用法是完全不同的。这一点请明确。

副作用的典型例子有赋值和文件的输入输出。在 C 语言（Cb）中，如下表达式是有副作用的。

- 赋值表达式（=、+=、-=、*=、……）
- 自增和自减（i++、++i、i--、--i）

因为函数中可能包含这些表达式，也可能执行输入输出，所以函数的调用也可能存在副作用。

对制作编译器来说，存在副作用的表达式是非常难对付的。

首先，有副作用的表达式的执行顺序不能随意更改。例如，如果倒过来先执行 printf 的函数调用，那么程序的结果就可能发生变化。在程序的优化过程中，替换表达式的执行顺序、提取共通的表达式等操作能起到很好的效果，而有副作用的表达式会对优化产生很大的限制。

另外，即便只有一个有副作用的表达式，也会对其他表达式的结果产生影响。例如，如果执行了修改临时变量的值的表达式，那么在此之后所有用到该临时变量的表达式的结果都会发生变化。因此存在副作用的表达式周围的表达式也不能随意更改顺序。

所以说副作用对编译器来说是一个非常棘手的问题。

有副作用的表达式的转换方针

下面来说一下 cbc 中是如何转换有副作用的表达式的。

cbc 的中间代码仅按照语句的执行顺序来表示副作用的发生顺序。也就是说，只要严格按照语句的顺序执行，就能够确保产生副作用的正确性，这一点是在生成中间代码时必须做到的。

存在副作用的 cbc 中间代码有两种：赋值所对应的 Assign 和函数调用所对应的 Call。

Assign 类是 Stmt 类的子类，因此可以单独成为语句。另外，因为在表达式之中不能有赋值，所以 Assign 是赋值操作中唯一会产生副作用的语句。

另一方面，执行函数调用的 Call 是 Expr 类的子类，可以使用 Call 的场所有着严格的限制。Call 只能用于如图 11.12 所示的场景。

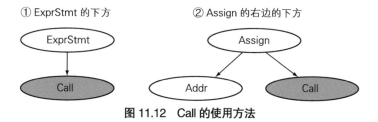

图 11.12　Call 的使用方法

至今为止我们所涉及的节点都只转换为单个 Expr，有副作用的表达式就并非这样。有副作用的表达式必须同时生成使副作用发生的 stmt 和返回值的 Expr。但 visit 方法只能返回一个 Expr，因此就需要处理剩余的 Stmt 的方法。cbc 中通过向 IRGenerator 类的 private 属性 stmts 设置 Stmt 对象来解决上述问题。

简单赋值表达式的转换（1）语句

接着让我们看一下具体的节点转换处理。先从最简单的赋值表达式的转换讲起。赋值表达式（x=y）对应的 AssignNode 的转换代码如代码清单 11.16 所示。

代码清单 11.16　AssignNode 的转换（compiler/IRGenerator.java）

```java
public Expr visit(AssignNode node) {
    Location lloc = node.lhs().location();
    Location rloc = node.rhs().location();
    if (isStatement()) {
        // Evaluate RHS before LHS.
        Expr rhs = transformExpr(node.rhs());
        assign(lloc, transformExpr(node.lhs()), rhs);
        return null;
    }
    else {
        // lhs = rhs -> tmp = rhs, lhs = tmp, tmp
        DefinedVariable tmp = tmpVar(node.rhs().type());
        assign(rloc, ref(tmp), transformExpr(node.rhs()));
        assign(lloc, transformExpr(node.lhs()), ref(tmp));
        return ref(tmp);
    }
}
```

　　赋值表达式作为其他表达式的一部分使用时其返回值才有意义，作为单独的语句使用时表达式的返回值没有意义。因此一开始就用 isStatement 方法判断表达式是否为独立的语句，并根据判断结果分别生成最合适的中间代码。

　　首先来看 then 部分，即赋值表达式作为语句单独出现时的情况。这部分的代码如下所示。

```
Expr rhs = transformExpr(node.rhs());
assign(lloc, transformExpr(node.lhs()), rhs);
```

　　第 1 条语句调用 transformExpr 方法将赋值的右边（node.rhs()）转换为中间代码。同样，第 2 条语句在转换赋值的左边（node.lhs()）的同时用 assign 方法将 Assign 节点设置到 stmts 属性中。assign 方法的实现如下所示。

代码清单 11.17　assign 方法（compiler/IRGenerator.java）

```
private void assign(Location loc, Expr lhs, Expr rhs) {
    stmts.add(new Assign(loc, addressOf(lhs), rhs));
}
```

　　assign 方法的实现一看就能明白，但需要注意的是对于左边的中间代码这里调用了 addressOf 方法。如前所述，transformExpr 生成的是右值的中间代码，例如对于引用变量的表达式，返回的应该是表示变量的值的中间代码。所以这里要使用 addressOf 方法，将其转换为左值所对应的中间代码。

📓 临时变量的引入

　　接着来看一下赋值表达式出现在其他表达式之中的情况。相应的代码如下所示。

```
DefinedVariable tmp = tmpVar(node.rhs().type());
assign(rloc, ref(tmp), transformExpr(node.rhs()));
assign(lloc, transformExpr(node.lhs()), ref(tmp));
return ref(tmp);
```

　　这里出现了新方法 tmpVar。tmpVar 是生成新的临时变量的方法。tmpVar 生成的临时变量和转换中的表达式有相同的作用域，但名称不同于任何已有的变量。如果用 cbc 命令的 --dump-ir 选项来显示中间代码的话，会被表示为 @tmpNNN（NNN 为连续的 id）。

　　利用临时变量对原来的 Cb 语句进行变形，就能够将表达式的求值作用和副作用清晰地分开，生成容易分析（= 容易编译）的中间代码。

　　上述赋值表达式可以通过将右边的值赋给临时变量来分开赋值和返回表达式的值的作用。例如，试着考虑如下 Cb 语句。

```
int i;
f(i = g(7));
```

函数 f 和 g 都以 int 类型的值为参数，并返回 int 类型的值。上述 Cb 语句一边为变量 i 赋值，一边把变量作为参数传给函数 f。即使像下面这样改写上述语句，程序的结果也不会发生变化。

```
int i;
int tmp = g(7);
i = tmp;
f(tmp);
```

这就是从刚才的代码转换而来的。

另外，还要注意不能转换为下面这样的代码。

```
int i;
i = g(7);
f(i);
```

即使用 2 次左表达式 i 的方法。上述例子的左边只是简单的变量引用，因此无论执行几次，除了性能以外都不会有别的问题。但一般情况下，多次执行左边的话会产生问题。原因在于左表达式中可能包含有副作用的表达式。例如，试着考虑下面这样的语句。

```
f(*ptr++ = g(7));
```

上述语句执行 2 次左边的 *ptr++ 的话程序的结果会发生变化。但如果按照第 1 种方法进行转换，如下所示，程序的结果不变。

```
int tmp = g(7);
*ptr++ = tmp;
f(tmp);
```

简单赋值表达式的转换（2）表达式

既然已经理解了利用临时变量进行转换的相关内容，让我们回到赋值表达式的转换。再来看一下对应的代码。

```
DefinedVariable tmp = tmpVar(node.rhs().type());
assign(rloc, ref(tmp), transformExpr(node.rhs()));
assign(lloc, transformExpr(node.lhs()), ref(tmp));
return ref(tmp);
```

上述代码所做的是如下所示的转换，请在理解这一点的基础上再试着读代码。

```
cont(lhs = rhs) → tmp = rhs; lhs = tmp; cont(tmp)
```

这里出现了名为 cont 的函数调用，它的含义是"使用了赋值表达式的值的任意表达式"。当前的前提条件是在其他表达式中使用赋值表达式的值，因此姑且用函数调用作为"其他表达式"。

　　首先，在第 1 行中调用 `tmpVar` 方法生成临时变量。`tmpVar` 方法的参数为所生成的变量的类型。

　　接着，在第 2 行用 `transformExpr` 方法将右边转换为中间代码，并用 `assign` 方法将赋值语句设置到 `stmts` 属性中。`assign` 的第 2 个参数中的 `ref` 是返回引用变量的中间代码 `Var` 的方法。也就是说，在第 2 行生成将右边的值赋给临时变量的语句。

　　在第 3 行用 `transformExpr` 方法将左边转换为中间代码，并将临时变量的值赋给它。

　　最后，在第 4 行返回引用临时变量的表达式，这样转换就结束了。

续延

　　这里我们来讲一个小知识。先来看下面一行代码，这是刚才出现的赋值表达式的转换。

```
cont(lhs = rhs) → tmp = rhs; lhs = tmp; cont(tmp)
```

　　如前所述，`cont` 不仅限于函数调用，可以是任何使用赋值表达式的值的表达式。例如 `return`、`++`，甚至是 10 层嵌套的函数调用也没有问题。更抽象地说，`cont` 可以是任何操作，可以将其考虑为"赋值表达式之后执行的程序全体"。

　　举例来说明。假设 `main` 调用函数 `a`，函数 `a` 调用函数 `b`，函数 `b` 调用函数 `c`，`c` 中执行语句 `return (lhs = rhs);`。赋值表达式执行之后，从函数 `c` 返回 `rhs` 的值，再执行函数 `b` 剩余部分，然后执行函数 `a` 剩余部分，然后执行 `main` 函数剩余部分，程序结束。任何表达式都可以理解为是按照"在此之后执行~，之后再执行~"这样的上下文（context）来执行的。

　　这样的上下文称为**续延**（continuation）。在刚才的表达式中，`cont` 就是续延的略称。

后置自增的转换

　　让我们再来看一个有副作用的表达式转换的例子，即后置自增（`expr++`）的转换代码。后置自增所对应的 `SuffixOpNode` 的转换代码如代码清单 11.18 所示。

代码清单 11.18　SuffixOpNode 的转换（compiler/IRGenerator.java）

```java
public Expr visit(SuffixOpNode node) {
    Expr expr = transformExpr(node.expr());
    Type t = node.expr().type();
    Op op = binOp(node.operator());
    Location loc = node.location();

    if (isStatement()) {
        // expr++; -> expr += 1;
        transformOpAssign(loc, op, t, expr, imm(t, 1));
        return null;
    }
```

```
        else if (expr.isVar()) {
            // cont(expr++) -> v = expr; expr = v + 1; cont(v)
            DefinedVariable v = tmpVar(t);
            assign(loc, ref(v), expr);
            assign(loc, expr, bin(op, t, ref(v), imm(t, 1)));
            return ref(v);
        }
        else {
            // cont(expr++) -> a = &expr; v = *a; *a = *a + 1; cont(v)
            DefinedVariable a = tmpVar(pointerTo(t));
            DefinedVariable v = tmpVar(t);
            assign(loc, ref(a), addressOf(expr));
            assign(loc, ref(v), mem(a));
            assign(loc, mem(a), bin(op, t, mem(a), imm(t, 1)));
            return ref(v);
        }
    }
```

SuffixOpNode 的转换代码和我们已经介绍过的代码相比长了不少。因为根据表达式的形式分成了 3 种模式进行转换，所以看上去比较长，实际上没什么好怕的。此方法的概要如下所示。

```
public Expr visit(SuffixOpNode node) {
    共通的处理 ;
    if ( 单独的语句的情况下 ) {
        将 i++ 视作 i += 1 进行转换 ;
    }
    else if ( 左边是单纯的变量引用的情况下 ) {
        cont(expr++) → v = expr; expr = v + 1; cont(v)
    }
    else {
        cont(expr++) → a = &expr; v = *a; *a = *a + 1; cont(v)
    }
}
```

其中，第 2 部分是性能优化的处理，因此我们只来读一下最通用的第 3 部分。摘录函数开头的共通部分和第 3 部分，如下所示。

```
Expr expr = transformExpr(node.expr());
Type t = node.expr().type();
Op op = binOp(node.operator());
Location loc = node.location();

DefinedVariable a = tmpVar(pointerTo(t));
DefinedVariable v = tmpVar(t);
assign(loc, ref(a), addressOf(expr));
assign(loc, ref(v), mem(a));
assign(loc, mem(a), bin(op, t, mem(a), imm(t, 1)));
return ref(v);
```

一开始的 4 行仅仅是为了使代码更整洁而进行的定义。即便不使用这些变量，重复地写相同的表达式，程序的含义也不会发生变化。

空行之后就是转换的本体。首先定义了 2 个临时变量：a 是存放左边的地址的变量，v 是存放右边的值的变量。

接着使用 3 次 assign 方法进行转换。

第 1 个 assign 方法用 transformExpr 方法将 expr++ 中的 expr 部分转换为中间代码，并将它的地址赋值给临时变量 a。

第 2 个 assign 方法将指针 a 所指向的值赋给临时变量 v。

第 3 个 assign 方法对指针 a 所指向的值实施自增或自减。这里出现的 bin 是生成 Bin 节点的方法。

如果 node.expr() 的表达式的类型为指针的话，bin 方法就需要为右值乘上指针所指向类型的 size。例如转换 ptr++ 这样的表达式，并且变量 ptr 的类型为 int*，那么就需要加上 1*sizeof(int)。

这样后置自增表达式的转换就结束了。虽然有副作用的表达式的转换是一个比较棘手的问题，但通过引入临时变量，生成中间代码就容易处理得多了。为了便于之后的优化操作以及代码生成，在中间代码转换阶段进行这些处理是非常重要的。

第 **3** 部分

汇编代码

第 **12** 章

x86 架构的概要

本章将介绍 x86 系列 CPU 的历史以及架构。

12.1　计算机的系统结构

本章之前的内容讲解了 Cb 的语法和语义分析。之后只要根据分析的结果生成机器语言，就能将 Cb 的程序编译成机器语言了。为了将程序正确地转换为机器语言，首先必须要理解机器语言。

机器语言是直接操作计算机硬件的语言，因此如果不懂硬件的相关知识，就无法理解机器语言。用 Java 来打比方，就相当于如果不知道对象的性质就无法理解 Java。不理解语言所操作的对象，只知道语言本身，这是不可能的。

因此本节先对计算机系统的基本架构进行讲解。

CPU 和存储器

从物理角度来看，计算机的中心是**总线**（bus）。总线是传送数据的通信干线，它连接了计算机中的各个设备（device），使通信成为可能。

总线所连接的设备中最重要的是 **CPU**（Central Processing Unit）和**存储器**（memory）。CPU 是实际负责运算的设备，而存储器是存储二进制数据（字节）的设备。无论什么样的计算机都一定会有这两个设备，如图 12.1 所示。

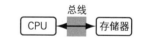

图 12.1　简化的计算机系统架构

计算机开机后 CPU 就开始运行，根据存储器中存储的代码来改变存储器的内容。简单来说，计算机的体系架构就是仅此而已。虽然看似简单，但计算机却可以处理文本、图像、声音等各种数据，提供实用的功能，这就是计算机的厉害之处。

寄存器

CPU 的内部设有名称为**寄存器**（register）的容量非常小的存储器。寄存器的大小有 32 位（bit）或 64 位，在 CPU 进行计算时，寄存器被用于临时存放数据。通常，CPU 先将数据从存储器读入寄存器，然后以寄存器为对象进行计算，再将计算结果写回存储器。将数据从存储器读入寄存器的操作称为**加载**（load），将数据从寄存器写回存储器的操作称为**写回**（store）。请结合图 12.2 来把握这些概念。

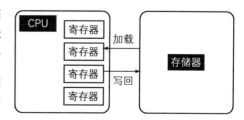

图 12.2　寄存器

地址

无论是从存储器（到寄存器）读取数据还是写入数据，都需要指定从存储器的哪里开始读或写。现代计算机中使用称为**地址**（address）的编号来访问存储器。

地址是为存储器的各字节分配的编号。存储器的起始（第 1 个字节）地址为 0，第 2 个字节的地址为 1，第 3 个字节的地址为 2……以此类推。通过指定这个编号，就能够对存储器进行读写（图 12.3）。

请记住地址 0 也可以称为 "0 号地址" 或 "0 地址"。

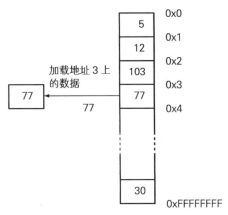

图 12.3　使用地址访问存储器

物理地址和虚拟地址

至此我们所讲的都是硬件层面的话题。和 OS 相关的话题会变得稍微复杂一些。

在现代 OS 中，多个程序（进程）同时运行，即物理层面上单一的存储器必须被多个进程共同使用。

这时如果根据进程来区分可用的地址，那么程序的编写就会变得非常麻烦。因为这样程序的整体就无法使用绝对地址，无法使用绝对地址就不得不逐一根据相对位置来计算地址，非常麻烦，并且速度低下。

在可以同时运行多道进程的现代计算机中，在 CPU 和 OS 的协作下，所有的进程看上去都可以使用从 0 地址开始的独立的存储器地址。也就是说，虽然从 0 地址开始的存储器实际上只有一个，但各个进程看上去可以独占这片存储器（图 12.4）。

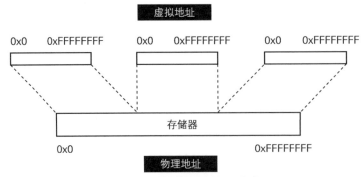

图 12.4　物理地址和虚拟地址

此时进程所使用的地址称为**虚拟地址**（virtual address）。而物理存储器的实际的地址称为**物理地址**（physical address）。另外，虚拟地址的整体范围称为程序的**地址空间**（address space）。

具体来说，这种使进程看上去独占存储器的机制是下面这样的。首先，将物理存储器分割为大小为 4 KB 或 8 KB 的单位，这样的单位称为页（page）。接着，当进程需要内存时，OS 会将新的页分配给进程，并将此页的虚拟地址和物理地址的对应关系记录到 OS 管理的"地址转换表"中。之后就是 CPU 的工作了。进程使用虚拟地址访问存储器时，CPU 内部称为 MMU（Memory Management Unit）的设备会访问地址转换表进行地址转换（图 12.5）。

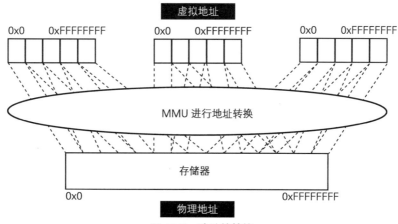

图 12.5　地址的转换

C 语言的指针就是保存虚拟地址的数据类型。例如将整数 15000 强制转换为 `char*` 类型并访问，就能够得到该进程的地址空间中 15000 地址上的值。

各类设备

实际上，计算机中除 CPU 和存储器之外还有很多其他的设备。例如硬盘、DVD-ROM、显示器、连接显示器用的显卡、网络通信用的网卡等。

和 CPU 以及存储器一样，这些设备都是通过总线连接的，如图 12.6 所示。

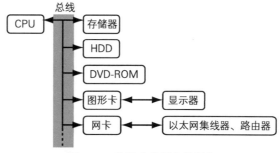

图 12.6　连接在总线上的设备

CPU 通过总线传输信号来控制其他设备，比如可以向磁盘读取或写入数据，也可以向图形卡发送图像数据并在显示器上显示。

　　在图 12.6 中，存储器和其他设备并排连接在一条总线上。这方面的结构根据计算机的种类和年代的不同，有很大的区别。例如，现代计算机的典型架构如图 12.7 所示。

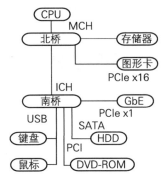

图 12.7　当前典型的基于 Intel CPU 的计算机架构

　　可能只有编写 OS 的人员才需要理解连接设备的总线的形状差异。在本书的范围内，只要理解设备是通过某种形式的总线相连接，并通过总线收发命令和数据就足够了。

缓存

　　和其他设备相比，CPU 的运行速度提升得很快，现代的 CPU 和其他设备之间已经有着数十倍至数万倍的速度差。尽管如此，CPU 还是要和其他设备进行协作，在和其他设备进行交互时，CPU 不得不等待其他设备处理结束。也就是说，有时可能 CPU 完全游刃有余，但却被其他设备拖了后腿，导致速度变慢。

　　在这为数众多的设备中，存储器特别容易因为和 CPU 的时钟频率差而产生问题。正如本章开头所讲的那样，CPU 和存储器是计算机中的核心设备。无论 CPU 有多快，如果存储器的速度跟不上的话，计算机整体的速度就无法提升。

　　为了克服存储器速度缓慢的问题，人们进行了各种各样的尝试，其中的一个方法就是 "存储器的层次化"。

　　其实存储器也分不同的种类，有高速的也有低速的，覆盖范围很广。如果所有的存储器都采用高速存储器的话就不会有任何问题，但高速存储器价格昂贵。现在的计算机一般都有 1 GB 到 2 GB 的内存，如果这 1 GB 都采用高速存储器的话，计算机的售价将远远超过当前价格。

　　因此就出现了**缓存**（cache memory）的机制（图 12.8）。首先，提供大量低速且廉价的存储器。这是基本的存储器，称为 "主存储器"。另一方面，配备少许高速且高价的存储器，这就是 "缓存"。通常从主存储器获取数据，获取 1 次数据后就将该数据存放到缓存中（进行缓存）。这样再次访问相同的数据时就只需访问高速缓存即可，因此 CPU 就能够持续地高速运行。

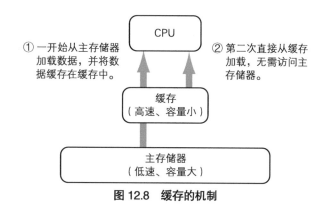

图 12.8　缓存的机制

① 一开始从主存储器加载数据，并将数据缓存在缓存中。

② 第二次直接从缓存加载，无需访问主存储器。

　　当然缓存的容量比主存储器小得多，所以无法将所有加载的数据都放置在缓存中。当缓存写满后就必须选取适当的数据丢弃，写入新的数据。

　　这样的缓存机制在大多数程序上都能起到很好的作用。因为大多数程序都有短时间内集中访问存储器的特定区域这样的特性。也就是说，访问过一次的数据，随即被再次使用的可能性很高。因此即便高速存储器的容量小，但是只要有缓存，就能够大大提升计算机的整体速度。

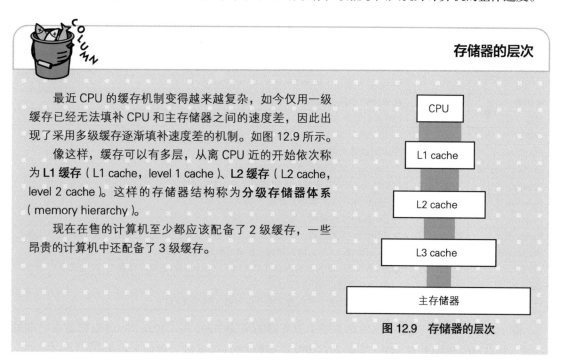

存储器的层次

　　最近 CPU 的缓存机制变得越来越复杂，如今仅用一级缓存已经无法填补 CPU 和主存储器之间的速度差，因此出现了采用多级缓存逐渐填补速度差的机制。如图 12.9 所示。

　　像这样，缓存可以有多层，从离 CPU 近的开始依次称为 **L1 缓存**（L1 cache，level 1 cache）、**L2 缓存**（L2 cache，level 2 cache）。这样的存储器结构称为**分级存储器体系**（memory hierarchy）。

　　现在在售的计算机至少都应该配备了 2 级缓存，一些昂贵的计算机中还配备了 3 级缓存。

图 12.9　存储器的层次

12.2 x86 系列 CPU 的历史

本节将简单介绍现代计算机普遍使用的 x86 系列 CPU 的历史。

x86 系列 CPU

现代计算机所使用的 CPU 大致都是 x86 系列 CPU（x86 CPU）的同类。Pentium（包括 II、iii、4、D）、Celeron、Core、Xeon、Athlon、Phenom、Opteron，这些都属于 x86 系列 CPU。

x86 系列 CPU 的原型是 Intel 公司于 1978 年推出的型号为 8086 的 CPU。"x86"中的"86"即 8086 中的 86。从 8086 到 Intel 最近推出的 Core i7 为止，出现了很多 x86 系列 CPU。表 12.1 中列举了 Intel 主要的 CPU。

表 12.1　x86 系列 CPU

CPU 名	发布时间	特征
8086	1978	Intel 首款 16 位 CPU
80186	1982	在 8086 的基础上增加了外围的 IC 电路的 CPU
80286	1982	在 80186 的基础上增加了系统保护功能的 CPU
386	1985	x86 系列首款 32 位 CPU
486	1989	32 位 CPU。从 486DX 开始增加了浮点数运算单元
Pentium	1993	较 486 速度大幅提升
MMX Pentium	1997	在 Pentium 的基础上增加了 MMX 指令
Pentium Pro	1995	内部结构向 RISC 靠拢，大幅提升了 32 位指令速度
Pentium II	1997	在 Pentium Pro 的基础上增加了 MMX 指令
Pentium iii	1999	在 Pentium II 的基础上增加了 SSE 指令
Pentium 4	2000	在 Pentium iii 的基础上增加了 SSE2 指令和 SSE3 指令。后期还出现了 64 位的 CPU
Pentium M	2003	继承了 Pentium iii 的内部架构的移动 CPU。32 位 CPU
Core	2006	沿用 Pentium M 的架构的双核 CPU（但 Core Solo 还是单核的）。32 位 CPU
Core 2	2006	Core 的增强版。64 位 CPU
Core i7	2008	Core 2 的增强版，并内置了内存控制器。64 位 CPU

除上述 CPU 之外，Intel 还发布了用于服务器的名为 Xeon 的 CPU。Xeon 根据发布时期的不同，其自身的架构也不一样，一般是在当时桌面版 CPU 的基础上增加了对多 CPU 的支持等。

32 位 CPU

在这么多的 CPU 之中，特别具有里程碑意义的要数 386 和 Pentium4 了。386 是 x86 系列的第一款 32 位 CPU，后期的 Pentium 4 是 Intel 的 x86 系列第一款 64 位 CPU。实际上"×× 位 CPU"的定义比较模糊，但至少要满足下面这 2 个条件才能真正地被称为"n 位 CPU"。

1. 具备 n 位宽的通用寄存器
2. 具备 n 位以上的地址空间

"通用寄存器"是寄存器中用于整数运算等的通用的寄存器。32 位 CPU 的通用寄存器的大小为 32 位，64 位 CPU 的话为 64 位。

关于另一个条件中的"地址空间"本章已经讲解过了。地址空间是指进程虚拟地址的全体范围。更直白一些的话，可以说成是 C 语言的指针可以访问地址的范围。

最近的 CPU 中，通用寄存器的大小就是指针的大小，指针能够指向的范围也和地址空间相一致。即"32 位 CPU"的通用寄存器的大小为 32 位，和指针的大小相同，地址空间为无符号 32 位整数能够指向的范围。同样地，"64 位 CPU"的通用寄存器的大小也是 64 位，和指针大小相同，地址空间为无符号 64 位整数能够指向的范围。

不过严谨地讲，x86 系列 CPU 只要使用 **PAE**（Physical Address Extension）这样的机制，32 位的 CPU 也可以操作 36 位范围的地址空间。但这终究只是应用于 OS 的机制，一般进程中可操作的地址空间仍旧是 32 位数值的范围。本书原则上不涉及 OS 内部的机制，因此还是将 32 位 CPU 的地址空间当作 32 位整数的范围来考虑。

指令集

如前所述，仅 32 位的 CPU 来说，Intel 就有很多不同种类的产品。在这多种多样的 CPU 之间，速度以及内部的架构都有很大的区别。例如最初的 32 位 CPU 386 和最新的 Core 2 相比较，时钟频率上有着 100 倍左右的差距，缓存的容量以及层次也截然不同。386 原本就没有缓存。

尽管有着这样的差异，一般 386 和 Core 2 都可以统称为"x86 系列 CPU"。这是因为 386 和 Core 2 能够执行相同的机器语言的指令。如果是只使用 386 的指令编写的程序，那么在 386、486、Pentium、Core 2 上都同样能够执行。像这样不同的 CPU 都能够解释的机器语言的体系称为**指令集架构**（ISA，Instruction Set Architecture），也可以简称为**指令集**（instruction set）。

拿编程语言来说，指令集架构就像语言的规范。即便是不同公司提供的编译器，只要是根据同样的语言规范实现的，那么相同代码的运行结果就应该是相同的。例如无论是 Sun 的 Java VM 还是 IBM 的 Java VM，`if` 语句的执行动作都是相同的。尽管如此，各个生产商的编译器的内部结构可能完全不同。

指令集架构也和语言的规范一样。相同指令集架构的 CPU，无论速度或实现有着怎样的差异，相同的程序都能够同样地执行。

Intel 将 x86 系列 CPU 之中的 32 位 CPU 的指令集架构称为 IA-32。IA 是 "Intel Architecture" 的简称。

IA-32 的变迁

刚才提到了 "如果是只使用 386 的指令编写的程序，那么无论在什么 CPU 上都同样能够执行"。请注意这里说的并非 "使用 IA-32 的指令编写的……" 而是 "只使用 386 的指令编写的……" 实际上，即便是同属于 IA-32 的 CPU，越是后期推出的 CPU，所支持的指令也越多。因此针对老款 CPU 编写的程序能够在新的 CPU 上运行，但反过来就未必可以了。

IA-32 中包含的指令增加得非常厉害，几乎所有的产品升级都会添加新的指令。下面就介绍一些其中特别重要的指令。

首先，486 中增加了非常重要的指令。从 486 的 486DX 型号开始加入了**浮点数运算单元**（FPU，Floating Point number Processing Unit），支持浮点数运算。486DX 所支持的浮点数运算指令称为 **x87 FPU 指令**（x87 FPU instructions）。

386 也能够支持浮点数运算，但必须另外配备名为 387 的 FPU。也就是说，配备有 387 的机器和没有配备 387 的机器可用的指令是不一样的。为此，至今 Linux 内核中还留有是否支持没有 FPU 的 386 的编译选项。

所添加的其他重要的指令还有 MMX 和 SSE（Streaming SIMD Extensions）。两者都是为了并行处理多条数据的扩展指令。例如，用通常的 IA-32 指令进行加法运算时，一次只能执行一回加法运算。但使用 MMX 或 SSE 的加法指令就能同时执行多个运算。也就是说，在 a 和 b 相加的同时，还能计算 c 和 d 的相加。由此可见，只要用好 MMX 或 SSE，运算速度就应该能达到原来的 2 倍以上。MMX 主要用于整数的并行处理，SSE 主要用于浮点数的并行处理。

顺便提一下，当时 MMX 是 multimedia extension 的简称。但最近多媒体（multimedia）这个词显得有些过时了，Intel 也声称 MMX 并非任何词的简称。

IA-32 的 64 位扩展——AMD64

x86 系列 CPU 原本是由 Intel 设计并生产的，但现在除 Intel 以外，也有数家公司生产兼容 IA-32 的 CPU，其中特别重要的兼容 CPU 生产商就是 **AMD**。

之所以说 AMD 重要，是因为 AMD 先于 Intel 提出了 x86 系列的 64 位扩展，并推出了相应的产品。由 AMD 设计的 x86 系列的 64 位指令集架构称为 **AMD64**。AMD 推出的 Athlon64、Phenom、Opteron 这几款 CPU 都是基于 AMD64 的指令集架构。

被 AMD 后来居上的 Intel 在一番争论之后，在自己的 CPU 中加入了和 AMD64 几乎相同的名为 **Intel 64** 的指令集。Pentium 4 后期的版本和 Core 2 的后续产品，以及最近的 Xeon 都是基于 Intel 64 指令集架构的。

　　要统称 AMD64 和 Intel 64 时，也可使用独立于公司名字的用语 **x86-64**。另外，Windows 中将 AMD64 对应的架构称为 **x64**。

　　像这样，x86 系列 CPU 的 64 位扩展的名字有多种，实在容易混淆。本书中为了向先提出 x86 的 64 位扩展方案的 AMD 致敬，将其统称为 AMD64。原本 cbc 就是 IA-32 用的编译器，所以今后 AMD64 也几乎不会出现。

　　更容易混淆的还有 Intel 和 HP 一起开发的名为 **IA-64** 的指令集架构。IA-64 虽然名字和 IA-32 相似，其实和 IA-32 架构完全不兼容。Intel 推出的 **Itanium** 处理器是基于 IA-64 架构的，Core 2 和 Xeon 都不是 IA-64 架构。

12.3　IA-32 的概要

本节我们来了解一下 IA-32 的概要。

IA-32 的寄存器

IA-32 的 CPU 中有很多寄存器，但程序实际可使用的寄存器有着一定的限制。IA-32 中主要的一些寄存器如图 12.10 所示。

通用寄存器（32 位 ×8）

eax	esi
ebx	edi
ecx	esp
edx	ebp

标志寄存器
（32 位 ×1）

eflags

指令指针
（32 位 ×1）

eip

MMX 寄存器（64 位 ×8）

mm0
mm1
mm2
mm3
mm4
mm5
mm6
mm7

浮点数寄存器
（80 位 ×8）

st0
st1
st2
st3
st4
st5
st6
st7

SSE 寄存器
（128 位 ×8、32 位 ×1）

xmm0
xmm1
xmm2
xmm3
xmm4
xmm5
xmm6
xmm7

mxcsr

图 12.10　IA-32 的主要寄存器

让我们按顺序来看一下。

通用寄存器（generic register）是编程时使用频率最高的寄存器。宽度为 32 位的通用寄存器有 eax、ebx、ecx、edx、esi、edi、esp、ebp 共 8 个，用于整数运算和指针处理。

指令指针（instruction pointer）是存放下一条要执行的代码的地址的寄存器，用于代码的读取和控制。IA-32 的指令指针的宽度为 32 位，称为 eip。

标志寄存器（flag register）是用于保存 CPU 的运行模式以及表示运算状态等的标志的寄存器。IA-32 的标志寄存器为 32 位宽，称为 eflags。

浮点数寄存器（floating point number register），顾名思义，是存放浮点数的寄存器，用于浮点数的运算。IA-32 中从 st0 到 st7，有 8 个宽度为 80 位的浮点数寄存器。

MMX 寄存器（MMX register）是 MMX 指令用的寄存器。MMX Pentium 以及 Pentium II 之后的 CPU 中有从 mm0 到 mm7 共 8 个 64 位的寄存器。但实际上 MMX 寄存器和浮点数寄存器是共用的，即无法同时使用浮点数寄存器和 MMX 寄存器。

最后，**XMM 寄存器**（XMM register）是 SSE 指令用的寄存器。Pentium iii 以及之后的 CPU 中提供了 xmm0 到 xmm7 共 8 个 128 位宽的 XMM 寄存器。XMM 寄存器和 MMX 寄存器不同，是独立的寄存器，不和浮点数寄存器共用。另外，**mxcsr 寄存器**（mxcsr register）是表示 SSE 指令的运算状态的寄存器。

除上述这些寄存器之外，还有写 OS 内核时使用的**系统寄存器**（system register）、debug 时使用的 **debug 寄存器**（debug register）以及 32 位环境下用不到的**段寄存器**（segment register）。详细内容请参考 IA-32 相关的参考手册。

接着我们详细了解一下通用寄存器和指令指针的作用。

通用寄存器

通用寄存器（generic register）是编程时使用频率最高的寄存器，用于整数运算和指针处理。表 12.2 中列举了 IA-32 的通用寄存器。

表 12.2　IA-32 的通用寄存器

寄存器名	名称的由来
eax	accumulator
ebx	base register
ecx	count register
edx	data register
esi	source index
edi	destination index
ebp	base pointer
esp	stack pointer

虽说是通用寄存器，但实际上 ebp 寄存器和 esp 寄存器的
作用基本上是固定的。这两个寄存器分别称为 frame pointer
和 stack pointer，用于操作**机器栈**（machine stack）。机器栈
的相关内容将稍后讲解。

　　ebp 寄存器和 esp 寄存器之外的 6 个寄存器原则上可以
随意使用。通常用这 6 个寄存器进行整数运算、计算地址
以及访问内存。

　　另外，通用寄存器的宽度都为 32 位，也可以将它的
一部分当作 16 位或 8 位的寄存器来使用。可以将此视作
C 语言中联合体的机制。例如，可以将 eax 寄存器的低 16
位当作 16 位宽的寄存器 ax 来访问。进一步说，还可以将
ax 寄存器的高 8 位作为 ah 寄存器，低 8 位作为 al 寄存器
来使用。

　　我们将这样的通用寄存器的别名总结在图 12.11 中。

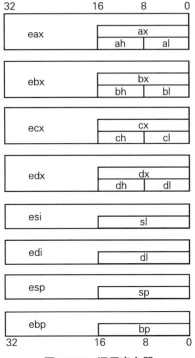

图 12.11　通用寄存器

机器栈

　　这里讲一下机器栈的相关内容。

　　作为数据结构的栈（stack）想必大家都知道。栈是一种先进后出的数据结构。IA-32 中各进
程地址空间的一部分被作为栈使用，主要用于保存函数的临时变量和参数。这个特殊的栈通常
也只是被称为"栈"，为了避免混淆，本书中决定将其称为机器栈。

　　机器栈的位置因 OS 而异。在 IA-32 的 Linux 平台上，机器栈位于各进程的地址空间中靠
近 3 GB 之处，向 0 地址方向延伸。即机器栈是从靠后的地址向前进行延伸。图 12.12 中描绘了
IA-32 的机器栈，请结合图片把握大致的印象。

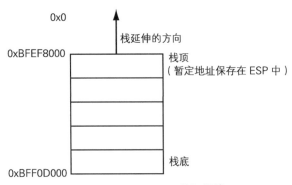

图 12.12　Linux/IA-32 的机器栈

IA-32 中用**栈指针**（stack pointer）来表示机器栈。栈指针（esp 寄存器）是存放机器栈栈顶地址的寄存器。换言之就是通过将机器栈的栈顶地址存放在 esp 寄存器中并不断延伸，由此来表现机器栈。

机器栈的操作

假设我们要向机器栈压 4 字节的整数 17。将 esp 寄存器减 4 来延伸机器栈，然后将整数保存到 esp 寄存器所指向的地址中（图 12.13）。

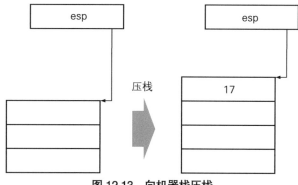

图 12.13　向机器栈压栈

从机器栈将数据弹出栈时执行压栈的逆向操作。也就是说，加载 esp 寄存器所指向的地址上的数据之后，增加 esp 寄存器的值（缩减机器栈）。

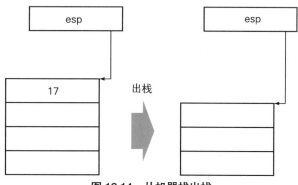

图 12.14　从机器栈出栈

请注意 AI-32 的机器栈是向 0 地址延伸的，因此增加 esp 寄存器的值相当于"缩减机器栈"。相反，如果要延伸机器栈，则需要减少 esp。

机器栈的用途

说起机器栈的用途，可以想到的有"运算过程中作为存放临时数据的场所使用"等。

由于实际上 esp 和 ebp 的用途是固定的，IA-32 中通用寄存器的数量并非 8 个，通常整数运算等可用的寄存器数量为 6 个或者更少，因此必须同时保存超过 6 个的数据才能进行运算，像下面这样的表达式就无法利用通用寄存器进行运算。

```
(((((a1 / b1) / (c1 / d1)) / ((e1 / f1) / (g1 / h1))) /
 (((i1 / j1) / (k1 / l1)) / ((m1 / n1) / (o1 / p1)))) /
 ((((a2 / b2) / (c2 / d2)) / ((e2 / f2) / (g2 / h2))) /
 (((i2 / j2) / (k2 / l2)) / ((m2 / n2) / (o2 / p2))))) /
((((a3 / b3) / (c3 / d3)) / ((e3 / f3) / (g3 / h3))) /
 (((i3 / j3) / (k3 / l3)) / ((m3 / n3) / (o3 / p3)))) /
 ((((a4 / b4) / (c4 / d4)) / ((e4 / f4) / (g4 / h4))) /
 (((i4 / j4) / (k4 / l4)) / ((m4 / n4) / (o4 / p4)))))
```

几乎不会有人故意写如此冗长的表达式，但其他表达式使用的临时变量也会占用寄存器，这样原本可用的寄存器的数量就会减少，因此即便是很简单的表达式，也可能发生寄存器不够的情况。

这时就要使用机器栈。将计算过程中的数据压到机器栈中就能够腾出空的寄存器，这样即使项再多的表达式也都能够计算。计算结束后，将中间数据出栈，恢复栈的原样即可。

顺便介绍下，IA-32 以外的架构，特别是被称为 RISC 类型的架构中，寄存器的数量要多得多，一般仅仅是通用寄存器就有 32 个以上。例如名为 MIPS 架构的 CPU 就有 32 个通用寄存器。x86 系列的 AMD64 中通用寄存器的数量也已经增加到 16 个，因此寄存器的使用也变得更为方便。

栈帧

机器栈并不是连续的一整块。C 语言程序是通过连续的函数调用来执行的，因此机器栈也是根据每一个函数分开进行管理的。这时我们将管理 C 语言中单个函数数据的机器栈的领域称为**栈帧**（stack frame）。

例如，我们试着想一下从 main 函数调用函数 f，再从函数 f 调用函数 g 这样的程序。该程序在执行函数 g 时的机器栈如图 12.15 所示。

Linux/IA-32 中的**基址指针**（base pointer），即 ebp 寄存器，总是指向现在执行中的函数的栈帧的底部。栈帧的顶部和机器栈的顶部是相同的，因此 esp 指向的是栈帧的顶部。由这 2 个寄存器构成了机器栈和栈帧。

其他架构中一般将具有和基址指针相同功能的指针

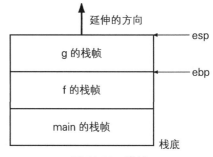

图 12.15　栈帧

称为**帧指针**（frame pointer）。因此 gcc 的帮助以及选项中经常可以见到 frame pointer 这个名字。

1 个栈帧中保存着如下这些信息。

- 临时变量
- 源函数执行中的代码地址（返回地址）
- 函数的参数

在每个栈帧上存储上述信息的具体步骤是由函数的**调用约定**（calling convention）决定的。各个 CPU 架构、操作系统的函数调用约定各不相同。

IA-32 中的函数调用约定粗略地说有 cdecl、stdcall、fastcall 这 3 种。Linux/IA-32 中所使用的调用约定是 cdecl。这些调用约定将在第 14 章详细说明。

指令指针

接着让我们回到原来的话题，来了解一下指令指针（eip 寄存器）的相关内容。

指令指针（instruction pointer）是存放接下来要执行的代码的地址的寄存器。CPU 从该寄存器所指向的地址读取下一条指令并执行，与此同时将指令指针推进到下一条指令（图 12.16）。CPU 就是通过不断重复这样的操作来执行程序的。

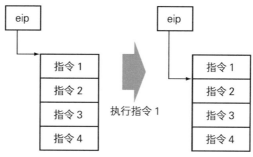

图 12.16 指令指针的机制

可以通过跳转指令来改变指令指针的值，借此就能够执行代码的其他部分。C 语言的 `if` 语句、`while` 语句以及 `goto` 语句都是利用跳转指令来实现的。

根据架构的不同，有时也将指令指针称为**程序计数器**（program counter，pc）。gcc 的帮助中所使用的就是上述叫法，因此可以记一下。

标志寄存器

最后具体讲一下标志寄存器 eflags。eflags 是 32 位的寄存器，CPU 的运行模式以及运算相关的信息等都以 1 个 bit 的标志位的形式保存在 eflags 中。表 12.3 中列举了 eflags 中的标志。

表 12.3　eflags 寄存器中的标志

简称	种类	标志的正式名称
CF	status	carry flag
PF	status	parity flag
AF	status	auxiliary carry flag
ZF	status	zero flag
SF	status	sign flag
OF	status	overflow flag
DF	control	direction flag
TF	system	trap flag
IF	system	interrupt flag
IOPL	system	I/O privilege level
NT	system	nested task
RF	system	resume flag
VM	system	virtual 8086 mode
AC	system	alignment check
VIF	system	virtual interrupt flag
VIP	system	virtual interrupt pending
ID	system	ID flag

标志有以下 3 类。

1. 表示运算结果的**状态标志**（status flag）
2. 用于控制运算的**控制标志**（control flag）
3. 用于控制计算机整体运行的**系统标志**（system flag）

这些标志之中，一般的程序可用的只有状态标志和控制标志。系统标志在写 OS 的内核时会用到。用户模式下的进程不能修改系统标志，否则会因为没有访问权限而报错。本书中不会用到控制标志，因此实际用到的只有状态标志。

状态标志的具体含义如表 12.4 所示。

表 12.4　状态标志

简称	标志的正式名称	含义
CF	carry flag	运算结果中发生进位或借位
PF	parity flag	运算结果的奇偶标志位
AF	auxiliary carry flag	运算结果中低 4 位向高 4 位发生进位或借位
ZF	zero flag	比较结果为 0 的时候被置为 1
SF	sign flag	运算结果为负数时被置为 1
OF	overflow flag	运算结果越过了正 / 负的界限

这些标志位一般和跳转指令组合使用。跳转指令的相关内容将在第 13 章讲解。

12.4 数据的表现形式和格式

本节将对 IA-32 中使用的数据的表现形式以及在内存上的配置规则进行讲解。

无符号整数的表现形式

首先从无符号整数的表现形式开始说起。

无符号整数直接使用二进制的表现形式。例如十进制数 137 用二进制表示的话为 10001001，因此计算机内部用与二进制对应的位（bit）来表示。例如 32 位无符号整数的表现形式如图 12.17 所示。

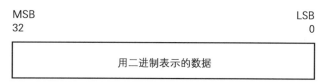

图 12.17　无符号整数的二进制表现形式

图中的 MSB 和 LSB 分别表示最高位和最低位。MSB（Most Significant Bit）指向最高位（最高位对应的 bit），LSB（Least Significant Bit）指向最低位（最低位对应的 bit）。

有符号整数的表现形式

接着讲一下有符号整数的表现形式。32 位有符号整数的表现形式如图 12.18 所示，请看图 12.18。

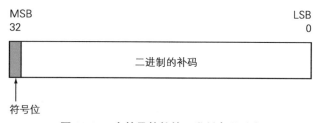

图 12.18　有符号整数的二进制表现形式

有符号整数的 MSB 用于表示符号，因此称为**符号位**（sign bit）。符号位为 0 表示正数，为 1 表示负数。

剩余的位，正数的情况下直接存放二进制形式的数据，负数的情况下存放数据的绝对值的
二进制补码（2's complement）。

下面介绍一下二进制补码。

负整数的表现形式和二进制补码

二进制补码的计算步骤如下所示。

1. 用二进制来表示数据
2. 按位取反
3. 加 1

例如，求数值 3 的 8 位二进制补码时，步骤如图 12.19 所示。

00000011　①用二进制表示数值 3

11111100　②按位取反

11111101　③加 1

图 12.19　3 的二进制补码

即 11111101 是数值 3 的二进制补码。现在大多数计算机中都用此方式来表现 −3。用二进制
补码表现负数的好处在于，在比较数据大小以及进行加减运算时可以将符号位和数值域统一
处理。

一些数值的二进制补码如表 12.5 所示。

表 12.5　一些数值的二进制补码（宽度都为 8 位）

十进制数值	二进制补码
1	11111111
2	11111110
3	11111101
4	11111100
5	11111011
6	11111010
7	11111001
8	11111000
16	11110000
32	11100000
64	11000000
128	10000000

请注意 11111101 是 3 的二进制补码，而并非 −3 的二进制补码。负数 n 的二进制表现形式

为 "n 的绝对值的二进制补码"。例如 −3 的二进制表现形式为 −3 的绝对值 3 的二进制补码。

字节序

32 位，即 4 个字节的数据，存储在内存上也会占用 4 个字节。此时至于先放置 MSB 所在的字节还是先放置 LSB 所在的字节，是由 CPU 的类型决定的。一般将先存放 MSB 所在字节的架构称为**大端**（big endian），将先存放 LSB 所在字节的架构称为**小端**（little endian）。

例如将长度为 4 的 char 类型的数组强行当作 1 个 int 类型的数据来读取，在写这样的代码时，使用大端的架构和使用小端的架构会得到不同的结果，如图 12.20 所示。

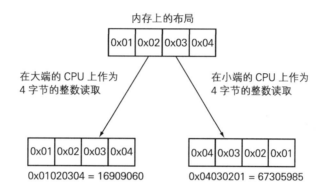

图 12.20　大端和小端

对于人类来说大端在意思上更自然。通过网络传输超过 2 个字节的数据时使用大端的方式被认为是比较标准的做法，因此大端也被称为**网络字节序**（network byte order）。

另一方面，在制作小端数字电路时使用小端的方式相对简单，因此小端的 CPU 占大多数。IA-32 也属于小端的架构。

另外，近期设计的 CPU 之中有些还可以在大端和小端之间切换，比如 PowerPC 和 ARM 等。

对齐

将数据存放在内存上时，对于存放数据的地址有对齐的限制。

对齐（alignment）是指将数据存放在内存上时，必须放置在特定数值的倍数的地址上。例如，"必须放置在 4 的倍数的地址上" 这样的限制就是 4 字节对齐限制。另外，"在 n 字节的倍数的地址上存放数据" 还可以表述为 "以 n 字节为边界排列"。

最近设计的 CPU 中有着所有的数据都必须放置在该数据大小的倍数的地址上这样的限制。也就是说，2 字节的数据必须放在 2 的倍数的地址上，4 字节的数据必须放置在 4 的倍数的地址上。换言之，2 字节的数据必须以 2 字节为边界排列，4 字节的数据必须以 4 字节为边界排列。

违反上述限制就会发生**总线错误**（bus error），导致程序异常终止。总线错误中的"总线"就是 12.1 节中介绍过的"总线"。

但是 IA-32 的 CPU 并非"最近设计的"，因此即便不对齐也只是影响速度而已。IA-32 中必须考虑对齐的情况仅限于之后会介绍的结构体和压栈的数据。

IA-32 中栈上的数据必须以 4 字节为边界排列。另外，某些 OS 中调用外部函数时的栈帧必须以 16 字节为边界排列，例如 Windows 和 Max OS X 就是这样的 OS 的例子。

结构体的表现形式

将结构体存放在内存上时，其成员的值在内存上由前向后依次排列。也就是说，下面这样的结构体 point 在内存上的布局如图 12.21 所示。

```
struct point {
    int x;
    int y;
};
```

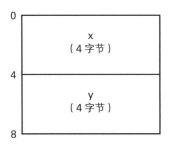

图 12.21　struct point 类型的数据的布局

另外，此时对于各成员有着和各成员的数据类型的大小一样的对齐限制。即 2 字节的数据必须以 2 字节为边界排列，4 字节的数据必须以 4 字节为边界排列。

这样一来，像下面这样大小不一的成员在排列时就可能形成间隙，如图 12.22 所示。这样的间隙称为**填充**（padding）。

```
struct s {
    char a;
    char b;
    int x;
};
```

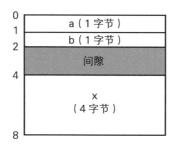

图 12.22 struct s 类型数据的布局

像这样，简单的 C 语言表述的背后有着各种各样复杂的限制和规则。代替程序员应对这样的限制也是编译器重要的职责之一。

第 **13** 章

x86 汇编器编程

本章将讲解使用 GNU 汇编器的汇编编程。

13.1　基于 GNU 汇编器的编程

本节将介绍 GNU 汇编器的使用方法。

GNU 汇编器

一般来说，UNIX 的 C 编译器将 C 语言代码转换为汇编语言代码，汇编语言再经过汇编器处理，得到目标文件（object file）。之所以用汇编语言作为转换中介，是因为机器语言难以阅读。机器语言由二进制数据组成，比起能以文本形式表述的汇编语言，可读性方面要差了很多。

cbc 沿用 UNIX 的做法，其编译器输出汇编语言的代码。汇编器选用 Linux 上广泛使用的 GNU as。GNU as 由 GNU 提供，包含在名为 binutils 的包下。gcc 所使用的汇编器也是 GNU as。

本章中先介绍 GNU as 的使用方法以及语法，接着对 IA-32 的运算命令进行讲解。

汇编语言的 Hello, World!

让我们先来看一下汇编语言是一门怎样的语言。在 gcc 命令后加上 -S 选项编译 C 语言程序，编译器就会在将 C 语言程序转换为汇编语言后结束处理。输出文件的文件名和原来相同，扩展名由 .c 变为了 .s。

输出 Hello,World! 的 C 语言程序 hello.c 经过命令 gcc -S -Os 处理后生成的汇编语言代码 hello.s 如代码清单 13.1 所示。其中选项 -Os 是对目标文件的大小进行优化的标志。

代码清单 13.1　hello.c 的编译结果（hello.s）

```
        .file   "hello.c"
        .section        .rodata.str1.1,"aMS",@progbits,1
.LC0:
        .string "Hello, World!"
        .text
.globl main
        .type   main, @function
main:
        leal    4(%esp), %ecx
        andl    $-16, %esp
        pushl   -4(%ecx)
        pushl   %ebp
        movl    %esp, %ebp
        pushl   %ecx
```

```
        subl    $16, %esp
        pushl   $.LC0
        call    puts
        movl    -4(%ebp), %ecx
        xorl    %eax, %eax
        leave
        leal    -4(%ecx), %esp
        ret
        .size   main, .-main
        .ident  "GCC: (GNU) 4.1.2 20061115 (prerelease) (Debian 4.1.1-21)"
        .section        .note.GNU-stack,"",@progbits
```

这样便得到了看起来和 C 语言或者 Java 相距甚远的汇编代码。汇编语言的确有其晦涩之处，很多地方都难以用三言两语解释清楚，所以刚接触时会觉得相当头疼。虽然如此，好在重要的代码并不多，所以不用害怕，让我们继续看下去。

📁 基于 GNU 汇编器的汇编代码

既然已经生成了汇编语言代码，让我们试着用汇编器来编译一下。运行如下 as 命令，对汇编代码 hello.s 进行编译。

```
$ as hello.s
```

处理正常结束后会生成目标文件。默认的输出文件名为 a.out。可以使用 file 命令来确认目标文件是否正确生成。

```
$ file a.out
a.out: ELF 32-bit LSB relocatable, Intel 80386, version 1 (SYSV), not stripped
```

因为显示了 ELF……relocatable，所以可以确定目标文件已经成功生成。

还可以通过 -o 选项指定输出的文件名。例如，希望编译 hello.s 并输出名为 hello.o 的目标文件时，如下使用 -o 选项即可。

```
$ as -o hello.o hello.s
$ file hello.o
hello.o: ELF 32-bit LSB relocatable, Intel 80386, version 1 (SYSV), not stripped
```

这样便正确生成 hello.o 文件了。

仅生成目标文件还不能作为程序运行。既然已经生成了目标文件，让我们试着进行链接，生成可以运行的程序。进行链接最简单的方法如下，将目标文件作为参数传递给 gcc 命令即可。

```
$ gcc hello.o -o hello
```

这样就能把 hello.o 和 C 语言的标准库进行链接，生成可以运行的文件 hello。最后让我们来试着运行下刚生成的 hello 命令。

```
$ ./hello
Hello, World!
```

如上所示，hello 命令能够正常运行了。

下一节我们将介绍汇编语言的语法。

MASM 和 GNU as 的差异

熟悉 Windows 或 MS-DOS 的汇编语言的人可能会不习惯 GNU as 的汇编语言。一般 Windows 使用的汇编语言是 MASM，虽然都是描述 x86 CPU 的机器语言，但 MASM 和 GNU as 的语法不尽相同。

MASM 和 GNU as 的语法差异主要有以下 5 处。

1. GNU as 的指令后有表示操作数长度的后缀（b、w、l、q）
2. GNU as 的 mov 指令的操作数顺序为 "源操作数、目的操作数"
3. GNU as 的寄存器名字前需要添加 % 符号
4. GNU as 的立即数前需要添加 $ 符号
5. 间接寻址的语法不同

例如，要在 eax 寄存器所指向的内存中存入整数 0 时，MASM 的代码如下所示。

```
mov [eax], 0
```

GNU as 的话代码则如下所示。

```
movl $0, (%eax)
```

MASM 的写法称为 Intel 汇编，GNU as 的写法称为 AT&T 汇编。因为原本 UNIX 中使用的汇编器就是基于 AT&T 汇编格式的，所以 GNU as 也使用了 AT&T 汇编。

读者一开始多少都会对两种汇编的差异感到困惑，但毕竟只是写法方面的差异，通过读一些示例代码，或者尝试自己写两行，就会逐渐习惯的。

13.2 GNU 汇编器的语法

本节将对 GNU 汇编器的语法进行介绍。

汇编版的 Hello, World!

下面让我们具体讲一下 GNU as 的语法。以 Hello,World! 为例，汇编版的 Hello,World! 程序如代码清单 13.2 所示。

代码清单 13.2　hello.c 的编译结果（hello.s）

```
        .file   "hello.c"
        .section       .rodata.str1.1,"aMS",@progbits,1
.LC0:
        .string "Hello, World!"
        .text
.globl main
        .type   main, @function
main:
        leal    4(%esp), %ecx
        andl    $-16, %esp
        pushl   -4(%ecx)
        pushl   %ebp
        movl    %esp, %ebp
        pushl   %ecx
        subl    $16, %esp
        pushl   $.LC0
        call    puts
        movl    -4(%ebp), %ecx
        xorl    %eax, %eax
        leave
        leal    -4(%ecx), %esp
        ret
        .size   main, .-main
        .ident  "GCC: (GNU) 4.1.2 20061115 (prerelease) (Debian 4.1.1-21)"
        .section       .note.GNU-stack,"",@progbits
```

GNU as 的代码由指令、汇编伪操作、标签和注释这 4 个要素组成。通常除注释外，每一个要素单独占用一行。

指令

让我们从指令开始说起。

指令（instruction）是直接由 CPU 负责处理的命令。以代码清单 13.2 的代码为例，行首缩进，并且不以点"."开始的行都是指令行。下面举几个指令的具体例子。

```
movl    %esp, %ebp
pushl   %ecx
subl    $16, %esp
```

例如，movl 是在寄存器或者内存之间传输数据的指令，pushl 是向栈压数据的指令，subl 是进行减法运算的指令。

指令由标识命令种类的**助记符**（mnemonic）和作为参数的**操作数**（operand）组成。以指令 movl %esp, %ebp 为例，movl 为助记符，%esp 和 %ebp 这 2 个是操作数。有多个操作数时以逗号来分割。

汇编伪操作

接着来说一下汇编伪操作。

以点"."开头，末尾没有冒号":"的行都是**汇编伪操作**（directive）行。例如 .file "hello.c"、.text、.globl main 都是汇编伪操作。下面再举一些汇编伪操作的例子。

```
        .string "Hello, World!"
        .text
 .globl main
        .type   main, @function
```

汇编伪操作是由汇编器，而非 CPU 负责处理的指令。一般用于在目标文件中记录元数据（meta data）或者设定指令的属性等。例如 .string 是用来定义字符串常量的汇编伪操作，.text 是提示代码段的汇编伪操作。

因为 .string、.text 和 .globl 行首的缩进不同，所以可能会被误认为是不同类型的语法关键字。这只是 gcc 输出代码的习惯而已，无论是否有行首缩进，都不会影响汇编伪操作的运行结果。

标签

再接着说一下**标签**（label）。

以冒号":"结尾的行都是标签行。例如 .LC0: 或 main:。使用标签的例子如下所示。

```
.LC0:
        .string "Hello, World!"
```

标签具有为汇编伪操作生成的数据或者指令命名（标上符号）的功能，这样就可以在文件的其他地方调用通过标签定义的符号。例如上述代码就是为 .string 汇编伪指令定义的字符串标上符号 .LC0。

汇编语言中可用于名字（符号）的字符范围比 C 语言广，字母、数字、"_"、"$" 以及 "." 都可以使用。因此如果只是在汇编器内部使用的符号的话，可以加上 "."，以避免和 C 语言中的变量重名。在某些情况下，C 语言中也可以把 $ 作为标识符使用。这种情况虽然比较少见，但仍需注意。例如，gcc 中指定 -fdollars-in-identifiers 选项就能使 $ 成为有效的标识符，但 Cb 中不能使用 $ 作为标识符。

另外，冒号只是语法上的需要，符号名称中并不包含冒号。例如 main: 标签的符号名为 main，而不是 main:。

注释

最后说一下**注释**（comment）。

GNU as 可以使用两种注释，即单行注释和块注释。行注释从 # 开始到行末，块注释和 C 语言一样，从 /* 开始，到 */ 结束。

行注释的例子如下所示。

```
mov $1, %eax    # 将 eax 寄存器置为 1
```

块注释的例子如下所示。

```
mov $0, %eax    /* 所有内存
                   所有寄存器
                   将所有指令的值置为 0
                   然后我也返回 0 */
ret
```

助记符后缀

从这里开始我们将详细地介绍一下指令的相关内容。

先来说一下指令的**助记符后缀**（mnemonic suffix）。刚才我们提到了 movl 和 subl 为助记符。更准确地说，mov 和 sub 为助记符，末尾的 l 是后缀。l 是 long 的缩写，表示作为操作对象的数据的大小。l 是表示数据的大小为 32 位的后缀。

类似这样的后缀有 b、w、l，分别表示操作 8 位、16 位和 32 位的数据。表 13.1 中对后缀进行了总结。

表 13.1　指令后缀

后缀	操作对象的大小
b	8 位
w	16 位
l	32 位

b 是 byte 的缩写，w 是 word 的缩写。

各种各样的操作数

指令的参数（操作数）有如下 4 种。

1. 立即数
2. 寄存器
3. 直接内存引用
4. 间接内存引用

下面依次来解释一下。

首先，**立即数**（immediate value）是 C 语言中的字面量。机器语言中，立即数以整数的形式出现，能够高速访问。像 $27 这样，立即数用 $ 来标识。如果忘记了 $，就会变成后面要讲的 "直接内存引用"，这一点请注意。立即数有 8 位、16 位和 32 位。

其次，寄存器当然也能作为操作数。GNU 汇编器规定寄存器必须以 % 开头，例如 eax 寄存器写作 %eax。

顺便提一下，GNU 汇编器不区分寄存器名字的大小写，因此也可以将 %eax 写成 %EAX。但大小写混杂在一起会使代码难以阅读，因此要统一成大写或小写。cbc 仿照 gcc 的做法统一成小写。

直接内存引用（direct memory reference）是直接访问固定内存地址的方式。GNU 汇编器会将任何立即数都解释成内存地址并访问。例如，若只写 0 的话，就会访问 0 地址。再次重申 0 并不代表立即数 0，而是意味着访问内存的 0 号地址。

比起立即数，更常用的是使用符号（symbol）直接访问内存。例如 .LC0 的意思是访问符号 .LC0 所指向的地址。符号在汇编和链接的过程中会被置换为立即数（内存地址），因此对于 CPU 来说，使用符号和直接编写立即数没有差别。将符号置换为立即数的过程将在第 19 章之后说明。

有直接访问就有间接访问。**间接内存引用**（indirect memory reference）是将寄存器的值解释为内存地址并访问的方式。间接内存引用还分不同的类型，下面详细介绍一下。

间接内存引用

间接内存引用中最复杂、最通用的就是下面这样的形式。disp、base、index、scale 中的任何一者都可以省略。

```
disp(base, index, scale)
```

上述指令访问 (base + index * scale) + disp 的地址。但是写成这样可能还是无法让人理解其含义，因此让我们从更为简单且常用的形式开始讲解。

首先，最简单的间接内存引用的形式如下所示。

```
(%eax)
```

即只指定基地址（base）的形式。上述表达式将 eax 寄存器中的数据作为内存地址来访问内存。如果将（C 语言的）变量 var 的地址赋给 %eax，那么 (%eax) 就是变量 var 的值。

接着，带有 disp 的形式如下所示。disp 是 displacement（偏移）的简称。

```
4(%eax)
```

上述形式的间接内存引用是在 %eax 寄存器的数据的基础上加上 disp 的 4，以此作为内存地址进行访问。在 C 语言中，这就相当于访问如下所示的结构体 point 中的成员 y 时的情况。

```
struct point {
    int x;
    int y;
};
```

请看图 13.1。将结构体的起始地址（等同于成员 x 的地址）赋给 eax 寄存器后，成员 y 的地址就是 "eax 的值 + 4"。访问 y 的汇编表达式即为 4(%eax)。

最后，使用 index 和 scale 的情况如下所示。

```
(%ebx, %eax, 4)
```

上述形式的间接内存引用所访问的是 %ebx 寄存器的值加上 "%eax 寄存器的值 ×4" 后得到的地址。这种形式相当于 C 语言中的数组访问。要访问元素大小为 4 字节（例如 int）的数组中第 %eax 个元素时，就可以使用上述式子。

将上述所有形式合到一起，就是一开始呈现的间接内存引用的完整形式，让我们再来看一下。

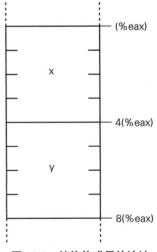

图 13.1　结构体成员的地址

```
disp(base, index, scale)
```

即访问地址为 disp + (base + index * scale) 的内存。base 和 index 为寄存器，disp 为立即数（包括符号），scale 必须是 1、2、4、8 之中的任意立即数。

刚才提到了 (base, index, scale) 的形式相当于 C 语言中的数组访问，但并非所有的数组访问都可以仅靠间接内存引用来表示。例如，因为 scale 只能是 1、2、4、8 之一，所以当数组的元素是庞大的结构体时，就不能仅靠间接内存引用来访问数组元素。这时就必须组合使用其他的指令，明确计算地址之后再访问内存。

x86 指令集的概要

在本节的最后，让我们来讲一下 x86 架构的指令集的概要。

x86 的指令集可分为以下 4 种。

1. 通用指令
2. x87 FPU 指令
3. SIMD 指令
4. 系统指令

本书只涉及了通用指令。x87 FPU 指令是浮点数运算的指令，SIMD 指令是 SSE 指令，最后的系统指令是写 OS 内核时使用的特殊指令。

具体来说，通用指令能够进一步分为以下种类。

1. 数据传输指令
2. 二进制运算指令
3. 十进制运算指令
4. 逻辑指令
5. shift 指令和 rotate 指令
6. bit 指令和 byte 指令
7. 控制跳转指令
8. 存储指令
9. 标志控制指令
10. 段寄存器指令
11. 其他

本书将从中严格选取 Cb 编译器所必需的指令进行讨论。x86 架构中残存着大量过时且无用的指令，因此没有必要记住所有的指令，掌握经常使用的重要指令就可以了。

13.3 传输指令

从本节开始我们将讲解 x86 指令的相关内容。先来看访问寄存器或内存并传输数据的指令。具体来说，我们要讲解的指令如表 13.2 所示。

表 13.2　传输指令

指令	作用
mov	单纯的一对一的传输
push、pop	压栈和出栈
lea	加载地址
movsx、movzx	伴随有符号扩展 / 零扩展的数据传输

上表中的指令按照使用频率由高到低的顺序排列。无法想象有不使用 mov 的程序，但不使用 movsx 或 movzx 的程序却是非常可能存在的。所以对于稍显晦涩的 movsx 和 movzx，不理解的话直接忽略也没有关系。

mov 指令

先从 mov 指令说起。mov 是在寄存器或内存之间传输数据，或者将立即数加载到寄存器或内存的指令。mov 也是汇编语言中最常用的指令之一。

这里说的"传输"近似于 C 语言中的赋值，仅仅是复制数据，并非移动数据。也就是说，mov 指令并不会删除或破坏源数据。

mov 指令有如下这些形式。

```
mov     立即数，寄存器

mov     寄存器，寄存器

mov     内存，寄存器

mov     立即数，内存

mov     寄存器，内存

mov     内存，内存
```

如上所述，"立即数和寄存器""寄存器和寄存器"等可以作为 mov 指令的操作数使用。x86 的指令可以组合使用各类操作数，因此本书将操作数的组合总结了出来，如上所示。

mov 的第 1 操作数表示传输"源"，第 2 操作数表示传输"目标"。例如"mov 内存，寄存器"表示将内存中的值加载到寄存器。

实际在编写指令时，还需要根据所传输的数据的大小添加助记符后缀。例如将 32 位宽的立即数 105000 加载到 eax 寄存器时，要加上后缀 l，写成下面这样。

```
movl    $105000, %eax
```

将寄存器 ecx 中的值转移到 eax 寄存器的写法如下所示。

```
movl    %ecx, %eax
```

最后，将 ecx 寄存器中的数据作为地址访问内存，并将内存上的数据加载到 eax 寄存器中的写法如下所示。

```
movl    (%ecx), %eax
```

不习惯汇编的话会觉得 %ecx 和 (%ecx) 的区别难以理解，可以把它当作 C 语言的指针。指针变量 ptr 自身的值等同于 %ecx 的话，那么对指针的取值操作 *ptr 就相当于 (%ecx)。另外，%ecx 是访问寄存器，而 (%ecx) 则是利用寄存器访问内存。

push 指令和 pop 指令

```
push    立即数
push    寄存器
```

push 指令将数据压栈。具体来说，将 esp 寄存器减去压栈的数据的大小，再将数据存储到 esp 寄存器所指向的地址。

```
pop     寄存器
```

pop 指令将数据出栈并写入寄存器。具体来说，将数据从 esp 寄存器所指向的地址加载到寄存器，再将 esp 寄存器加上出栈的数据的大小。

push 指令和 pop 指令都是操作栈的指令，示意图如图 13.2 所示。

如下所示为使用 push 指令和 pop 指令的例子。这个例子由 4 条语句组成，利用栈将 eax 寄存器和 ecx 寄存器中的数据进行交换。

```
pushl   %eax    # 将 eax 寄存器中的数据压栈
pushl   %ecx    # 将 ecx 寄存器中的数据压栈
popl    %eax    # 将栈顶的数据加载到 eax 寄存器
popl    %ecx    # 将栈顶的数据加载到 ecx 寄存器
```

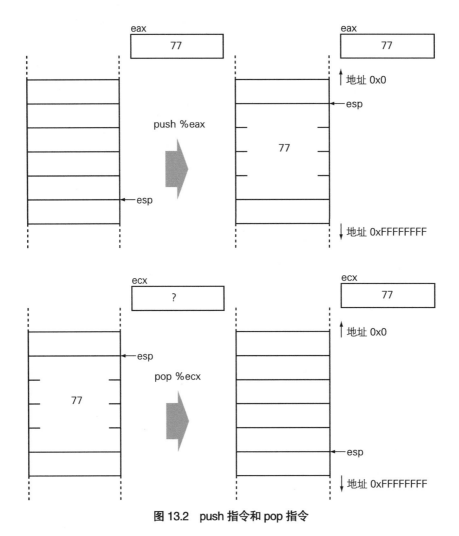

图 13.2　push 指令和 pop 指令

　　实际交换寄存器中的数据时不会使用上述方法，因为有 xchg 这样的在寄存器之间交换数据的专用指令。使用 xchg 要更为简单、快速。

lea 指令

> **lea　　内存, 寄存器**

　　lea 指令将地址加载到寄存器。lea 是 Load Effective Address（实效地址加载）的简称。"lea 内存 , 寄存器"将内存对应的地址加载到寄存器。

　　通过和 mov 指令进行对比，会更容易理解 lea 指令的功能。例如下面的 mov 指令表示将

ebx 寄存器加 4 后的值作为内存地址进行访问，并将数据加载到 eax 寄存器中。

```
movl    4(%ebx), %eax
```

另一方面，将上述语句中的 mov 指令替换为 lea 指令，如下所示。该语句表示将 ebx 寄存器加上 4 后的值保存到 eax。

```
leal    4(%ebx), %eax
```

同样是间接内存引用的语句，mov 指令取得的是内存地址所指向的内存上的数据，而 lea 指令取得的是内存地址本身。

也就是说，lea 指令乍看之下像数据传输指令，实则是计算地址的运算指令。实际上在 Intel 的手册中 lea 指令被归类成"其他指令"，而并非传输指令。只是笔者觉得将 lea 指令和传输指令一起说明会比较容易理解，所以放在本节中介绍。

movsx 指令和 movzx 指令

```
movsx       内存，寄存器

movsx       寄存器，寄存器

movzx       内存，寄存器

movzx       寄存器，寄存器
```

movsx 和 movzx 是将数据从位宽较小的变量扩展为位宽较大的变量的指令。例如在编译 C 语言（Cb）的类型转换时就会用到上述指令。

movsx 指令将 8 位或 16 位的数据进行符号扩展并加载到寄存器。movzx 指令将 8 位或 16 位的数据进行零扩展并加载到寄存器。符号扩展和零扩展的相关内容将稍后说明，暂且只需记住是对位的宽度进行扩展的操作即可。

实际使用 movsx 指令和 movzx 指令时，必须同时指定传输源和传输目标的大小，所以助记符后缀使用 2 个字符。请使用 2 个字符的后缀来替换 movsx 和 movzx 中的 x。

如下所示为使用 movsx 指令和 movzx 指令的一些例子。

```
movsbl  %al, %eax      # 将 al 寄存器中的 8 位有符号数扩展到 32 位并加载到 eax 寄存器
movswl  %ax, %eax      # 将 ax 寄存器中的 16 位有符号数扩展到 32 位并加载到 eax 寄存器

movzbl  %al, %eax      # 将 al 寄存器中的 8 位无符号数扩展到 32 位并加载到 eax 寄存器
movzwl  %ax, %eax      # 将 al 寄存器中的 16 位无符号数扩展到 32 位并加载到 eax 寄存器
```

在 CPU 的参考手册中查找 movsx 和 movzx，会发现存在和 movsx 指令名字类似的指令 movs。movs 属于存储指令，和 movsx 完全不同。

符号扩展和零扩展

下面说一下符号扩展和零扩展。

现在假设我们要将 8 位的整数 13 (二进制表示为 00001101) 扩展到 16 位。例如，在将 unsigned char 类型的数值 13 转换为 unsigned short 类型的数值 13 时，就会发生这样的转换。

在上述情况下，合理的转换结果是在高位补 8 个 0，即 0000000000001101。这种高位补 0 的操作称为**零扩展**（zero extension）。零扩展的示意图如图 13.3 所示。在 C 语言的类型转换中，无符号的数据类型的扩展使用的就是零扩展。

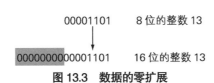

图 13.3　数据的零扩展

无符号数据类型的扩展使用零扩展，那么是不是有符号数据类型的扩展就应该使用符号扩展呢？没错，**符号扩展**（sign extension）是有符号数据类型的扩展时使用的操作，根据下列规则对位的宽度进行扩展。

1. 原数据的最高位为 0 时在高位补 0（和零扩展相同）
2. 原数据的最高位为 1 时在高位补 1

有符号数的最高位为符号位。符号位为 0 则该数据为正数或 0，因此符号扩展的规则也可以表述为"正数或 0 的话高位补 0，负数的话高位补 1"。扩展正数或 0 的时候在高位补 0 的原因和零扩展相同，这里就不细说了。

另一方面，负数时补 1 的原因在于负数是用二进制补码表现的。例如 8 位的整数 –2 的二进制表现形式为 11111110，16 位的整数 –2 的二进制表现为 1111111111111110。由此可见，将 8 位的整数 –2 转换为 16 位的整数时，只需在高位补 8 个 1 即可。这个性质也适用于其他所有的负数。

13.4 算术运算指令

本节我们来讲一下汇编语言中的算术运算（加减乘除）指令。本节中涉及的指令如表 13.3 所示。

表 13.3 本节中涉及的算术运算指令

指令	功能
add	加法
sub	减法
imul	（有符号的）乘法
idiv	（有符号的）除法
div	无符号的除法
inc	自增
dec	自减
neg	取反

add 指令

```
add    立即数，寄存器

add    寄存器，寄存器

add    内存，寄存器

add    立即数，内存

add    寄存器，内存
```

add 指令将第 1 操作数和第 2 操作数相加，并将结果写入第 2 操作数。

请注意"将运算结果写入第 2 操作数"这一点。例如 add $1,%eax 表示将 eax 寄存器的数据加 1，并将结果保存到 eax 寄存器。类似于 C 语言中的 += 运算。

下面再举几个使用 add 指令的例子。

```
addl    $1, %eax        # 将 eax 寄存器加 1
addl    %ecx, %eax      # eax 寄存器和 ecx 寄存器的数据相加后存放到 eax 寄存器
addl    $4, (%ebx)      # 将 ebx 寄存器所指向的内存中的数据加 4
```

进位标志

　　由于寄存器和存储器都有位宽的限制，因此在进行加法运算时就有可能发生溢出。例如 8 位的整数 156 和 8 位的整数 100 相加，运算结果的宽度就超过 8 位，发生溢出。

　　运算结果发生溢出的话，CPU 的标志寄存器 eflags 中的**进位标志**（Carry Flag，CF）就会被置位，即被设置为 1。

　　利用 adc 指令再加上进位标志，就能在 32 位的机器上进行 64 位数据的加法运算。C 语言中的 long long 类型的数据运算等就是利用这个功能。本书不涉及 64 位数据的运算，可以在自制的编译器中试着用一下。

sub 指令

sub	立即数，寄存器
sub	寄存器，寄存器
sub	内存，寄存器
sub	立即数，内存
sub	寄存器，内存

　　sub 指令用第 2 操作数减去第 1 操作数，并将结果写入第 2 操作数。即 sub x, y 相当于 C 语言中的 y -= x。

　　下面举几个使用 sub 指令的例子。

```
subl    $4, %esp        # esp 寄存器的值减 4
subl    %ecx, %eax      # eax 寄存器的值减去 ecx 寄存器的值
subl    %eax, (%ebx)    # ebx 寄存器所指向的内存中的数据减去 eax 寄存器的值
```

　　add 指令有对应的 64 位运算的指令 adc，同样 sub 指令也有对应的 64 位运算的指令 sbb。sbb 指令和 adc 指令一样，都是利用进位标志进行 64 位运算。详细内容请参考 CPU 的参考手册。

imul 指令

imul	寄存器，寄存器
imul	内存，寄存器
imul	立即数，寄存器

imul 指令将第 1 操作数和第 2 操作数相乘，并将结果写入第 2 操作数。imul 指令还有 1 操作数和 3 操作数的形式，本书所涉及的仅限于 2 操作数的形式。

另外，2 操作数形式的 imul 指令不支持宽度为 8 位的寄存器和存储器作为操作数。只有当 2 个操作数都为 16 位或 32 位时才能进行运算。

下面举几个使用 imul 指令的例子。

```
imul    %ecx, %eax      # eax 寄存器和 ecx 寄存器的值相乘，结果写入 eax 寄存器
imul    (%ebx), %eax    # eax 寄存器和 ebx 寄存器所指向的内存上的数据相乘，结果写入 eax 寄存器
```

CPU 的参考手册以及讲解汇编语言的书籍中都将 imul 指令描述为"有符号的乘法运算"。另外，CPU 还特地提供了无符号乘法专用的指令 mul，因此总感觉无符号的乘法必须使用 mul 指令。

实际上在操作数和结果的位宽相同的情况下，无论是否有符号，都可以利用 imul 指令来计算。也就是说，在实现 Cb 的编译器时，mul 指令并不是必需的。gcc 对于一般的乘法也不会生成 mul 指令。只有在 32 位的环境下进行 64 位数据的运算等的时候，才会使用 mul 指令。

使用 mul 指令时有一些严格的限制，比如运算时必须使用固定的寄存器等。因此在进行乘法运算时，比起 mul 指令，还是推荐使用 imul 指令。

idiv 指令和 div 指令

```
idiv      寄存器
div       寄存器
```

idiv 是有符号数的除法运算指令，div 是无符号数的除法运算指令。被除数由 edx 寄存器和 eax 寄存器拼接而成，除数由第 1 操作数指定，计算结果的商和余数分别写入 eax 寄存器和 edx 寄存器。运算时被除数、商和余数的数据的位宽是不一样的，详细内容请参考表 13.4。

表 13.4 idiv 指令和 div 指令使用的寄存器

数据的位宽	被除数	除数	商	余数
8 位	ax	第 1 操作数	al	ah
16 位	拼接 dx 和 ax	第 1 操作数	ax	dx
32 位	拼接 edx 和 eax	第 1 操作数	eax	edx

idiv 指令和 div 指令通常是对位宽 2 倍于除数的被除数进行除法运算的。也就是说，除数是 16 位的话，被除数就必须为 32 位；除数是 32 位的话，被除数就必须为 64 位。x86 的通用寄存器为 32 位，1 个寄存器无法容纳 64 位的数据，因此在 edx 寄存器和 eax 寄存器中各存放一半的位数。当除数为 32 位时，edx 寄存器存放被除数的高 32 位，eax 寄存器存放被除数的低 32 位。

由于 Cb 中没有 64 位的数据类型，因此被除数始终小于或等于 32 位。这样的情况下，在进行除法运算之前，必须将设置在 eax 寄存器中的 32 位数据扩展到包含 edx 寄存器在内的 64 位。即有符号数进行符号扩展，无符号数进行零扩展。

对 edx 寄存器进行零扩展只需将 edx 设置为 0 即可。对 edx 进行符号扩展时可以使用 cltd 指令。cltd 指令的形式如下所示。

```
cltd
```

cltd 是 AT&T 的命名形式，Intel 的手册中使用的名称为 cdq。GNU 汇编器同时支持 cltd 和 cdq，无论使用哪个指令都可以。本书中和 gcc 一致使用 cltd，但在查阅 CPU 的参考手册时请使用 "cdq"。

使用 idiv 指令对有符号数进行除法运算的例子如下所示。至今为止我们看到的例子都是每 1 行作为 1 个独立的例子，而 idiv 的例子则是用代码清单整体来表示单个例子。

```
movl    -12(%ebp), %ecx     # 将地址为 ebp-12 的数据加载到 ecx 寄存器
movl    -8(%ebp), %eax      # 将地址为 ebp-8 的数据加载到 eax 寄存器
cltd                        # 将 eax 寄存器中的数据符号扩展到 edx:eax
idivl   %ecx               # 执行有符号的除法运算 eax/ecx
```

使用 div 指令的无符号数的除法运算的例子如下所示。

```
movl    -12(%ebp), %ecx     # 将地址为 ebp-12 的数据加载到 ecx 寄存器
movl    -8(%ebp), %eax      # 将地址为 ebp-8 的数据加载到 eax 寄存器
movl    $0, %edx           # 将 edx 寄存器置为 0（零扩展）
divl    %ecx               # 执行无符号的除法运算 eax/ecx
```

inc 指令

```
inc     寄存器
inc     内存
```

inc 指令将第 1 操作数加 1，相当于 C 语言中的 ++。

使用 inc 指令的例子如下所示。

```
incl    %eax    # eax 寄存器中的数据加 1
incl    (%ebx)  # ebx 寄存器所指向的内存中的数据加 1
```

dec 指令

```
dec    寄存器
dec    内存
```

dec 指令将第 1 操作数减 1，相当于 C 语言中的 --。

使用 dec 指令的例子如下所示。

```
decl    %eax     # eax 寄存器中的数据减 1
decl    (%ebx)   # ebx 寄存器所指向的内存中的数据减 1
```

neg 指令

```
neg    寄存器
neg    内存
```

neg 指令将第 1 操作数的符号进行反转，相当于 C 语言中的一元运算符 -。

使用 neg 指令的例子如下所示。

```
negl    %eax     # 将 eax 寄存器中的数据的符号反转
negl    (%ebx)   # 将 ebx 寄存器所指向的内存中的数据的符号反转
```

13.5 位运算指令

本节将介绍各类位运算的指令。本节中所涉及的位运算指令如表 13.5 所示。

表 13.5 本节中所涉及的位运算指令

指令	功能
and	按位与（bitwise AND）
or	按位或（bitwise OR）
xor	按位异或（bitwise exclusive OR）
not	按位取反（bitwise NOT）
sal	算术左移
sar	算术右移
shr	（逻辑）右移

and 指令

and	立即数，寄存器
and	寄存器，寄存器
and	内存，寄存器
and	立即数，内存
and	寄存器，内存

and 指令将第 2 操作数和第 1 操作数进行**按位与**（bitwise AND）运算，并将结果写入第 2 操作数，相当于 C 语言中的 &= 运算符。

使用 and 指令的例子如下所示。

```
andl    $8, %eax        # 将 eax 寄存器和 8 的逻辑与的结果写入 eax 寄存器
                        #（eax 寄存器只剩下从低地址算起的第 3 位）
```

or 指令

or	立即数，寄存器
or	寄存器，寄存器
or	内存，寄存器
or	立即数，内存
or	寄存器，内存

or 指令将第 2 操作数和第 1 操作数进行**按位或**（bitwise OR）运算，并将结果写入第 2 操作数，相当于 C 语言中的 |= 运算符。

使用 or 指令的例子如下所示。

```
orl     $1, %eax          # 将 eax 寄存器的最低位置 1
```

xor 指令

xor	立即数，寄存器
xor	寄存器，寄存器
xor	内存，寄存器
xor	立即数，内存
xor	立即数，内存

xor 指令将第 2 操作数和第 1 操作数进行**按位异或**（bitwise exclusive OR）运算，并将结果写入第 2 操作数，相当于 C 语言中的 ^= 运算符。

使用 xor 指令的例子如下所示。

```
xorl    $2, %eax          # 将 eax 寄存器中从低地址算起的第 2 位取反
xorl    %eax, %eax        # 将 eax 寄存器置 0（x86 汇编的惯用语句）
```

not 指令

not	寄存器
not	内存

not 指令将第 1 操作数**按位取反**（bitwise NOT），并将结果写入第 1 操作数，相当于 C 语言中的 "~" 运算符。

使用 not 指令的例子如下所示。

```
notl    %eax     # 将 eax 寄存器按位取反
notl    (%ebx)   # 将 ebx 寄存器所指向的内存上的数据按位取反
```

sal 指令

```
sal     立即数，寄存器

sal     %cl, 寄存器

sal     立即数，内存

sal     %cl, 内存
```

sal 指令将第 2 操作数按照第 1 操作数指定的位数进行左移操作，并将结果写入第 2 操作数。移位之后空出的低位补 0。相当于 C 语言中的 <<= 运算符。

sal 指令的第 1 操作数只能是 8 位的立即数或 cl 寄存器，并且都是只有低 5 位的数据才有意义，高于或等于 6 位的第 1 操作数意味着超过 31 位的移位，寄存器中的所有数据都被移走而变得没有意义。

使用 sal 指令的例子如下所示。

```
sall    $1, %eax      # 将 eax 寄存器中的数据左移 1 位
sall    %cl, (%ebx)   # 将 ebx 寄存器所指向的内存中的数据按照 cl 寄存器指定的位数进行左移
```

sal 是 Shift Arithmetic Left 的简称。

sar 指令

```
sar     立即数，寄存器

sar     %cl, 寄存器

sar     立即数，内存

sar     %cl, 内存
```

sar 指令将第 2 操作数按照第 1 操作数指定的位数进行右移操作，并将结果写入第 2 操作数。移位之后空出的高位进行符号扩展。相当于 C 语言中的 >>= 运算符。

和 sal 指令一样，sar 指令的第 1 操作数也必须为 8 位的立即数或 cl 寄存器，并且也是只

有低 5 位的数据才有意义。

使用 sar 指令的例子如下所示。

```
sarl    $1, %eax        # 将 eax 寄存器中的数据右移 1 位
sarl    %cl, (%ebx)     # 将 ebx 寄存器所指向的内存中的数据按照 cl 寄存器指定的位数进行右移
```

sar 是 Shift Arithmetic Right 的简称。

shr 指令

> **shr**   立即数，寄存器
>
> **shr**   %cl，寄存器
>
> **shr**   立即数，内存
>
> **shr**   %cl，内存

shr 指令将第 2 操作数按照第 1 操作数指定的位数进行右移操作，并将结果写入第 2 操作数。移位之后空出的高位进行零扩展。相当于 C 语言中对无符号数进行操作的 >>= 运算符。

和 sal 指令以及 sar 指令一样，shr 指令的第 1 操作数必须为 8 位的立即数或 cl 寄存器。并且同样只有低 5 位的数据才有意义。

使用 shr 指令的例子如下所示。

```
shrl    $1, %eax        # 将 eax 寄存器中的数据右移 1 位
shrl    %cl, (%ebx)     # 将 ebx 寄存器所指向的内存中的数据按照 cl 寄存器指定的位数进行右移
```

shr 是 Shift Right 的简称。

就像 sar 指令有对应的 shr 指令一样，sal 指令也有对应的 shl 指令。只是 sal 指令和 shl 指令的动作完全相同，没有必要区分使用。

13.6 流程的控制

本节我们将讲解实现 if 或 while 这样的流程控制语句时所使用的指令。本节中介绍的指令如表 13.6 所示。

表 13.6 本节中涉及的控制跳转指令

指令	功能
jmp	无条件跳转
jz、jnz、je、jne	条件跳转
cmp	数据的比较
test	数据的非 0 检查
sete、setne、setg、setge、setl、setle	获取 eflags 寄存器中的各个标志位
call	函数调用
ret	从子程序返回

jmp 指令

```
jmp     立即数
jmp     寄存器
```

jmp 指令将程序无条件地跳转到第 1 操作数指定的位置。最常用的做法是使用由标签定义的符号（symbol），写成"jmp 符号"。

使用 jmp 指令的例子如下所示。

```
        movl    $1, %eax        # then 部分
        jmp     end_if0         # 跳转到 if 语句的末尾
else0:
        movl    $4, %eax        # else 部分
end_if0:
        pushl   %eax            # if 语句后面的语句
        call    printf
```

可以将 jmp 视作设置指令指针（eip 寄存器）的指令。例如上述例子中的 jmp end_if0，汇编后的机器语言会将 end_if0 替换为程序代码的地址（数据）。通过将 jmp_end_if0 的地址设置到 eip 寄存器来控制程序的流程。

编译中间代码的 Jump 节点时就可以使用 jmp 指令。

条件跳转指令（jz、jnz、je、jne、……）

条件跳转指令有多个，这里仅以 jnz 指令为例进行说明。其他跳转指令的用法和 jnz 相同。

```
jnz     立即数
jnz     寄存器
```

jnz 等条件跳转指令只有在满足特定条件的情况下，才会将程序跳转到由第 1 操作数指定的位置。例如 jnz 指令是 Jump if Not Zero 的简称，因此仅当标志寄存器 eflags 中的 ZF（Zero Flag）为 0 时才实施跳转。

在编译中间代码的 CJump 节点时会用到条件跳转指令。例如，在编译"当 x==y 时跳转到 lab 标签"这样的 CJump 节点时，就会用到 jnz 指令，如下所示。

```
        movl    y 的地址，%ecx     # 将变量 y 的值加载到 ecx
        movl    x 的地址，%eax     # 将变量 x 的值加载到 eax
        cmp     %ecx, %eax        # 比较并设置标志位
        jnz     lab               # 不相等的话跳转到 lab
        # 其他指令
 lab:
        # 其他指令
```

cmp 指令是比较两个数据并设置 eflags 的各个标志位的指令。在 x 和 y 的值不相等的情况下，如果调用 cmp 指令，ZF 就会被置 0，从而执行跳转。

反之，在 x 和 y 相等的情况下，如果调用 cmp 指令，ZF 就会被置 1，跳转不会被执行，直接执行 jnz 后面的指令。

条件跳转指令存在如表 13.7 所示的这些变化形式。

表 13.7　条件跳转指令

指令	全名	跳转执行的条件
jz	Jump if Zero	ZF=1
jnz	Jump if Not Zero	ZF=0
je	Jump if Equal	ZF=1
jne	Jump if Not Equal	ZF=0
ja	Jump if Above	CF=0 and ZF=0
jna	Jump if Not Above	CF=1 or ZF=1
jae	Jump if Above or Equal	CF=0
jnae	Jump if Not Above or Equal	CF=1
jb	Jump if Below	CF=1
jnb	Jump if Not Below	CF=0

（续）

指令	全名	跳转执行的条件
jbe	Jump if Below or Equal	CF=1 or ZF=1
jnbe	Jump if Not Below or Equal	CF=0 and ZF=0
jg	Jump if Greater	ZF=0 and SF=OF
jng	Jump if Not Greater	ZF=1 or SF!=OF
jge	Jump if Greater or Equal	SF=OF
jnge	Jump if Not Greater or Equal	SF!=OF
jl	Jump if Less	SF!=OF
jnl	Jump if Not Less	SF=OF
jle	Jump if Less or Equal	ZF=1 or SF!=OF
jnle	Jump if Not Less or Equal	ZF=0 and SF=OF

　　仅看跳转条件的标志位可能无法理解指令的意图，请结合指令的名称来理解。例如 ja（Jump if Above），可以想象它表示"当 cmp 的第 2 操作数比第 1 操作数大（above）时跳转"。表示数据的大小时有 above/below 和 greater/less 这 2 套方式，above/below 用于无符号数的比较并跳转，greater/less 用于有符号数的比较并跳转。

　　另外，像 jz 和 je、jnz 和 jne 等，这些只是完全相同的指令的不同名称。根据使用场景选用适当的指令名称即可。

　　ZF、CF 等标志位可以通过下面讲解的 cmp 指令或 test 指令进行设置。

cmp 指令

```
cmp    立即数，寄存器
cmp    寄存器，寄存器
cmp    内存，寄存器
cmp    立即数，内存
cmp    寄存器，内存
```

　　cmp 指令通过比较第 2 操作数减去第 1 操作数的差，根据结果设置标志寄存器 eflags 中的标志位。cmp 指令本质上和 sub 指令相同，只是 cmp 指令不会改变操作数的值。

　　操作数和所设置的标志位之间的关系如表 13.8 所示。

表 13.8　使用 cmp 指令设置的标志位

操作数的关系	CF	ZF	OF
第 1 操作数 < 第 2 操作数	0	0	SF
第 1 操作数 = 第 2 操作数	0	1	0
第 1 操作数 > 第 2 操作数	1	0	not SF

例如，当第 1 操作数和第 2 操作数相等时，如果执行 cmp 指令，ZF 就会被置 1。紧接着再使用 jz 指令（ZF=1 时才跳转），就能够实现当数据相同时进行跳转。

📋 test 指令

test	立即数，寄存器
test	寄存器，寄存器
test	立即数，内存
test	寄存器，内存

test 指令通过比较第 1 操作数和第 2 操作数的逻辑与（bitwise AND），根据结果设置标志寄存器 eflags 中的标志位。test 指令本质上和 and 指令相同，只是 test 指令不会改变操作数的值。

test 指令执行后 CF 和 OF 通常会被清 0，并根据运算结果设置 ZF 和 SF。运算结果为 0 时 ZF 被置为 1，SF 和最高位的值相同。

test 指令可用于检查特定的位是否被置位等。以 C 语言为例，在检查 if(flags & EOF_FLAG) 这样的条件时，就可以使用 test 指令。

📋 标志位获取指令（SETcc）

获取标志位的指令有很多，这里仅以 sete 指令为例，介绍一下其使用方法，其他的标志位获取指令的用法和 sete 完全相同。

sete	寄存器
sete	内存

sete 等一系列标志位获取指令根据标志寄存器 eflags 的值，将第 1 操作数设置为 0 或 1。例如 sete 指令就是将 ZF 的值设置到第 1 操作数。这一系列的指令统称为 SETcc。

SETcc 中的 cc 和条件跳转指令的后缀相同。其中，本书中用到的指令如表 13.9 所示。

表 13.9 **本书中涉及的 SETcc 指令**

指令	名称	含义
sete	Equal	ZF=1
setne	Not Equal	ZF=0
seta	Above	CF=0 and ZF=0
setae	Above or Equal	CF=0

（续）

指令	名称	含义
setb	Below	CF=1
setbe	Below or Equal	CF=1 or ZF=1
setg	Greater	ZF=0 and SF=OF
setge	Greater or Equal	SF=OF
setl	Less	SF!=OF
setle	Less or Equal	ZF=1 or SF!=OF

SETcc 指令通常和 cmp 指令组合使用。cmp 指令后立即执行 SETcc 指令就能获取数据比较的结果。例如用 cmp 指令比较 eax 寄存器和 ecx 寄存器的值之后，调用 sete 指令获取比较结果，就能取得表示 eax 寄存器和 ecx 寄存器是否相等的 0/1。

另外，和条件跳转指令相同，SETcc 指令示也有 above/below 和 greater/less 这 2 套表示数据大小的方式。above/below 用于获取无符号数的比较结果，greater/less 用于获取有符号数的比较结果。

call 指令

```
call    立即数
call    寄存器
call    内存
```

call 指令会调用由第 1 操作数指定的函数。最常见的做法是利用符号将代码写成 call printf 或 call f 的形式。还可以使用寄存器中设置的函数指针，通过 call *%eax 进行函数调用。

使用 call 指令的例子如下所示。

```
call    printf    # 调用通过符号（立即数）定义的 printf 函数
call    *%eax     # 利用 eax 中设置的函数指针进行函数调用
```

具体来说，call 指令可以分解为以下 2 个指令。

```
        pushl   $next_insn
        jmp     第 1 操作数
next_insn:
```

也就是说，将 call 指令的下一条指令的地址压栈，再跳转到第 1 操作数指定的地址。这样函数就能通过跳转到栈上的地址从子函数返回。

函数调用的相关内容将在第 14 章详细说明。

ret 指令

```
ret
```

ret 指令用于从子函数返回。x86 架构的 Linux 中是将函数的返回值设置到 eax 寄存器并返回的。

使用 ret 指令的例子如下所示。

```
ret        # 从子函数返回
```

ret 指令等价于下面这样的处理。

```
        popl    %eip
```

也就是说，将先前 call 指令压栈的 "call 指令下一条指令的地址" 弹出栈，并设置到指令指针中。这样程序就能正确地返回到调用子函数的地方。

第 **14** 章

函数和变量

本章我们将从汇编语言的层面讲解函数调用相关
的内容。

14.1　程序调用约定

本节将对调用函数时所必需的"程序调用约定"进行简单的讲解。

什么是程序调用约定

本章主要讲解函数调用的相关内容，在讲解其实现机制之前，我们先要了解函数的规范和特征。举个例子，C 语言里的函数有如下特征。

- 可以向函数传递参数
- 函数的参数类型可以是数值、指针、构造函数等
- 可以定义 printf 函数这种可接收不定个数参数的函数
- 拥有只能在特定函数内部访问的局部变量
- 执行 return 语句可以跳出被调用函数，回到原处理流程

这样的规范都由编程语言本身约定，不会因为 CPU 或者 OS 的不同而改变。不过，在不同的 CPU 或者 OS 下，这些规范的实现方法往往有所不同。譬如参数传递的实现，既有把参数保存到寄存器来传递的方法，也有把参数入栈来传递的方法。而程序的**调用约定**（calling convention）就是根据 CPU 和 OS 来决定函数调用的具体实现方法的约定。

这里之所以没有用"函数调用约定"而用"程序调用约定"，是因为不同的编程语言对"函数"名称的定义往往不尽相同。虽然"程序"这个词也不一定适用于所有语言，但比"函数"更恰当一些。另外，有的文献中直接用"调用约定"来指代。

Linux/x86 下的程序调用约定

接下来具体讲解在 x86 CPU 架构下 Linux 系统中的程序调用约定。

在程序调用约定中，通常定义了表 14.1 中列举的内容。

表 14.1　Linux/x86 下的程序调用约定（摘要）

项目	内容
参数传递方法	入栈传递
返回值传递方法	存入 eax 寄存器返回
返回地址的指定方法	入栈传递
标准的栈帧结构	按照参数、返回地址、原 ebp、局部变量的顺序（参考图 14.1）

（续）

项目	内容
caller-save 寄存器	eax、ecx、edx、esp
callee-save 寄存器	ebx、ebp、esi、edi

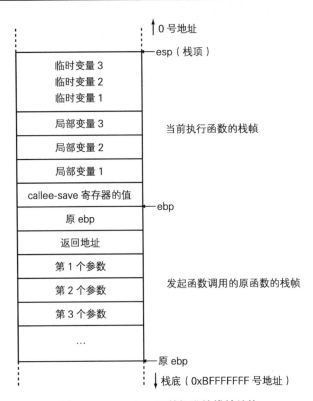

图 14.1　Linux/x86 下的标准的栈帧结构

　　当然，单单罗列上面这些信息会很让人费解。下一节中将会结合函数调用的实际步骤，详细地解释这份调用约定的内容。

　　另外，Linux/x86 下的调用约定已在 LSB（Linux Standard Base）中明文规定，其内容和 System V ABI（Application Binary Interface）的 IA-32 版本 [①] 一致。如需更严谨的资料，可参考上述文献。

---

① "*System V Application Binary Interface: Intel 386 Architecture Processor Supplement*" Forth Edition

14.2 Linux/x86 下的函数调用

本节将一边模拟函数调用的具体步骤一边进行讲解。

到函数调用完成为止

为了让大家有更直观的印象，我们参考一下下面这段 C 语言的代码，首先来看从 main 函数中调用函数 f 的过程。

```c
int
f(int x, int y)
{
    int i, j;

    i = x;
    j = i * y;
    return j;
}

int
main(int argc, char **argv)
{
    int i = 77;

    i = f(i, 8);
    i %= 5;
    return i;
}
```

在 main 函数中调用函数 f 时，会经历下面这些步骤。

1. f 的第 2 个参数（8）入栈
2. f 的第 1 个参数（i）入栈
3. 执行 call f 指令

经过这 3 个步骤，就完成了函数 f 的调用过程。这个时候，栈的信息如图 14.2 所示。

这里需要注意的是，函数的参数是从后（也就是从右边）开始，按顺序入栈的。C 语言标准里并没有规定参数的执行顺序，不过一般 C 语言编译器的做法都是把参数从右到左执行，并且逐一入栈。

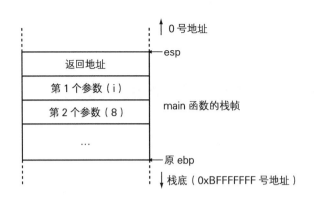

图 14.2 栈状态（1）函数 f 调用完成时

参数全部加载完毕后，下一步是执行 `call f` 指令完成函数 f 的调用。也就是说，在调用指令的地址入栈后，直接把 esp 寄存器的值设置成函数 f 的起始地址。

到这一步时，栈的状态就如图 14.2 所示。

到函数开始执行为止

这时，函数 f 的调用已经完成，但函数 f 本身尚未执行。在执行之前，需要为函数 f 创建相应的栈帧。通常生成栈帧的代码如下所示。

```
pushl   %ebp            # ebp 寄存器的值入栈
movl    %esp, %ebp      # 把 esp 寄存器的值存入 ebp 寄存器
subl    $8, %esp        # esp 寄存器的值减去 8（增大栈）
```

这段代码的意思是，函数调用时将 ebp 寄存器的值（原函数的 ebp 的值）入栈保存后，把 ebp 寄存器的值设置为当前栈顶的值。最后，从 esp 寄存器中减去局部变量所需要的大小，从而增大栈。由于函数 f 中定义了两个 int 型的局部变量，因此上述代码中用 esp 减去 8，8 这个数值会根据局部变量的类型和大小而改变。

到此为止，栈的状态如图 14.3 所示。

这时栈帧的准备已经完成。之后就可以执行函数 f 本身的代码了。

函数的参数以及返回地址都属于"原"函数的栈帧，这一点需要注意。这

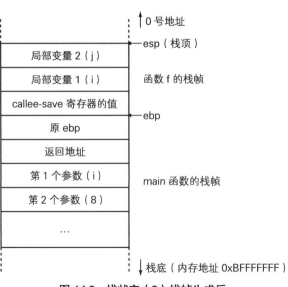

图 14.3 栈状态（2）栈帧生成后

些值并没有保存到被调用函数的栈帧里。另外，访问参数需要基于 ebp 寄存器进行间接访问。比方说，函数 f 的第 1 个参数需要通过 8(%ebp) 这样的形式进行访问。

如上所述，在函数开始执行前用作初始化的代码叫**序言**（prologue）。相应地，在函数执行结束后运行的代码叫**尾声**（epilogue）。

到返回原处理流程为止

通常，结束函数调用的代码（尾声）如下所示。

```
movl    %ebp, %esp
popl    %ebp
ret
```

首先，把 esp 寄存器置为 ebp 寄存器的值，释放当前栈帧。

其次，执行 popl %ebp，把 ebp 寄存器的值复原为调用函数开始时保存的、原处理流程的 ebp 寄存器的值。

最后，执行 ret 指令，把返回地址保存到 eip 寄存器中，返回原处理流程。

另外，如果函数有返回值，那么在执行这段代码之前，需要把返回值保存到 eax 寄存器中。

执行完这些步骤之后，函数 f 的栈帧清空，栈的状态如图 14.4 所示。

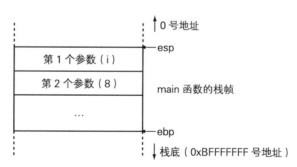

图 14.4　栈状态（3）函数尾声执行后

到清理操作完成为止

至此，程序已返回原处理流程。不过，原先为向函数 f 传递参数而保存到栈中的数据依然存在。这些数据在原处理流程（此处是 main 函数）中必须显式地删除。为达到这个目的，在 main 函数的代码中需要执行下列语句，增加 esp 寄存器的值，从而压缩 main 函数的栈帧。

```
addl    $8, %esp
```

此时栈的状态如图 14.5 所示，完全恢复到了函数调用前的状态。

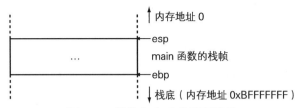

图 14.5　栈状态（4）参数释放后

函数调用总结

接下来以汇编代码为中心，再来梳理一下从调用函数 f 到返回 main 函数的过程。如前所述，在 main 函数中调用函数 f 的 C 语言代码为 f(i, 8)。

main 函数和函数 f 的汇编代码的全貌如下所示。

```
f:
        # 序言（生成栈帧）
        pushl   %ebp
        movl    %esp, %ebp
        subl    $8, %esp
        :
        函数 f 本身的代码
        :
        # 尾声（释放栈帧，恢复 esp、ebp 和 eip）
        movl    %ebp, %esp
        popl    %ebp
        ret
main:
        :
        main 函数本身的代码（调用函数 f 前）
        :
        # 调用函数 f
        pushl   $8
        movl    8(%ebp), %eax
        pushl   %eax
        call    f
        addl    $8, %esp
        :
        main 函数本身的代码（调用函数 f 后）
```

先看看 main 函数中"调用函数 f"的地方。要调用函数，首先要把函数的参数从后到前顺序入栈。

先执行语句 pushl $8 使第 2 个参数 8 入栈。接着执行 mov 指令，在 eax 寄存器中载入本地变量 i 的值，执行 push 指令使 eax 寄存器的值入栈。也就是把第 1 个参数 i 入栈。

这时函数调用的前期准备已经完成，接下来可以执行 call f 语句调用函数 f。在执行 call 指令的同时，把返回地址入栈，并把 eip 寄存器的值设置为函数 f 的起始地址，从而转入函数 f 的处理流程中去。

在开始执行函数 f 前，首先会执行函数 f 的序言代码，生成函数调用所需的栈帧。函数的序言代码如下所示。

```
pushl    %ebp
movl     %esp, %ebp
subl     $8, %esp
```

先使用 push 指令把 main 函数的 ebp 的值压入栈保存起来。

紧接着使用 mov 指令，把 ebp 寄存器的值设置成当前 esp 寄存器的值（栈的起始地址）。

最后使用 sub 指令，使 esp 寄存器的值减去 8，为函数 f 的栈帧腾出空间。

以上就是函数 f 的序言。函数 f 本身会在序言执行之后被执行，其返回值被保存到 eax 寄存器中。

在函数 f 执行结束后，执行如下所示的尾声代码。

```
movl     %ebp, %esp
popl     %ebp
ret
```

先使用 mov 指令把 esp 寄存器的值设置为 ebp 寄存器的值，释放函数 f 的栈帧。

接着使用 pop 指令恢复 ebp 寄存器的值。

最后执行 ret 指令，返回到原处理流程的代码中。

执行 ret 指令后，程序执行的流程会直接返回到函数调用发生的 call 指令后面。在本例中，就是返回到以下这个语句。

```
addl     $8, %esp
```

这个语句把 esp 寄存器的值增加 8，从而释放掉栈中保存的函数 f 的参数。

以上就是 Linux/x86 下函数调用的步骤。下一节会接着解说函数调用相关的细节。

enter 指令和 leave 指令

x86 架构下有专门用来生成和释放栈帧的指令。生成栈帧的指令为 enter 指令，释放栈帧的指令为 leave 指令。

其中，leave 指令相对常用，而 enter 指令则极少被使用。这是因为 enter 指令执行速度慢，甚至比本节中所介绍的生成栈帧的方法还要慢。为了支持像 Pascal、Lisp 这样的以函数定义为核心的编程语言，enter 指令被设计得非常通用，但效率不高。

函数的序言代码并不非常难懂，因此完全可以避免使用 enter 指令。而另一方面，leave 指令往往比 pop 和 mov 的组合更加有效，因此非常值得积极使用。

14.3 Linux/x86 下函数调用的细节

本节会继续讲解函数调用相关的内容。

寄存器的保存和复原

如第 12 章中所述，x86 架构提供了 6 个可随意使用的通用寄存器。这里需要注意的是，在程序运行的整个生命周期里能够使用的寄存器也只有这 6 个。也许在函数调用时，原处理流程会在寄存器中写入临时值；或者反过来，调用其他函数并且返回时，被调用的函数可能在寄存器中写入临时值。

就 C 语言来说，寄存器就像是全局变量一样。因为是全局变量，所以我们很难得知什么时候、哪一个函数更改了它的值。想象一下在编程的时候定义 6 个全局变量，只用这些变量编写整个程序。这是非常困难的事情。

要怎样做才能安全地访问寄存器呢？最保险的方法是，每次在调用别的函数前，把寄存器的值保存到栈中。也就是说，在函数开始执行时，把所有寄存器的值压栈，而在函数内部执行 return 指令返回的时候，把寄存器的值出栈，恢复函数调用前的状态。通过这个方法，各个函数就都可以随意使用所有的寄存器了。

这个方法的确是最安全的，但效率非常低。访问栈等价于访问机器内存，和单纯使用寄存器相比，访问内存的速度明显下降。因此，很有必要花心思去减少栈的使用次数。

首先，要注意到并不是所有寄存器的值都需要保存。之所以要保存一个寄存器的值，是因为我们不想去更改这个寄存器的值。也就是说，如果是函数不会使用（不会变更）的寄存器，那么这个寄存器的值就不用保存。

此外，程序调用约定中指定了 callee-save 寄存器以及 caller-save 寄存器两种分类，以最大限度地重复利用寄存器。利用这个约定，可以进一步减少访问栈的次数。

caller-save 寄存器和 callee-save 寄存器

caller-save 寄存器和 callee-save 寄存器是程序调用约定里规定的关于寄存器使用方法的规则。这个约定把所有的寄存器分为 caller-save 寄存器和 callee-save 寄存器两类，不同类别的寄存器使用方法也不相同。

Linux/x86 下寄存器的分类如表 14.2 所示。

表 14.2 寄存器的分类

分类	寄存器
caller-save 寄存器	eax、ecx、edx、esp
callee-save 寄存器	ebx、ebp、esi、edi

caller-save 寄存器（caller-save register）指的是为函数调用方保存值的寄存器。在使用 caller-save 寄存器时，调用其他函数前必须把寄存器的值保存到内存，并且在函数调用结束后恢复寄存器的值。不过相应地，被调用函数中可以不保存这个寄存器的值，直接更改。

换句话说，caller-save 寄存器在调用其他函数时，其保存的值可能会改变。也就是说，事实上这类寄存器的值会经常发生变动。

而 **callee-save 寄存器**（callee-save register）则是被调用函数必须显式保存寄存器的值的寄存器。也就是说，使用 callee-save 寄存器的函数，必须在函数执行开始时把寄存器的值压栈保存到内存，并且在函数执行结束时把寄存器的值复原。

回想一下前面介绍过的函数的序言和尾声。在序言和尾声的代码中，有把 ebp 寄存器的值压栈、出栈的指令。这是因为 ebp 寄存器本身是个 callee-save 寄存器。要是函数内部使用了 ebp 以外的 callee-save 寄存器，那么这个寄存器也像 ebp 寄存器一样，需要进行同样的压栈、出栈操作。

 ## caller-save 寄存器和 callee-save 寄存器的灵活应用

那么，怎样利用 caller-save 和 callee-save 的分类来减少栈的访问次数呢？

首先，要注意到 caller-save 寄存器是调用其他函数时必须保存值的寄存器，而同时也是使用前不需要保存值的寄存器。因为值在函数调用方已经保存，所以在使用前就不需要再保存值。也就是说，我们可以随时更改 caller-save 寄存器的值。

另一方面，caller-save 寄存器的值在调用其他函数时有可能发生改变，因此才需要在调用其他函数前把值保存起来。不过，也并不是说在所有情况下都必须保存值。如果在调用其他函数后，不再需要这个寄存器的值，那么就不需要进行保存了。

由以上特征可知 caller-save 寄存器适合用于保存临时变量。特别是如果只是计算某个值并将其作为参数传递到其他函数的话，甚至不需要往内存保存任何值。因此，计算过程中的结果、只在函数内部使用的本地变量等的值都可以保存到 caller-save 寄存器里。

而 callee-save 寄存器则适用于保存某个函数内一直需要访问的值。因为这样的值如果保存到 caller-save 寄存器中，那么在每次调用其他函数时，都必须进行值的保存和恢复操作。

举个例子，帧指针（ebp 寄存器）就是一个代表性的 callee-save 寄存器。在访问函数的参数、本地变量的时候，帧指针会被反复使用。一旦把这样的值保存到 caller-save 寄存器中，就必须对这个值反复地进行"保存到内存"和"从内存里恢复"的操作。

　　总结一下 caller-save 寄存器和 callee-save 寄存器的使用方法：caller-save 寄存器不需要保存和恢复原来的值，因此适合用来保存临时变量、生命周期比较短的值等；而 callee-save 寄存器在调用其他函数的时候不需要进行值的保存和恢复处理，比较适用于保存在函数内一直使用的生命周期比较长的值。

大数值和浮点数的返回方法

　　Linux/x86 的程序调用约定中指定把返回值存进 eax 寄存器后返回。不过，eax 寄存器只占 32 位宽，需要采用特殊的办法才能返回超出其上限的值。譬如 long long 类型的值、double float 类型的浮点数、结构体等最少需要 64 位宽的值。

　　当然，Cb 中没有 long long 类型、浮点数类型，函数也不能直接返回结构体、联合体，因此这部分的内容不是必需的，可以权当一般知识来了解。

　　另外，无论什么样的数据类型，作为参数传递的时候都只需要简单地压栈传递即可，不需要进行额外的处理。

　　下面就来讲解从函数体中返回大数值的方法。

　　首先，返回 long long 类型的值时，和 div 指令的处理一样，把 edx 寄存器和 eax 寄存器连结为 64 位宽的寄存器来使用。也就是说，把 64 位数值的高 32 位保存到 edx 寄存器，低 32 位保存到 eax 寄存器并返回。

　　其次，需要返回浮点数的时候，可以把数值保存到 st(0) 这个浮点数寄存器中。这种情况下不需要使用 eax 寄存器。

　　最后是返回结构体和联合体的情况，这两种情况相对比较麻烦。返回结构体或者联合体的时候，需要函数调用方和函数本身进行协作，具体如下所示。

1. 由函数调用方在栈上申请保存返回值的区域
2. 把该区域的内存地址作为第 1 个参数压栈
3. 被调用函数把返回值写入该区域
4. 把内存地址保存到 eax 寄存器中，并且执行 ret $4 指令

　　结构体和联合体的返回机制有些混乱，大家可以结合图形来理解。在调用返回结构体或联合体的函数时，call 指令执行后栈的状态如图 14.6 所示。

　　通常情况下第 1 个参数的位置在 8(%ebp)，而这种情况下第 1 个参数的位置则是 12(%ebp)。

　　另外，返回结构体或联合体的函数在执行 ret 指令后，需要把图 14.6 中"返回值区域的地址"为止的空间从栈中释放掉。也就是说，必须恢复到 esp 寄存器指向第 1 个参数的状态。为

此，需要执行 ret $4 指令。这个指令在执行普通的 ret 指令的基础上，把 esp 寄存器的值增加 4。

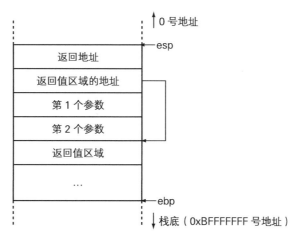

图 14.6　在调用返回结构体或联合体的函数时，call 指令执行后栈的状态

其他平台的程序调用约定

Linux/IA-32 的程序调用约定俗称 cdecl，在 IA-32 架构下应用非常广泛。事实上，纵观各种 CPU、OS 后就可以发现，投入应用的程序调用约定数量非常可观。Windows 下使用的 stdcall、Linux/AMD64 下使用的 fastcall（又称 register call）等就是典型的例子。

stdcall 和 cdecl 非常类似，但在释放栈上保存的参数这一点上有所不同。cdecl 中规定函数调用方释放参数，而 stdcall 中则指定被调用函数释放参数。stdcall 不能很好地支持类似于 printf 这样的参数个数可变的函数，因此在实现 C 语言编译器时应用 cdecl 比较方便一些。

fastcall 是 Linux/AMD64 下使用的程序调用约定。另外，MIPS、SPARC 等 RISC CPU[①] 上也使用类似的约定。fastcall 中参数的头几个会使用寄存器来传递。另外，返回地址也会保存到寄存器中进行传递。

fastcall 的设计理念是尽可能不使用栈，因此一般情况下比 cdecl、stdcall 速度更快。不过，fastcall 使用的寄存器数目比 cdecl 要多得多，所以它并不适用于像 IA-32 这样的通用寄存器很少的架构。

---

① 精简指令集 CPU。——译者注

第 **15** 章

编译表达式和语句

本章将利用 cbc 工具解说表达式和语句的编译
过程。

15.1 确认编译结果

在解说源代码之前，本节先来介绍如何确认表示编译结果的汇编代码。

利用 cbc 进行确认的方法

本章将基于源代码讲解将中间代码编译到汇编语言的方法。不过，要理解这个过程，无论如何都要先知道怎样确认执行结果。因此这里首先介绍一下如何确认 cbc 生成的汇编代码。

如果像下面一样，不加任何选项使用 cbc 处理 .cb 文件，就会自动编译这个文件生成汇编文件。汇编文件的文件名就是将 .cb 文件的后缀替换成 .s 所得到的。

```
$ cbc hello.cb
$ ls
hello  hello.cb  hello.o  hello.s
```

如果想确认编译的结果，那么只需要编译 .cb 文件就可以了。

除此以外，要使用 cbc 编译得到汇编代码，还可以使用如表 15.1 所示的选项。

表 15.1　编译输出汇编代码的 cbc 的选项

选项	效果
-S	输出 .s 文件后退出
--print-asm	把汇编代码输出到标准输出后退出

另外，还有一个非常方便的选项 -fverbose-asm，使用该选项可以往汇编代码里插入注释。cbc 加上 -fverbose-asm 选项后编译 .cb 文件，可以得到类似下面的结果。

```
$ cbc --print-asm -fverbose-asm hello.cb
.file   "hello.cb"
        .section        .rodata
.LC0:
        .string "Hello, World!\n"
        .text
.globl main
        .type   main,@function
main:
        # ---- Stack Frame Layout -----------
        # (%ebp): return address
        # 4(%ebp): saved %ebp
        # 8(%ebp): argc
```

```
        # 12(%ebp): argv
        # --------------------------------
        pushl   %ebp
        movl    %esp, %ebp
        # line 6: printf("Hello, World!\n");
        # Call {
          # Str {
        movl    $.LC0, %eax
          # }
        pushl   %eax
        call    printf
        addl    $4, %esp
        # }
        # line 7: return 0;
        # Int {
        movl    $0, %eax
        # }
        jmp     .L0
.L0:
        movl    %ebp, %esp
        popl    %ebp
        ret
        .size   main,.-main
```

如上所述，加上 -fverbose-asm 选项进行编译后，结果中将显示汇编代码所对应的 Cb 代码、中间代码节点等信息，这样一来就可以简单地确认本章中介绍的汇编结果了。

此外，由于使用 -fverbose-asm 选项时还会输出栈帧的状态，因此也可以很容易地确认第 16 章中介绍的局部变量分配的结果。

利用 gcc 进行确认的方法

下面介绍如何使用 gcc 确认 C 语言源代码的编译结果。gcc 可以用于和 cbc 的编译结果作比较，也可以用于查看 cbc 本身没有实现的功能的编译结果。

在没有加上任何选项的情况下用 gcc 编译 C 语言的源代码，那么 build 结束后汇编文件将被删除。不过如果像下面一样加上 -S 选项来处理 C 语言代码，那么 gcc 会在生成汇编文件后停止处理，这样就可以确认编译结果了。

```
$ gcc -S hello.c
$ ls
hello.c  hello.s
```

另外，gcc 虽然没有像 cbc 一样的 --print-asm 选项，但可以通过在 -S 选项后添加 -o -，把汇编代码输出到标准输出中。

```
$ gcc -S -o - hello.c
        .file   "hello.c"
```

```
        .section        .rodata
.LC0:
        .string "Hello, World!"
        .text
.globl main
        .type   main, @function
        （以下省略）
```

当对程序的编译过程感到困惑时，可以使用这些选项进行编译，并查看结果。

15.2 x86 汇编的对象与 DSL

本节将介绍依赖 CodeGenerator 类的 x86 汇编，以及生成这种汇编的 DSL。

表示汇编的类

cbc 用对象的形式来表示其生成的汇编代码结构，所以我们姑且把这些对象称为汇编对象。
cbc 中生成汇编对象的类有如下 3 种。

1. 表示程序的类
2. 表示指令的操作数的类
3. 表示字面量的类

下面按顺序解说。

首先，"表示程序的类"用于表示汇编语言的 4 种语法结构，也就是标签、汇编伪操作、指令、注释。代码清单 15.1 中列举了这些类。

代码清单 15.1　表示汇编语言程序的类

```
Assembly
    Comment
    Directive
    Instruction
    Label
AssemblyCode
```

Comment、Directive、Instruction、Label 分别表示其名称所示的语法。另外，管理这些类的实例列表的类则是 AssemblyCode 类。

其次，"表示指令的操作数的类"用于表示立即数、寄存器、内存引用等。代码清单 15.2 中列举了这些类。

代码清单 15.2　表示指令的操作数的类

```
Operand
    ImmediateValue
    MemoryReference
        DirectMemoryReference
        IndirectMemoryReference
    Register
    AbsoluteAddress
```

ImmediateValue 类表示立即数，DirectMemoryReference 类表示直接内存引用，IndirectMemoryReference 类表示间接内存引用，Register 类表示寄存器。

AbsoluteAddress 类稍微特别一些。这个类在通过函数指针调用函数时会用到，譬如 call *%eax 中的 *%eax。

最后，"表示字面量的类"用于表示数值和符号。代码清单 15.3 中列举了这些类。

代码清单 15.3　表示汇编语言的字面量的类（带 * 的是接口）

```
Literal*
    IntegerLiteral
    Symbol*
        BaseSymbol
            NamedSymbol
            UnnamedSymbol
        SuffixedSymbol
```

IntegerLiteral 类用于表示立即数，Symbol 接口用于表示符号。根据符号的不同，具体类也不一样。例如 Cb 源代码中出现过的函数名等就是 NamedSymbol，诸如 ".L0"这样的 CodeGenerator 内部生成的符号则是 UnnamedSymbol。此外，第 21 章中介绍的地址无关代码[①]中所用到的带后缀的符号用 SuffixedSymbol 类来表示。

以上就是 cbc 中表示汇编语言的类集合。这些类的定义都直接和相应的语法结构一一对应。

表示汇编对象

要想知道 cbc 对照汇编语言生成了怎样的对象，最简单的办法就是把这些对象的实际结构表示出来。像下面这样给 cbc 加上 --dump-asm 选项去处理 Cb 文件，就可以把 cbc 内部生成的汇编对象表示出来。

```
$ cbc --dump-asm hello.cb
(Directive ".file\t\"hello.cb\"")
(Directive ".section\t.rodata")
(Label (NamedSymbol ".LC0"))
(Directive ".string\t\"Hello, World!\n\"")
(Directive ".text")
(Directive ".globl main")
(Directive ".type\tmain,@function")
(Label (NamedSymbol "main"))
(Instruction "push" "l" (Register BP INT32))
(Instruction "mov" "l" (Register SP INT32) (Register BP INT32))
(Instruction "mov" "l" (ImmediateValue (NamedSymbol ".LC0")) (Register AX INT32))
(Instruction "push" "l" (Register AX INT32))
(Instruction "call" "" (DirectMemoryReference (NamedSymbol "printf")))
(Instruction "add" "l" (ImmediateValue (IntegerLiteral 4)) (Register SP INT32))
```

---

① 地址无关代码（PIC，Position-Independent Code）。——译者注

```
(Instruction "mov" "l" (ImmediateValue (IntegerLiteral 0)) (Register AX INT32))
(Instruction "jmp" "" (DirectMemoryReference (UnnamedSymbol @cac268)))
(Label (UnnamedSymbol @cac268))
(Instruction "mov" "l" (Register BP INT32) (Register SP INT32))
(Instruction "pop" "l" (Register BP INT32))
(Instruction "ret" "")
(Directive ".size\tmain,.-main")
```

这个输出把每个对象都用圆括号包裹起来，括号内第一个单词就是类名。譬如 (Instruction
"push" "l" ...) 就表示 1 个 Instruction 对象，(Register BP INT32) 则表示 1 个
Register 对象。

给 cbc 加上 --print-asm 选项后就可以输出上述汇编对象对应的汇编语言的源代码。通
过比较这两者，可以很简单地掌握汇编对象的内部结构。

```
.file    "hello.cb"
         .section      .rodata
.LC0:
         .string "Hello, World!\n"
         .text
.globl main
         .type    main,@function
main:
         pushl    %ebp
         movl     %esp, %ebp
         movl     $.LC0, %eax
         pushl    %eax
         call     printf
         addl     $4, %esp
         movl     $0, %eax
         jmp      .L0
.L0:
         movl     %ebp, %esp
         popl     %ebp
         ret
         .size    main,.-main
```

不过，--dump-asm 选项输出的结果和汇编语言相比可读性不高，因此如果需要确认编译
结果，还是使用 --print-asm 选项方便一些。

cbc 的 x86 汇编 DSL

本节将介绍 cbc 生成汇编对象的方法。

利用 DSL 生成汇编对象

CodeGenerator 类使用下列代码生成汇编对象。

```
as.mov(imm(0), dx());
```

其中，as 是 AssemblyCode 实例。这个代码生成的汇编对象如下所示。

```
(Instruction "mov" "l"
        (ImmediateValue (IntegerLiteral 0))
        (Register DX INT32))
```

另外，这个汇编对象对应如下汇编代码。

```
movl    $0, %edx
```

可以拿最初的代码和生成的汇编代码对比着看一下。这两者契合度非常高，因而可以很容易看出会生成怎样的目标代码。

再介绍一个别的例子。下列代码表示把 ebp 寄存器的内容压栈。

```
file.push(bp());
```

这句代码对应的汇编代码如下所示。

```
pushl   %ebp
```

大家应该很容易发现这两句代码之间的联系。

由于封装了 mov、imm 等方法，因此 cbc 可以用非常简洁、易懂的方式来解释 x86 汇编语言。可以说，cbc 就是基于 Java 这个编程语言的专门表示汇编语言的特定语言。

类似的专门处理特定问题、可以用简洁的代码描述和处理问题的语言就是 DSL（Domain Specific Language，领域专用语言）。cbc 的 CodeGenerator 就利用了 x86 汇编的 DSL。

表示寄存器

接下来介绍一下 cbc 中实现的 x86 汇编 DSL 的全貌。

首先，`CodeGenerator` 类中定义了如表 15.2 所示的返回 `Register` 实例的方法。

表 15.2　描述寄存器的 DSL

方法	含义
ax()	%eax
bx()	%ebx
cx()	%ecx
dx()	%edx
si()	%esi
di()	%edi
sp()	%esp
bp()	%ebp
ax(t)	保存类型 t 大小的 ax 寄存器
cx(t)	保存类型 t 大小的 cx 寄存器
al()	%al（eax 寄存器的最后 8 位）
cl()	%cl（ecx 寄存器的最后 8 位）

下面看看这些方法的实现。`ax(t)` 和 `bx(t)` 方法的实现如代码清单 15.4 所示。

代码清单 15.4　描述寄存器的方法集合 (sysdep/x86/CodeGenerator.java)

```java
private Register ax(Type t) {
    return new Register(RegisterClass.AX, t);
}

private Register bx(Type t) {
    return new Register(RegisterClass.BX, t);
}
```

以上两个方法都只是单纯地生成并返回一个 `Register` 实例。`RegisterClass` 是 enum 类型，对应不同的寄存器有 **AX**、**BX**、**CX**、**DX** 这几个常量。

这里要注意一点，比如 `RegisterClass.AX` 这个常量指代了 eax 寄存器、ax 寄存器和 al 寄存器的整体。eax、ax、al 实际上分别是一个寄存器的不同部分，生成代码的时候将这些寄存器作为一个整体表示会更方便些。

另外，像 eax 寄存器、ax 寄存器和 al 寄存器一样，在物理上从属一个寄存器的寄存器集合，本书和 cbc 中都称为**寄存器类**（register class）。`RegisterClass.AX` 和 `RegisterClass.BX` 这样的常量都表示寄存器类。

现在回到 DSL。`ax`、`al`、`bx` 这 3 个方法的定义如代码清单 15.5 所示。

代码清单 15.5　别名方法 (sysdep/x86/CodeGenerator.java)

```java
private Register ax() { return ax(naturalType); }
```

```
private Register al() { return ax(Type.INT8); }
private Register bx() { return bx(naturalType); }
```

接下来使用上文中提及的 `ax(t)` 和 `bx(t)` 方法来生成 `Register` 实例。`naturalType` 是 `CodeGenerator` 类的字段，它保存的是表示各个 CPU 的**原始大小**（natural size）的 `asm.Type`。所谓 CPU 的原始大小指的是，如果是 32 位 CPU 的话，一个整数的大小就是 `Type.INT32`；如果是 64 位 CPU 的话，一个整数的大小就是 `Type.INT64`。相应的寄存器则是 eax 或者 esi。

表示立即数和内存引用

表 15.3 中列举了 `CodeGenerator` 类中定义的表示立即数和内存引用的方法。这些方法的返回值是 `ImmediateValue` 实例（立即数）或者 `MemoryReference` 实例（内存引用）。

表 15.3　表示立即数和内存引用的 DSL

方法	含义
imm(long num)	整数 num 的值（$num）
imm(Symbol sym)	符号 sym 的值（$sym）
mem(Symbol sym)	符号 sym 的直接地址引用（sym）
mem(Register reg)	寄存器 reg 的间接地址引用（0(reg)）
mem(long off, Register reg)	根据偏移量和寄存器 reg 返回间接地址引用（off(reg)）
mem(Symbol off, Register reg)	根据偏移量和寄存器 reg 返回间接地址引用（off(reg)）

下面是这几个方法的用例，右侧的注释里是对应的汇编代码。

```
imm(0)          // $0
mem(ax())       // 0(%eax)
mem(4, ax())    // 4(%eax)
```

表示指令

为了生成表示指令的对象，`AssemblyCode` 实例中定义了和助记符同名的方法，其中的部分方法如表 15.4 所示。

表 15.4　描述指令的 DSL

方法	含义
mov(Register s, Register d)	使用 mov 指令把 s 的值赋值给 d
mov(Register reg, Operand mem)	使用 mov 指令把 reg 的值保存到内存中
mov(Operand mem, Register reg)	使用 mov 指令把内存中的值加载到 reg 中
push(Register reg)	使用 push 指令将 reg 压栈
pop(Register reg)	使用 pop 指令使 reg 出栈
add(Operand val, Register reg)	使用 add 指令使 reg 的值加上 val

（续）

方法	含义
sub(Operand val, Register reg)	使用 sub 指令使 reg 的值减去 val
imul(Operand val, Register reg)	使用 imul 指令使 reg 的值乘以 val
call(Symbol sym)	使用 call 指令调用函数 sym
ret()	使用 ret 指令返回原处理流程
jmp(Label lab)	使用 jmp 指令无条件跳转到 lab

这些方法的用例如下所示。右侧的注释对应的是这些方法被调用时相应的汇编代码。

```
AssemblyCode as = new AssemblyCode(....);
as.mov(mem(ax()), ax());    // movl   (%eax), %eax
as.push(ax());              // pushl %eax
as.sub(imm(1), ax());       // subl  $1, %eax
```

像这样调用这些方法后，会生成相应的 Instruction 实例，并把这个 Instruction 实例添加到 AssemblyCode 实例内部的列表中。

表示汇编伪操作、标签和注释

最后介绍表示汇编伪操作、标签和注释的方法。表示这 3 个语法的方法和指令一样，是在 AssemblyCode 类中声明的。

表 15.5 中列举了一部分表示汇编伪操作的方法。

表 15.5　表示汇编伪操作的部分 DSL

方法	含义
_file(String name)	使用汇编伪操作 .file 声明文件名 name
_globl(Symbol sym)	使用汇编伪操作 .globl 使得 sym 成为全局变量
_section(String sect)	使用汇编伪操作 .section 切换到 sect 代码片段

由此可见，表示汇编伪操作的方法名只是把相应的汇编伪操作名称里起始位置的“.”替换成下划线而已。例如 .file 汇编伪操作对应 _file 方法，.size 汇编伪操作对应 _size 方法。cbc 的 CodeGenerator 的源代码里，只要是以下划线开头的方法，都是生成汇编伪操作的方法。

表示标签和注释的方法如表 15.6 所示。

表 15.6　表示标签和注释的 DSL

方法	含义
label(Symbol sym)	输出定义了符号 sym 的标签
label(Label label)	输出定义了和标签 label 同样符号的标签
comment(String str)	输出 str 作为注释

生成标签使用的是 AssemblyCode 类中的 label 方法，而生成注释使用的是 comment 方法。

各个方法的用例如下所示，右侧的注释依然是相应的汇编代码。

```
AssemblyCode as = new AssemblyCode(....);
as._file("hello.cb");                 // .file "hello.cb"
as._section(".text");                 // .section .text
as._globl(new NamedSymbol("main"));   // .globl main
as.label(new NamedSymbol("main"));    // main:
as.comment("this is a comment.");     //          # this is a comment.
```

这里只是简单地介绍了一下汇编伪操作，接下来实际用到的时候会再详细解说。

15.4 CodeGenerator 类的概要

本节将介绍 CodeGenerator 类的概要。

CodeGenerator 类的字段

首先，代码清单 15.6 中展示了 CodeGenerator 类的字段声明以及构造函数。

代码清单 15.6　CodeGenerator 类的构造函数

```
final CodeGeneratorOptions options;
final Type naturalType;
final ErrorHandler errorHandler;

public CodeGenerator(CodeGeneratorOptions options,
        Type naturalType, ErrorHandler errorHandler) {
    this.options = options;
    this.naturalType = naturalType;
    this.errorHandler = errorHandler;
}
```

options 字段中保存的 CodeGeneratorOptions 实例集中了所有与 CodeGenerator 相关的选项。它是由 compiler 包里的 Options 类基于命令行选项得到的。

naturalType 字段保存的是所要生成的汇编语言的整数的原始大小。这里所需的值为 Type.INT32。cbc 只支持单 CPU，因此实际上直接在程序中写 Type.INT32 也是没问题的。不过这么写太过分散，不便于后续修改，因此将其作为 CodeGenerator 构造函数的一个参数传进来了。

最后，errorHandler 和以往一样，这个字段保存的是处理错误信息的 ErrorHandler 实例。

CodeGenerator 类的处理概述

下面粗略地介绍一下从 CodeGenerator 类的入口函数 generate 方法被调用开始，到开始编译各个函数体为止的处理。

之所以"粗略地"介绍这一部分内容，是因为还是想以介绍函数体的编译为主。函数体编译开始之前的代码通常都只是用来分配全局变量或者局部变量的内存地址等，而事先读懂使用了这些变量的代码有助于理解这些处理背后的意义。另外，如果不先搞清楚函数体被编译成了怎么样的代码，也就无从理解函数序言和尾声代码的意图。因此，对于从 generate 函数调用到函数体被编译之前的代码，我们仅限于了解其概要，在此之前要先详细说明函数体的编译过程，而这部分被粗略跳过的内容将会在第 16 章详细讲解。

那么，下面简要地介绍 generate 方法。代码清单 15.7 所示为 generate 类往下的静态调用图。

代码清单 15.7　CodeGenerator 类的静态调用图

```
generate
    locateSymbols
        locateStringLiteral
        locateGlobalVariable
        locateFunction
    compileIR
        compileGlobalVariable
        compileStringLiteral
        compileFunction
            compileFunctionBody
                compileStmts
                generateFunctionBody
        compileCommonSymbol
        PICThunk
```

静态调用图（static call graph）就是把方法的调用关系图形化。在代码清单 15.7 中，缩进就表示代码中的调用。也就是说，generate 方法调用了 locateSymbols 方法和 compileIR 方法，locateSymbols 方法调用了 locateStringLiteral 方法 locateGlobalVariable 方法和 locateFunction 方法……

generate 方法首先调用 locateSymbols 方法，确认所有字符串字面量和全局变量的地址。接着调用 compileIR 方法，进而正式进入编译流程。

compileIR 方法调用形如 compile××× 的方法，开始编译全局变量和函数。其中，compileFunction 是编译函数的方法。

compileFunction 方法在确认了局部变量的地址后，调用 compileFunctionBody 方法开始编译函数体。compileFunctionBody 方法再调用 compileStmts 方法，在函数体被编译后，解释其编译结果，生成相应的序言和尾声代码。

实现 compileStmts 方法

compileStmts 方法的代码如代码清单 15.8 所示。

代码清单 15.8　compileStmts 方法（sysdep/x86/CodeGenerator.java）

```
    private AssemblyCode as;
    private Label epilogue;
```

```
    private AssemblyCode compileStmts(DefinedFunction func) {
        as = newAssemblyCode();
        epilogue = new Label();
        for (Stmt s : func.ir()) {
            compileStmt(s);
        }
        as.label(epilogue);
        return as;
    }
```

compileStmts 方法先初始化 as 字段和 epilogue 字段，接着把表示函数体的中间代码 func.ir() 按顺序编译。func.ir() 返回的中间代码就是 IRGenerator 生成的 Stmts 列表。其中不包含序言和尾声代码。

接着，在 foreach 循环中调用的 compileStmt 方法如下所示。

代码清单 15.9　compileStmt 方法（sysdep/x86/CodeGenerator.java）

```
    private void compileStmt(Stmt stmt) {
        if (options.isVerboseAsm()) {
            if (stmt.location() != null) {
                as.comment(stmt.location().numberedLine());
            }
        }
        stmt.accept(this);
    }
```

最先的 if 语句是处理 --verbose-asm 选项相关的代码，除此以外的代码都只是对中间代码的遍历处理。之后只需把每个节点编译成汇编代码即可。

cbc 的编译策略

在本节的最后，我们来了解一下 cbc 内部生成汇编代码的策略。cbc 在编译生成汇编代码的时候遵循如下 3 个规则。

1. Cb 中所有变量或者临时变量都保存到内存中
2. 对内存的操作限定为 mov 指令
3. 限定每个寄存器类的应用范围

第 1 点是说，Cb 的局部变量、生成中间代码时引入的临时变量全都要不假思索地存进内存。深度优化的编译器通常都会把临时变量存进寄存器以获得高效率的代码，而 cbc 中不进行任何这方面的性能优化。

第 2 点是说，对内存的操作只能用 mov 指令。比方说 add 指令可以直接对内存上的值作加法运算，但 cbc 中不允许这样的用法。要对内存中的值进行运算时，一定要先执行 mov 指令把这个值加载到寄存器中，运算完成后再执行 mov 指令把值存进内存中。

虽然表面上看上去 1 个指令变成了 3 个指令，执行速度似乎变慢了，但实际上这两种用法的执行速度是一致的。在现代的 x86 CPU 中，比如对内存中的值进行加法运算时，CPU 内部也是分解成上述基于 mov 的几个步骤来处理的。也就是说，无论最终写成 1 个指令的形式还是 3 个指令的形式，最终 CPU 内部的处理都是一致的。

第 3 点指的是，每个寄存器都有自己的功能，不能用作其他用途。具体而言，每个寄存器承担的职责如表 15.7 所示。

表 15.7　cbc 中各个寄存器的职责

方法	含义
ax	累加器
bx	GOT 的地址（详见第 21 章）
cx	临时存储
dx	div 指令和 idiv 指令专用的临时存储
sp	栈指针
bp	栈帧指针
si	未使用
di	未使用

其中，**累加器**（accumulator）指的是用于保存计算结果的寄存器。把 ax 寄存器用作累加器是指，例如把 Var 节点编译后得到的变量值存进 ax 寄存器，把 Bin 节点进行加法运算等计算的结果保存到 ax 寄存器中。

另外，当单凭 ax 寄存器无法完成运算时，就会用 cx 寄存器作为辅助。譬如 Bin 节点的运算中需要 2 个寄存器，这时会把左边式子的值存进 ax 寄存器，右边式子的值存进 cx 寄存器。

这个规定使得大部分的运算都集中到了 ax 寄存器和 cx 寄存器上。有时候存在临时寄存器数量不足的问题，这时可以通过压栈的方式把 ax 寄存器和 cx 寄存器空出来。另外，也会遇到编译其他节点时 ax 寄存器和 cx 寄存器被覆盖的问题，这时也应该通过压栈保存其中的值。

还要注意一点，由于 cx 是 caller-save 寄存器，因此要注意在 cx 赋值后，一直到使用这个值之前，都不应该调用其他函数。

15.5 编译单纯的表达式

本节将介绍 Int 节点、Str 节点和 Uni 节点的编译方法。

编译 Int 节点

下面按顺序介绍各个节点的代码。首先看代码最简单的 Int 节点。Int 节点就是表示整数常量的节点，它会生成类似下面的汇编代码。

```
movl    $1, %eax     # 把 1 传入 ax 寄存器
```

转换 Int 节点的代码如代码清单 15.10 所示。

代码清单 15.10　编译 Int 节点（sysdep/x86/CodeGenerator.java）

```java
public Void visit(Int node) {
    as.mov(imm(node.value()), ax());
    return null;
}
```

其中，node.value() 返回的是这个 Int 节点的整数常量的值，利用 imm 方法将其转换成汇编对象后，调用 mov 方法生成传入 ax 寄存器的代码，这样就可以把整数传入 ax 寄存器。这段代码简洁明了，应该可以轻松读懂。

编译 Str 节点

接下来看看同样表示常量的 Str 节点的代码。Str 节点表示字符串常量。编译字符串常量必须编译其起始内存地址，对应的汇编代码如下。

```
.LC0:
        .string "Hello, World!\n"
……中间省略……
        movl    $.LC0, %eax
```

首先，预先用 .string 汇编伪操作把字符串常量输出到汇编文件中，定义相应的标签（这里是 .LC0）。之后在函数的代码中就可以通过标签 .LC0 来访问这个地址了。

这里要特别注意不要误写成下面这句代码。

```
        movl    .LC0, %eax
```

看到这里的区别了吗？没错，`$` 被去掉了。如果像这样没有加上 `$` 的话，就是直接内存引用，这样 `mov` 指令就不是加载字符串的起始地址，而是加载这个地址指向的 4 个字节了。加上 `$`，用汇编对象来解释就是生成 `ImmediateValue` 对象，而不是 `DirectMemoryReference` 对象。

把 `Str` 节点编译成汇编代码的代码如代码清单 15.11 所示。

代码清单 15.11　编译 Str 节点（sysdep/x86/CodeGenerator.java）

```
public Void visit(Str node) {
    loadConstant(node, ax());
    return null;
}
```

可以看到，`Str` 节点的转换是直接交由 `loadConstant` 方法来进行的。`loadConstant` 方法会生成把 `Str` 节点或者 `Int` 节点的值加载到第 2 个参数的寄存器中的代码。注意这里也是把值传入 `ax` 寄存器。由于 `ax` 寄存器是累加器，因此常常把节点的值保存到 `ax` 寄存器中。

`loadConstant` 方法的代码如代码清单 15.12 所示。

代码清单 15.12　loadConstant 方法（sysdep/x86/CodeGenerator.java）

```
private void loadConstant(Expr node, Register reg) {
    if (node.asmValue() != null) {
        as.mov(node.asmValue(), reg);
    }
    else if (node.memref() != null) {
        as.lea(node.memref(), reg);
    }
    else {
        throw new Error("must not happen: constant has no asm value");
    }
}
```

虽然代码中按照不同的情况分成了不同的处理流程，但最常用的是第 1 种情况。第 2 种情况中的处理流程只在生成地址无关代码（第 21 章）的时候会用到。

第 1 种情况中，用 `mov` 指令把 `node.asmValue()` 传入 `reg` 寄存器。`Str` 节点的 `asmValue` 方法把该节点对应的字符串常量的地址以 `ImmediateValue` 对象的形式返回。这时的地址，也就是 `.LC0` 之类的标记，是在 `CodeGenerator` 最开始的处理中就统一分配好的。分配内存地址的代码会在第 21 章中统一介绍。

编译 Uni 节点 (1) 按位取反

接下来看看表示一元运算表达式的 `Uni` 节点。编译 `Uni` 节点的代码如代码清单 15.13 所示。

代码清单 15.13　编译 Uni 节点（sysdep/x86/CodeGenerator.java）

```
public Void visit(Uni node) {
    Type src = node.expr().type();
    Type dest = node.type();

    compile(node.expr());
    switch (node.op()) {
    case UMINUS:
        as.neg(ax(src));
        break;
    case BIT_NOT:
        as.not(ax(src));
        break;
    case NOT:
        as.test(ax(src), ax(src));
        as.sete(al());
        as.movzx(al(), ax(dest));
        break;
    case S_CAST:
        as.movsx(ax(src), ax(dest));
        break;
    case U_CAST:
        as.movzx(ax(src), ax(dest));
        break;
    default:
        throw new Error("unknown unary operator: " + node.op());
    }
    return null;
}
```

在这个方法中，大部分都是根据运算符的不同而进行不同处理的 switch 语句。首先我们试着只考虑 BIT_NOT 的情况（~x、按位取反）。这样的话，事实上就只有下面这 3 行代码了。

```
Type src = node.expr().type();
compile(node.expr());
as.not(ax(src));
```

首先调用 compile 方法编译 node.expr()，也就是编译 ~x 中 x 的部分。compile 方法和 node.accept(this) 一样，都可以编译任意 Expr 节点。

编译后的表达式的值保存到了 ax 寄存器中，因此下一步就是对 ax 寄存器执行 not 指令进行按位取反。这个时候，因为需要根据数据类型选择不同大小的寄存器，因此用 ax(t) 方法根据 node.expr() 的类型选择寄存器。不过因为 C 语言（Cb）中有整型提升的规定，所以事实上这里只会返回 32 位整数的操作指令。

最后，not 指令执行结束后的值会写入操作数寄存器，这样 Uni 节点的值也就自动保留到 ax 寄存器中了。

总的来说，BIT_NOT 运算的 Uni 节点会被编译成如下代码。

```
    ……编译 node.expr() 后得到的代码……
notl    %eax
```

编译 Uni 节点 (2) 逻辑非

其他运算符都不会出现和字面意思完全不一致的情况，只有 NOT（!x、逻辑非）没法做到让人一目了然，所以这里对它稍作说明。把处理 NOT 的代码单独抽出来，如下所示。

```
as.test(ax(src), ax(src));
as.sete(al());
as.movzx(al(), ax(dest));
```

首先用 test 指令得到各 ax 寄存器的按位逻辑与（x&y）。这样处理后，只有当 !x 中的 x 为 0 时，也就是 ax 寄存器的值为 0 时，其结果才是 0。

test 指令的结果为 0 时，标志寄存器 ZF 为 1，这时用 sete 指令把这个值取出来，把 al 寄存器设置为 1。其他情况下都为 0。

最后调用 movzx 指令把 al 寄存器的值进行零扩展后传入 ax 寄存器。换句话说，就是把 ax 寄存器除最后 8 位以外全部清零。sete 指令只会操作 ax 寄存器的最后 8 位，因此 ax 寄存器第 9 位以上和指令执行前一致。所以需要最后执行 movzx 指令。

以上 3 个指令的结果就是：如果 ax 之前的值为 0，则新值为 1，其余情况下新值全部为 0。

15.6 编译二元运算

本节来讲解表示二元运算的 Bin 节点的编译。

编译 Bin 节点

为了优化性能，编译 Bin 节点的方法分了各种不同的情况进行处理，本书中只取其中最为通用的情况进行解说。

代码清单 15.14　编译 Bin 节点（sysdep/x86/CodeGenerator.java）

```java
public Void visit(Bin node) {
    Op op = node.op();
    Type t = node.type();
    compile(node.right());
    as.virtualPush(ax());
    compile(node.left());
    as.virtualPop(cx());
    compileBinaryOp(op, ax(t), cx(t));
    return null;
}
```

首先调用 compile 方法编译右边的表达式 node.right()，之后右边的表达式的值会保存到 ax 寄存器中。

接着调用 as.virtualPush 方法把 ax 寄存器的值压入栈顶。现在先把 virtualPush 方法和 virtualPop 方法等同为 push 和 pop。关于 virtualPush 的内容会在第 16 章详细说明。

这时候 ax 寄存器的值已经保存到了栈中，不用担心右边的表达式的值会丢失了，所以可以接着调用 compile 方法，编译左边的表达式 node.left()，并将得到的结果继续保存到 ax 寄存器中。

接着使用 as.virtualPop 方法，把栈顶的值取出到 cx 寄存器中。这个栈顶的值就是刚刚压栈的右边表达式的值。

经过上述步骤后，右边表达式的值就保存到了 cx 寄存器，而左边表达式的值则保存到了 ax 寄存器中。最后调用 compileBinaryOp 方法，生成 ax 和 cx 间的运算指令。如果 node.op() 为 Op.ADD，compileBinaryOp 方法就会生成 add 指令。

假设 node.op() 为 Op.ADD，那么最终这个方法生成的汇编代码如下。

```
……右边表达式编译后的汇编代码……
push   %eax          # 将右边表达式的值压栈
……左边表达式编译后的汇编代码……
pop    %ecx          # 使右边表达式的值出栈
addl   %ecx, %eax    # 运算
```

最后的 add 指令把 cx 寄存器的值（右边表达的值）和 ax 寄存器的值（左边表达式的值）相加，并将结果保存到 ax 寄存器中。最终计算结果被正确地保存到了 ax 寄存器中。

这里要注意的是，C 语言的编译器通常从式子的右侧开始编译，cbc 中也同样从右边开始编译，不过从左边开始计算结果也一样。因为 cbc 的中间代码的 Expr 节点没有副作用。表达式中并不存在函数调用、变量代入等，所以无论从左边还是右边开始计算结果都一样。

实现 compileBinaryOp 方法

compileBinaryOp 方法如代码清单 15.5 所示。

代码清单 15.15　compileBinaryOp 方法的开头（ sysdep/x86/CodeGenerator.java ）

```java
private void compileBinaryOp(Op op, Register left, Operand right) {
    switch (op) {
    case ADD:
        as.add(right, left);
        break;
    case SUB:
        as.sub(right, left);
        break;
    ……以下省略……
```

像这样，根据二元运算符 op 的值，对不同的运算符生成相应的指令。

当二元运算符的值为 Op.ADD、Op.BIT_AND 或者 Op.BIT_XOR 等的时候，compileBinaryOp 方法的实现都非常简单。因为有和运算一一对应的汇编语言的助记符，所以只需要使用这样的助记符进行操作数之间的运算就可以了。表 15.8 中总结了各种运算符和对应的指令。

表 15.8　二元运算符对应的指令

二元运算符	指令
ADD	add
SUB	sub
MUL	imul
BIT_AND	and
BIT_OR	or
BIT_XOR	xor
BIT_LSHIFT	sal
BIT_RSHIFT	shr
ARITH_RSHIFT	sar

实现除法和余数

没有一一对应的指令的运算是比较麻烦的。这样的运算符包括有符号和无符号的除法和余数，以及 "==" 等比较运算符。

首先讲解除法和余数。如第 13 章中所述，实现除法和余数之前，需要对 dx 寄存器进行零扩展或者符号扩展。零扩展使用 mov 指令，符号扩展使用 cltd 指令。

另外，执行除法运算后，作为副作用，dx 寄存器中会保留余数。因此计算余数（S_MOD、D_MOD）的时候，最后要把 dx 寄存器的值传入 ax 寄存器。

结合上述这些信息，我们来看看 compileBinaryOp 方法内编译有符号除法（S_DIV）和有符号余数运算（S_MOD）的代码（代码清单 15.16）。

代码清单 15.16　compileBinaryOp 方法（sysdep/x86/CodeGenerator.java）

```
case S_DIV:
case S_MOD:
    as.cltd();
    as.idiv(cx(left.type));
    if (op == Op.S_MOD) {
        as.mov(dx(), left);
    }
```

首先调用 cltd 指令，对 dx 寄存器进行符号扩展，接着执行 idiv 指令，进行 cx 寄存器和 ax 寄存器之间的除法运算。运算符是余数（S_MOD）的时候，还要加上 mov 指令把 dx 寄存器的值传入 ax 寄存器中。

实现比较运算

最后看看 == 之类的比较运算符的编译过程。先说结论，"=="（EQ）会被编译成如下代码。

```
cmpl    %ecx, %eax
sete    %al
movzbl  %al, %eax
```

首先调用 cmp 指令比较左右表达式的值。这时，如果左右表达式的值相等，ZF 标志将变为 1。接着调用 sete 指令把 ZF 标志的值取出到 al 寄存器中。最后调用 movzx 指令（movzbl 指令）把 al 寄存器的值进行零扩展，并传入 eax 寄存器。需要执行 movzx 指令的理由和之前讲解逻辑非（NOT）时提到的一样。

遵循上述逻辑，compileBinaryOp 的 EQ 部分的代码如下。

```
as.cmp(right, ax(left.type));
as.sete (al());
as.movzx(al(), left);
```

其中，right 就是 cx 寄存器，left 就是 ax 寄存器。这段代码看起来几乎和汇编代码一样，还是比较容易理解的。

15.7 引用变量和赋值

本节将讲解引用变量和赋值的编译过程。

编译 Var 节点

先来讲解引用变量的 Var 节点的编译过程。首先，Var 节点对应的汇编代码如下所示。

```
movl    4(%ebp), %eax
```

编译 Var 节点的代码如代码清单 15.7 所示

代码清单 15.17　编译 Var 节点（sysdep/x86/CodeGenerator.java）

```
public Void visit(Var node) {
    loadVariable(node, ax());
    return null;
}
```

整个处理几乎全部交由 loadVariable 方法进行。loadVariable 方法的第 1 个参数是需要加载的 Var 节点，第 2 个参数是加载的目的地址。

再来看看 loadVariable 方法。

代码清单 15.18　loadVariable 方法（sysdep/x86/CodeGenerator.java）

```
private void loadVariable(Var var, Register dest) {
    if (var.memref() == null) {
        Register a = dest.forType(naturalType);
        as.mov(var.address(), a);
        load(mem(a), dest.forType(var.type()));
    }
    else {
        load(var.memref(), dest.forType(var.type()));
    }
}
```

最开始的条件 var.memref() == null 只在生成地址无关代码（第 21 章）的时候，在特定的全局变量的情况下才成立。因此，现在先忽略其后面的 then 部分。

else 部分调用了 load 方法。load 方法的第 1 个参数是变量加载源的内存引用，第 2 个参数是加载目标的寄存器。

传入 load 方法的第 1 个参数 var.memref() 正是引用变量的内存引用对象。比方说局部变量用 bp 寄存器保存，因此这时候返回的是像 4(%ebp) 这样的间接内存引用。var.memref() 方法在这种情况下返回的是对应的 IndirectMemoryReference 对象。

另外，第 2 个参数的 dest.forType(var.type()) 是处理类型大小的 Register 对象。比如 ax().forType(Type.INT8) 会返回 al 寄存器对应的 Register 对象。

这里附上 load 方法的代码。

代码清单 15.19　load 方法（sysdep/x86/CodeGenerator.java）

```
private void load(MemoryReference mem, Register reg) {
    as.mov(mem, reg);
}
```

load 方法仅仅封装了 mov 方法。这个方法的定义是为了指明从内存中加载 mov 指令时使用。汇总起来，上述步骤相当于执行了如下代码。

```
as.mov(var.memref(), ax(var.type()));
```

也就是说，从变量对应的内存 var.memref() 中，把值加载到 ax 寄存器。另外，加载的数据的大小和变量一致。

编译 Addr 节点

接下来看看表示变量地址的 Addr 节点的编译过程。Var 节点是加载变量内容的节点，与之相对，Addr 节点是设置变量的地址的节点。因此，如果是局部变量的 Addr 节点，那么就需要生成类似下面这样的汇编代码。

```
leal    4(%ebp), %eax
```

接着来看源代码。编译 Addr 节点的代码如代码清单 15.20 所示。

代码清单 15.20　编译 Addr 节点（sysdep/x86/CodeGenerator.java）

```
public Void visit(Addr node) {
    loadAddress(node.entity(), ax());
    return null;
}
```

又是几乎完全交由其他方法处理。loadAddress 的第 1 个参数是需要获取地址的变量，第 2 个参数则是接收内存地址的寄存器。

loadAddress 方法的代码如代码清单 15.21 所示。

代码清单 15.21　loadAddress 方法（sysdep/x86/CodeGenerator.java）

```
private void loadAddress(Entity var, Register dest) {
    if (var.address() != null) {
        as.mov(var.address(), dest);
```

```
        }
        else {
            as.lea(var.memref(), dest);
        }
    }
```

首先，`var.address()` 是返回变量地址的方法。`var.address()` 非 null 的时候，直接把这个值作为地址设置到寄存器即可。

当 `var.address()` 为 null 的时候，调用 `lea` 指令把 `var.memref()` 得到的地址设置到寄存器中。`var.memref()` 就是变量对应的 `MemoryReference()` 对象。

比方说，当变量为局部变量时，`var.address()` 就是 null，`var.memref()` 则是 `4(%ebp)` 这样的与内存引用对应的对象。利用 `lea` 指令可以把这个内存地址设置到寄存器中。

编译 Mem 节点

接下来介绍解引用指针对应的 Mem 节点的编译过程。编译 Mem 节点的代码如代码清单 15.22 所示。

代码清单 15.22　编译 Mem 节点（sysdep/x86/CodeGenerator.java）

```
public Void visit(Mem node) {
    compile(node.expr());
    load(mem(ax()), ax(node.type()));
    return null;
}
```

首先调用 `compile` 方法编译相当于 `*x` 中的 x 的表达式。编译后的汇编代码把 x 的值存进 `ax` 寄存器中。

接着调用 `load` 方法，把 `ax` 寄存器指向的内存地址 `mem(ax())` 的值加载到 `ax` 寄存器中。这时加载的值的大小为 `node.type()`。

这个过程并不复杂。

编译 Assign 节点

在本节的最后，我们来了解一下赋值对应的 Assign 节点。编译 Assign 节点的代码如代码清单 15.23 所示。

代码清单 15.23　编译 Assign 节点（sysdep/x86/CodeGenerator.java）

```
public Void visit(Assign node) {
    if (node.lhs().isAddr() && node.lhs().memref() != null) {
        compile(node.rhs());
        store(ax(node.lhs().type()), node.lhs().memref());
```

```
        }
        else if (node.rhs().isConstant()) {
            compile(node.lhs());
            as.mov(ax(), cx());
            loadConstant(node.rhs(), ax());
            store(ax(node.lhs().type()), mem(cx()));
        }
        else {
            compile(node.rhs());
            as.virtualPush(ax());
            compile(node.lhs());
            as.mov(ax(), cx());
            as.virtualPop(ax());
            store(ax(node.lhs().type()), mem(cx()));
        }
        return null;
    }
```

整个方法是一个很长的 if 语句，分成 3 种情况处理。不过，这和 Bin 节点时的情况一样，是出于优化代码的目的而进行的划分。最后一种情况是最通用的，所以我们来详细看一下这一段。

首先，调用 compile 方法编译变量代入右边的 node.rhs()。调用 virtualPush 方法把 ax 寄存器的值（右边表达式的值）压栈保存。

然后再次调用 compile 方法编译代入左边的 node.lhs()。这时左边的值应该已经存入了 ax 寄存器中，于是调用 mov 指令把这个值传入 cx 寄存器。

接着调用 virtualPop 方法把刚刚保存好的右边的值恢复到 ax 寄存器中。

最后调用 store 方法把 ax 寄存器的值（右边的值）写入 cx 寄存器（左边的值）指向的内存。其中 store 方法如下所示，只是单纯封装了 mov 方法。

代码清单 15.24　store 方法（sysdep/x86/CodeGenerator.java）

```
    private void store(Register reg, MemoryReference mem) {
        as.mov(reg, mem);
    }
```

这样 Assign 节点就编译完成了。如果有兴趣，可以读一下优化代码的那部分内容。如果掌握了目前所学的知识，应该可以读懂的。

15.8 编译 jump 语句

本节将介绍 jump 语句、函数调用、return 语句的编译过程。

编译 LabelStmt 节点

先来看看 LabelStmt 节点的编译过程。

代码清单 15.25　编译 LabelStmt 节点（sysdep/x86/CodeGenerator.java）

```
public Void visit(LabelStmt node) {
    as.label(node.label());
    return null;
}
```

仅仅是调用 AssemblyCode 类的 label 函数定义标签而已，不需要深入解释。

编译 Jump 节点

下面来看 Jump 节点的编译过程。

代码清单 15.26　编译 Jump 节点（sysdep/x86/CodeGenerator.java）

```
public Void visit(Jump node) {
    as.jmp(node.label());
    return null;
}
```

这也是一个简单的处理。就是执行 jmp 指令，生成跳转到目标标签的 jmp 指令而已。

编译 CJump 节点

接下来看看编译与有条件跳转对应的 CJump 节点的代码。这一次的代码就有相当大的难度了。

代码清单 15.27　编译 CJump 节点（sysdep/x86/CodeGenerator.java）

```
public Void visit(CJump node) {
    compile(node.cond());
    Type t = node.cond().type();
    as.test(ax(t), ax(t));
    as.jnz(node.thenLabel());
    as.jmp(node.elseLabel());
```

```
        return null;
    }
```

首先调用 compile 方法编译条件表达式 node.cond()。这样条件表达式的值应该存进了 ax 寄存器，所以调用 test 指令比较 ax 寄存器的值和其本身。如果 ax 寄存器的值非 0，也就是条件表达式的值非 0（= 真），则标志寄存器 ZF 变为 1，接下来的 jnz 指令被执行，最终跳转到 node.thenLabel()。

如果 ax 寄存器的值为 0，也就是说条件表达式的值为 0（= 假），那么标志寄存器 ZF 的值变为 0，因此接下来的 jnz 指令不会被执行，其下方的无条件跳转指令 jmp 指令将被执行，最终跳转到 node.elseLabel()。

总结一下，条件表达式 node.cond() 为真时跳转到 node.thenLabel() 标签，为假时跳转到 node.elseLabel() 标签。

跳转节点和算术运算节点、变量节点等比起来简单得多，这是因为这部分在转换成中间代码的时候下了很多功夫，因此在转换成汇编代码的时候就轻松很多了。

▨ 编译 Call 节点

因为函数调用也是跳转的一种，所以接下来我们再看看表示函数调用的 Call 节点的编译代码。

代码清单 15.28　编译 Call 节点（sysdep/x86/CodeGenerator.java）

```java
public Void visit(Call node) {
    for (Expr arg : ListUtils.reverse(node.args())) {
        compile(arg);
        as.push(ax());
    }
    if (node.isStaticCall()) {
        as.call(node.function().callingSymbol());
    }
    else {
        compile(node.expr());
        as.callAbsolute(ax());
    }
    // >4 bytes arguments are not supported.
    rewindStack(as, stackSizeFromWordNum(node.numArgs()));
    return null;
}
```

介绍一下这个函数的总体结构。最开始是 foreach 语句，中间是 if 语句，最后是 rewindStack 方法，它们分别生成把参数压栈的代码、调用函数的代码和回滚栈状态的代码。下面按顺序详细讲解各个部分。

首先调用 ListUtils.reverse 方法把实参 node.args() 逆序，按照从后向前（从右往左）的顺序处理。在 cdecl 的约定下，最左边的参数必须出现在栈顶。换句话说，必须把右边的参数先压栈。接着从右边的参数开始，按顺序编译这些参数，并调用 push 方法把这些值压栈。

编译完所有的参数后，接着开始调用函数。node.isStaticCall() 用于判断这个函数调用是直接用函数名进行调用还是用函数指针进行调用。如果是通过函数名调用，那么会生成普通的 call 指令。如果是通过函数指针调用，那么会生成使用绝对地址的 call 指令，像 call *%eax 这样。

Call 类的 isStaticCall 方法用于判断函数调用是通过函数名还是函数指针进行的。如果相当于 f(a) 的 f 的表达式是函数类型的变量，那么 f(a) 就是通过函数名进行的函数调用，isStaticCall() 将返回 true；如果相当于 f 的表达式的类型是函数指针，那么 f(a) 则是通过函数指针进行的函数调用，这个时候 isStaticCall() 将返回 false。另外，如果 f 的类型既不是函数变量也不是函数指针，那就是类型错误，应该由 TypeChecker 抛出异常。

node.function().callingSymbol() 是返回调用函数时的符号的表达式。这个符号通常和函数名一致，但在地址无关代码中，被调用函数是全局作用域的时候会有所不同。这部分的详细内容可以参考第 21 章。

最后，在 call 指令之后，也就是从函数调用返回的时候，调用 rewindStack 方法，生成回滚栈状态的代码。rewindStack 方法生成的代码会把实参的栈指针返回，释放参数部分的内存。

栈回滚的大小是"参数个数 4"。cbc 中能作为函数参数的值都在 4 字节以下，因此栈上所有的参数都是 4 字节。所以参数所占的内存大小可以简单地通过"参数个数 4"来计算。

编译 Return 节点

最后讲解 cbc 对表示 return 语句的中间代码节点——Return 节点的编译过程。把 Return 节点编译成汇编代码的源代码如代码清单 15.29 所示。

代码清单 15.29　编译 Return 节点（sysdep/x86/CodeGenerator.java）

```
public Void visit(Return node) {
    if (node.expr() != null) {
        compile(node.expr());
    }
    as.jmp(epilogue);
    return null;
}
```

首先，如果 return 返回的是表达式，那么要先编译这个表达式。编译后的结果会保留到 ax 寄存器中，因此这个值自然就成了返回值（因为函数的返回值是通过 ax 寄存器来传递的）。

然后，生成无条件跳转的 jmp 指令，跳转到 epilogue 标签。epilogue 是定义在函数尾声开头的标签。这样就可以跳过函数剩下的代码，结束函数调用。

综上，关于 Call 节点和 Return 节点的编译过程就讲解完了。下一章将讲解函数序言和尾声代码的生成，以及局部变量的内存分配等。

第16章

分配栈帧

本章主要讲解函数序言、尾声代码的生成，局部
变量的分配以及实现附加功能的 alloca 函数。

16.1 操作栈

本节将讲解 cbc 中栈的使用方法和操作原则。

cbc 中的栈帧

cbc 生成的栈帧构造如图 16.1 所示。

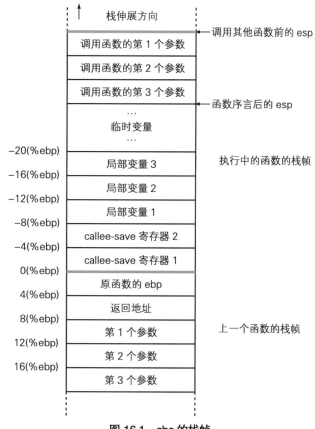

图 16.1 cbc 的栈帧

这个结构和 x86 CPU 下的 Linux 的标准栈帧结构基本一致。

有一点需要注意，图中的"临时变量"并不是生成中间代码时的临时变量。在 cbc 中，中间代码中的临时变量被当成局部变量处理。图中所指的"临时变量"是第 15 章中使用

virtualPush 压栈的区域。

另外，访问栈时使用的是和 ebp 寄存器相对的内存引用。不熟悉汇编语言的话，有时候会不清楚哪个内存引用对应哪个内容，因此在阅读本章时遇到类似的疑惑时可以回来看看这张图。

栈指针操作原则

尽可能减少修改栈指针（sp 寄存器）的次数，是 cbc 中的一个编译原则。在 cbc 生成的代码里，修改栈指针的情况只有以下 4 种。

1. 函数被调用后
2. 将其他函数的参数压栈时
3. 从其他函数返回时
4. 执行 alloca 函数时（alloca 函数相关的内容将在本章最后一节介绍）

首先在函数序言中生成栈指针，以确保局部变量和临时变量的存储空间。这和 14 章中描述的一致。

接着，在调用其他函数或者从该调用函数中返回时，变更栈指针。函数调用时变更栈指针是为了把参数压栈，从函数返回时变更栈指针是为了恢复栈帧状态。

最后，本章末尾讲述的 alloca 函数也会更改栈指针。

这里需要注意一点，那就是上述 4 点中并不包括"临时变量压栈"。第 15 章中使用的 virtualPush 和 virtualPop 方法并不等同于实际的 push 指令和 pop 指令，而是最终会生成 move 指令，因此也就不会更改栈指针。为此，virtualPush 方法和 virtualPop 方法的底层实现应用了虚拟栈的机制。本章会详细讲解虚拟栈相关的内容。

函数体编译顺序

下面讲解 cbc 中编译函数体的所有步骤。编译函数体的 compileFunctionBody 方法的代码如代码清单 16.1 所示。

代码清单 16.1　compileFunctionBody 方法（sysdep/x86/CodeGenerator.java）

```
private void compileFunctionBody(AssemblyCode file, DefinedFunction func) {
    StackFrameInfo frame = new StackFrameInfo();
    locateParameters(func.parameters());
    frame.lvarSize = locateLocalVariables(func.lvarScope());

    AssemblyCode body = optimize(compileStmts(func));
    frame.saveRegs = usedCalleeSaveRegisters(body);
    frame.tempSize = body.virtualStack.maxSize();

    fixLocalVariableOffsets(func.lvarScope(), frame.lvarOffset());
```

```
    fixTempVariableOffsets(body, frame.tempOffset());

    if (options.isVerboseAsm()) {
        printStackFrameLayout(file, frame, func.localVariables());
    }
    generateFunctionBody(file, body, frame);
}
```

compileFunctionBody 方法有些复杂，下面用伪代码概括说明它内部的处理流程。

```
compileFunctionBody(AssemblyCode file, DefinedFunction func) {
    设置访问参数、局部变量的内存引用
    编译函数体
    正式生成访问局部变量的内存引用
    正式生成访问临时变量的内存引用
    往 file 中添加序言、函数体和尾声的汇编代码
}
```

导致这个方法的代码如此复杂的根本原因在于：如果不实际进行编译，就无法确认所需的 callee-save 寄存器的个数。如果不知道所需的 callee-save 寄存器的个数，就不能确定局部变量保存区域的起始内存地址。也就是说，不实际编译就无法确定局部变量的内存引用，而显然局部变量的内存引用对于编译函数体而言是必不可少的。

为了解决这个问题，cbc 中分两个步骤来最终确定局部变量的内存引用。首先把偏移量为空的 IndirectMemoryReference 对象作为局部变量的内存引用进行编译，然后在编译结束后再把这些 IndirectMemoryReference 对象的偏移量确定下来。

另外，这里 cbc 在生成代码时使用的 callee-save 寄存器为 bx 寄存器（及 bp 寄存器），因此也可以通过不断保存 bx 寄存器的值来解决上述问题。然而，一来使用这个方法对于这种情况并没有多大优势，二来希望这段代码可以很方便地转换成使用 si 寄存器或者 di 寄存器来实现，因此虽然稍微复杂一点，还是采用了上述分两个步骤来实现的方法。

下一节将详细讲解 compileFunctionBody 的代码。

16.2　参数和局部变量的内存分配

本节将讲解如何分配访问参数和局部变量用的内存引用。

本节概述

本节将主要介绍 compileFunctionBody 方法中的以下部分。

代码清单 16.2　compileFunctionBody 方法（sysdep/x86/CodeGenerator.java，部分）

```
        locateParameters(func.parameters());
        frame.lvarSize = locateLocalVariables(func.lvarScope());
```

locateParameters 方法负责分配用于访问参数的内存引用。

而 locateLocalVariables 方法则负责分配用于访问局部变量的内存引用。不过，上一节中也说过，这里分配的内存引用是虚拟内存引用。最终在确定了需要保存的 callee-save 寄存器的数目之后，还需要再次调整相应的内存引用的偏移量。

参数的内存分配

首先来看一下 locateParameters 方法。可以认为参数就在"发起函数调用的原函数的"栈帧上。具体如图 16.2 所示，其位置在原函数的栈帧指针（ebp）以及返回地址的后面。

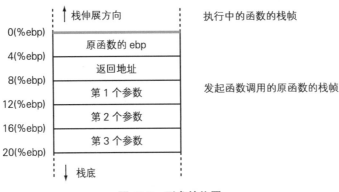

图 16.2　形参的位置

locateParameters 方法的实现如代码清单 16.3 所示。

代码清单 16.3 locateParameters 方法 (sysdep/x86/CodeGenerator.java)

```
static final private long PARAM_START_WORD = 2;
                              // return addr and saved bp

private void locateParameters(List<Parameter> params) {
    long numWords = PARAM_START_WORD;
    for (Parameter var : params) {
        var.setMemref(mem(stackSizeFromWordNum(numWords), bp()));
        numWords++;
    }
}
```

其中，PARAM_START_WORD 表示形参在栈上的起始偏移量，其单位为"字"。

字（word）的意思比较含糊，根据不同的情况，有时候指的是"当前 CPU 下的原始大小"，有时候指的是"不同 CPU 下的原始大小"。cbc 和本书中用 1 字来表示通用寄存器的大小，也就是 4 个字节。

回头看看代码。首先把表示参数偏移量的局部变量 numWords 初始化为 PARAM_START_WORD，然后使用 foreach 语句为每个参数分配 MemoryReference。var.setMemref 方法为参数（表示参数的 Parameter 对象）设置 MemoryReference 对象。另外，该参数的 mem(..., bp()) 表示的是 bp 寄存器相对的内存引用。

剩下的就只有 stackSizeFromWordNum 方法了。如下所示，stackSizeFromWordNum 方法非常简单，仅仅是把字数转换成字节数。

代码清单 16.4 stackSizeFromWordNum 方法 (sysdep/x86/CodeGenerator.java)

```
private long stackSizeFromWordNum(long numWords) {
    return numWords * STACK_WORD_SIZE;
}
```

STACK_WORD_SIZE 表示栈中 1 字的字节数，也就是 4。IA-32 约定中，把整数压栈时通常就会占用 4 个字节。也就是说和字数相乘的正是栈上的字节数。

总结一下，就是从 8(%ebp) 开始，每次递增 1 字（4 字节）为各个参数分别分配内存引用。也就是说，参数的内存引用分别为 8(%ebp)、12(%ebp)、16(%ebp)……cbc 中，参数最大为 4 个字节，并且分配给所有参数的内存大小都一致，因此内存分配相对比较简单。

局部变量的内存分配：原则

接下来讲解为访问局部变量进行的内存引用分配。如图 16.3 所示，局部变量保存在执行中的函数的栈帧中。

除此以外，需要特别注意下面这 3 点。

首先，这个图里只有 1 个 callee-save 寄存器被保存到了栈中，实际上可能有 2 个，或者没有。因此 `locateLocalVariables` 方法首先把没有 callee-save 寄存器的情况作为初始状态为局部变量分配偏移量。

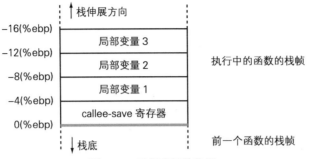

图 16.3 局部变量的位置

其次，局部变量和参数不同，很有可能是数组或者构造体，因此大小不一定是 4 个字节。另外，因为机器栈相对而言更严格要求对齐，所以还需要手动校准数据。

最后，在 cbc 中，当两个局部变量的作用域不重叠时，有可能被分配到同一个内存位置。譬如下列程序被编译后，`i` 和 `j` 会被分配同一个内存位置。

```
int f(int n) {
    if (n > 5) {
        int i = n * 5;
        return i;
    } else {
        int j = n * n;
        return j;
    }
}
```

在接下来的阅读中，请大家注意这 3 点。

局部变量的内存分配

为局部变量分配内存引用的 `locateLocalVariables` 方法的代码如代码清单 16.5 所示。

代码清单 16.5　locateLocalVariables 方法 (sysdep/x86/CodeGenerator.java)

```
private long locateLocalVariables(LocalScope scope) {
    return locateLocalVariables(scope, 0);
}

private long locateLocalVariables(LocalScope scope, long parentStackLen) {
    long len = parentStackLen;
    for (DefinedVariable var : scope.localVariables()) {
        len = alignStack(len + var.allocSize());
        var.setMemref(relocatableMem(-len, bp()));
    }
```

```
    long maxLen = len;
    for (LocalScope s : scope.children()) {
        long childLen = locateLocalVariables(s, len);
        maxLen = Math.max(maxLen, childLen);
    }
    return maxLen;
}
```

第 1 个参数只有 1 个的 locateLocalVariables 方法是入口函数。由这个入口函数调用有 2 个参数的 locateLocalVariables 方法，进入正式处理流程。

2 个参数的 locateLocalVariables 方法负责处理 1 个 LocalScope 对象对应的局部变量。LocalScope 对象在 Cb 中表示代码块（也就是花括号围起来的代码）。这个方法以空行为界，前半部分为局部变量分配内存引用，后半部分处理子作用域。

📖 处理作用域内的局部变量

首先我们来看看 locateLocalVariables 方法的前半部分代码，如下所示。

```
long len = parentStackLen;
for (DefinedVariable var : scope.localVariables()) {
    len = alignStack(len + var.allocSize());
    var.setMemref(relocatableMem(-len, bp()));
}
```

变量 len 表示目前为止分配的局部变量区域的大小。首先把这个变量 len 初始化为方法的第 2 个参数 parentStackLen。parentStackLen 指的是父作用域中分配的内存大小。

第 2 行的 foreach 语句对作用域内的各个局部变量分别分配内存引用。在 foreach 语句内的第 1 行，把 len 变量增加 1 个变量的大小，并调用 alignStack 方法校准 len 变量。

通过 var.allocSize() 可以求得 1 个局部变量的大小。这个值的单位是字节，譬如 char 类型的变量是 1，int 类型的变量则是 4。局部变量的类型是数组或者构造体的时候，也可以遵照第 12 章中介绍的规则正确地计算出大小。各个 Type 类中封装了计算大小的 size 方法，感兴趣的话可以参照相关代码。

最后调用 var.setMemref 方法分配内存引用。relocatableMem 方法和 mem 方法的实现几乎一致，只是在其内部实现中会设立一个标志位，用于表示偏移量可变。

接下来就剩计算局部变量的偏移量了。relocatableMem 方法的第 1 个参数（偏移量）中被传入 -len。为什么是 -len 呢？局部变量的大小和偏移量的关系如图 16.4 所示，可供参考。

第 1 个局部变量的大小为 4 字节，合计内存大小为 4 字节。这个局部变量的偏移量为-4。第 2 个局部变量的大小为 8 字节，合计内存大小为 12 字节。这个局部变量的偏移量就是-12。也就是说，合计内存大小（len）加上负号之后就是对应局部变量的偏移量了。这就是局部变

量的偏移量表示为 -len 的原因。

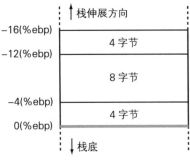

图 16.4　局部变量的偏移量

对齐的计算

alignStack 方法的实现如下。

代码清单 16.6　alignStack 方法 (sysdep/x86/CodeGenerator.java)

```
private long alignStack(long size) {
    return AsmUtils.align(size, STACK_WORD_SIZE);
}
```

具体而言，就是使用 AsmUtils.align 方法，返回 "大于等于 size 的 STACK_WORD_SIZE 的最小倍数"。STACK_WORD_SIZE 常量的值为 4，因此如果 size 为 1、2、3、4 之中的一个，那么 alignStack 的返回值为 4。如果 size 为 5、6、7、8 之中的一个，那么 alignStack 的返回值为 8。

AsmUtils.align 的代码如下所示。

代码清单 16.7　align 方法 (utils/AsmUtils.java)

```
static public long align(long n, long alignment) {
    return (n + alignment - 1) / alignment * alignment;
}
```

align 方法返回 "大于等于 n 的 a 的最小倍数"。对于任意正整数 n 和 a，n / a * a 就是 "小于等于 n 的 a 的最大倍数"，因此 n 加上 (a-1) 后再进行同样的运算就可以得到 "大于等于 n 的 a 的最小倍数"。多试几次就知道这个规律的正确性了。

子作用域变量的内存分配

最后来看看 locateLocalVariables 方法后半部分处理子作用域的代码。

代码清单 16.8　locateLocalVariables 方法（后半部分，sysdep/x86/CodeGenerator.java）

```
    long maxLen = len;
    for (LocalScope s : scope.children()) {
        long childLen = locateLocalVariables(s, len);
        maxLen = Math.max(maxLen, childLen);
    }
    return maxLen;
}
```

使用 foreach 语句遍历子作用域列表 scope.children()，递归地调用 locateLocalVariables 方法进行处理。

这里要注意，对于所有的子作用域，locateLocalVariables 方法的第 2 个参数传入的都是同一个值（len）。这个处理使得所有子作用域内为局部变量分配的都将是同一个位置的内存引用。譬如下列函数的作用域将得到如图 16.5 所示的内存分配。

```
int f(int n)
{                               // 作用域 1
    int a = n * 3;
    if (n > 5) {                // 作用域 2
        int b = a + 7;
        if (b > 0) {            // 作用域 3
            int c = b * b;
            return c;
        }
        return 0;
    } else {                    // 作用域 4
        int z = x - 1;
        return z;
    }
}
```

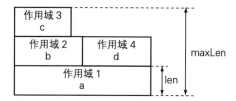

图 16.5　重叠的局部变量的内存分配

另外，这段代码也计算了包含子作用域在内的所有局部变量所占的内存大小。变量 maxLen 就是包含子作用域在内的所有局部变量所占的内存大小。假设现在正在处理作用域 1，则作用域 1 自身的局部变量所占的内存大小为 len，而包含了作用域 1 的子作用域的局部变量，其最大内存大小为 maxLen。

16.3 利用虚拟栈分配临时变量

本节将讲解 cbc 中临时变量的实现。

虚拟栈的作用

首先来看如何使用虚拟栈为临时变量分配内存。虚拟栈指的是为了把 push 和 pop 对应的内存访问替换成 mov 指令对应的内存访问而设计的机制。

我们以下列汇编代码为例来思考一下。

```
pushl    %eax
pushl    %ecx
pushl    %esi
popl     %ecx
popl     %eax
popl     %esi
```

类似这样压栈和出栈操作一一对应的情况下，完全可以把 push 指令和 pop 指令替换成以下使用 %ebp 的 mov 指令。

```
movl     %eax, -4(%ebp)       # pushl    %eax
movl     %ecx, -8(%ebp)       # pushl    %ecx
movl     %esi, -12(%ebp)      # pushl    %esi
movl     -12(%ebp), %ecx      # popl     %ecx
movl     -8(%ebp), %eax       # popl     %eax
movl     -4(%ebp), %esi       # popl     %esi
```

push 指令和 pop 指令通过更改 ebp 寄存器的值 0(%ebp)，来每次访问不同的内存地址。但上述代码并不更改 ebp 寄存器的值，而是通过改变与 ebp 寄存器的偏移量，来每次访问不同的内存地址。cbc 的虚拟栈正是通过计算相对 ebp 寄存器的偏移量，而把压栈出栈操作替换成上述 mov 指令的一种机制。

不过，这里重复强调一下，当且仅当 push 指令和 pop 指令正确地一一对应时，才可以把 push 指令和 pop 指令替换成 mov 指令。

另外，当栈帧非空时，如果 push 和 pop 以外的指令更改了 ebp 寄存器的值，则这种替换也不适用。因为这种情况下无法正确计算偏移量。不过一般情况下这个条件是自然成立的，而 cbc 生成的代码也总会符合必要条件。

🏴 虚拟栈的接口

下面讲解虚拟栈的接口。

虚拟栈的主要接口是 AssemblyCode 类的 virtualPush 方法和 virtualPop 方法。使用这两个方法可以使生成的代码中用 mov 指令代替 push 指令和 pop 指令。这些方法在第 15 章中我们就已经多次用到。

表 16.1　虚拟栈相关的方法

方法	效果
virtualPush(Register reg)	生成把 reg 的值压入虚拟栈的代码
virtualPop(Register reg)	生成从虚拟栈中出栈并赋值给 reg 的代码

virtualPush 方法和 virtualPop 方法内部都使用 VirtualStack 类来计算相对于 %ebp 的偏移量。VirtualStack 类用于保存"目前"相对于 %ebp 的偏移量，其内部定义了如表 16.2 所示的方法。

表 16.2　VirtualStack 类的方法

方法	效果
extend(long n)	把虚拟栈增大 n 字节
rewind(long n)	把虚拟栈缩小 n 字节
top()	返回访问虚拟栈顶端元素的内存地址
reset()	（再次）初始化虚拟栈

下面将按顺序讲解这些方法的实现。

🏴 虚拟栈的结构

首先介绍 VirtualStack 类的结构。代码清单 16.9 中展示了 VirtualStack 类的属性和构造函数。

代码清单 16.9　VirtualStack 类的属性 (sysdep/x86/AssemblyCode.java)

```java
class VirtualStack {
    private long offset;
    private long max;
    private List<IndirectMemoryReference> memrefs =
            new ArrayList<IndirectMemoryReference>();

    VirtualStack() {
        reset();
    }

    void reset() {
        offset = 0;
        max = 0;
        memrefs.clear();
```

```
    }
```

其中，`offset` 属性是目前相对于 `%ebp` 的偏移量。x86 下栈是向内存地址 0 的方向伸展的，因此栈越伸展，偏移量越小。不过 `offset` 属性与之相反，栈越伸展，其值越大。

`max` 属性是 `offset` 到目前为止的最大值。最后的 `memrefs` 属性用于保存类似于 `-4(%ebp)` 这样的访问栈所需的内存引用。`memrefs` 中保存的内存引用在之后调整临时变量的偏移量时可以派上用场。

另外，`VirtualStack` 类的实例会在 `AssemblyCode` 对象的 `virtualStack` 属性中保存。

virtualPush 方法的实现

接下来讲解 `virtualPush` 方法。`virtualPush` 方法的代码如代码清单 16.10 所示。

代码清单 16.10　virtualPush 方法 (sysdep/x86/AssemblyCode.java)

```java
void virtualPush(Register reg) {
    if (verbose) {
        comment("push " + reg.baseName() + " -> " + virtualStack.top());
    }
    virtualStack.extend(stackWordSize);
    mov(reg, virtualStack.top());
}
```

`if (verbose)` 这里的代码是生成注释用的，这里先忽略掉。首先，调用 `virtualStack.extend(stackWordSize)` 语句，令虚拟栈伸展 `stackWordSize` 这么大。`stackWordSize` 和 `CodeGenerator` 类的 `STACK_WORD_SIZE` 同值，都是 4。

接着调用 `mov` 方法，生成把 `reg` 寄存器的值传入虚拟栈顶端的 `mov` 指令。`virtualStack.top()` 返回的是表示当前虚拟栈顶端的内存地址的 `IndirectMemoryReference` 对象。

VirtualStack#extend 方法的实现

接下来看看 `VirtualStack` 类中 `extend` 方法和 `top` 方法的实现。首先讲解 `extend` 方法。

代码清单 16.11　VirtualStack 类的 extend 方法 (sysdep/x86/AssemblyCode.java)

```java
    void extend(long len) {
        offset += len;
        max = Math.max(offset, max);
    }
```

这个实现很简单，就是令 `offset` 增加 `len`，并更新 `max` 变量。

VirtualStack#top 方法的实现

下面是 VirtualStack 类的 top 方法。

代码清单 16.12　VirtualStack 类的 top 方法 (sysdep/x86/AssemblyCode.java)

```
IndirectMemoryReference top() {
    IndirectMemoryReference mem = relocatableMem(-offset, bp());
    memrefs.add(mem);
    return mem;
}
```

首先调用 relocatableMem 方法，生成访问栈顶的 IndirectMemoryReference 对象。relocatableMem 方法与 mem 方法几乎一致，只是其生成的 IndirectMemoryReference 对象的偏移量在之后可能会发生变更。relocatableMem 方法生成的 IndirectMemoryReference 对象表示的是类似于 -4(%ebp) 这样的、使用 bp 寄存器的间接内存引用。

接下来执行 memrefs.add(mem)，把刚刚生成的对象添加到 memrefs 中保存起来。

最后返回生成的 IndirectMemoryReference 对象，执行结束。

virtualPop 方法的实现

接着讲解 virtualPop 方法的实现。virtualPop 方法的代码如代码清单 16.13 所示。

代码清单 16.13　virtualPop 方法 (sysdep/x86/AssemblyCode.java)

```
void virtualPop(Register reg) {
    if (verbose) {
        comment("pop  " + reg.baseName() + " <- " + virtualStack.top());
    }
    mov(virtualStack.top(), reg);
    virtualStack.rewind(stackWordSize);
}
```

这里也忽略最开始的 if 语句。首先利用 mov 方法生成从虚拟栈顶内存地址把值载入 reg 寄存器的指令。接着执行 virtualStack.rewind(stackWordSize)，使得虚拟栈缩小 stackWordSize，也就是 4 个字节。

以上就是对 virtualPop 方法的说明。

VirtualStack#rewind 方法的实现

最后我们来看看 VirtualStack 类的 rewind 方法的实现。

代码清单 16.14　VirtualStack 类的 rewind 方法 (sysdep/x86/AssemblyCode.java)

```
void rewind(long len) {
```

```
        offset -= len;
    }
```

这段代码的意义一目了然。offset 变量减去 len，然后执行结束。

虚拟栈的运作

在本节的最后让我们来总结一下虚拟栈的运作流程。表 16.3 中列举了所执行的 virtualPop 和 virtualPush 语句、生成的 mov 指令和方法执行后 offset 属性的值等，大家可以结合这些操作来理解虚拟栈的运作流程。

表 16.3　虚拟栈以及生成的指令

执行的方法	生成的指令	offset 属性
（执行前）		0
virtualPush(ax());	movl %eax, -4(%ebp)	4
virtualPush(cx());	movl %ecx, -8(%ebp)	8
virtualPush(si());	movl %esi, -12(%ebp)	12
virtualPop(cx());	movl -12(%ebp), %ecx	8
virtualPop(ax());	movl -8(%ebp), %eax	4
virtualPop(si());	movl -4(%ebp), %esi	0

16.4 调整栈访问的偏移量

本节将讲述局部变量以及临时变量的偏移量调整。

本节概要

本节主要讲述 `compileFunctionBody` 方法中与局部变量和临时变量的偏移量调整相关的部分。具体的代码如代码清单 16.15 所示。

代码清单 16.15　compileFunctionBody 方法 (sysdep/x86/CodeGenerator.java, 部分)

```
AssemblyCode body = optimize(compileStmts(func));
frame.saveRegs = usedCalleeSaveRegisters(body);
frame.tempSize = body.virtualStack.maxSize();

fixLocalVariableOffsets(func.lvarScope(), frame.lvarOffset());
fixTempVariableOffsets(body, frame.tempOffset());
```

第 1 行生成函数体的汇编代码并优化。接着调用 `usedCalleeSaveRegisters` 方法，求得这段汇编代码中使用到的 callee-save 寄存器。第 3 行进一步调用 `VirtualStack` 类的 `maxSize` 方法，得到临时变量分配的内存大小。

在空行后面的代码中，首先调用 `fixLocalVariableOffsets` 方法，调整分配给局部变量的内存引用的偏移量。接下来调用 `fixTempVariableOffsets` 方法，调整临时变量所分配到的内存引用的偏移量。

以上就是整个处理流程的概要。接下来按顺序详细进行讲解。

StackFrameInfo 类

首先讲解上述代码中忽然出现的 `frame` 变量。`frame` 变量中保存的是一个 `StackFrameInfo` 对象。`StackFrameInfo` 类是 `CodeGenerator` 类中的内部类，它的作用是保存处理中的函数的栈帧信息。

`StackFrameInfo` 类的定义如代码清单 16.16 所示。

代码清单 16.16　StackFrameInfo 类 (sysdep/x86/CodeGenerator.java)

```
class StackFrameInfo {
    List<Register> saveRegs;
```

```
    long lvarSize;
    long tempSize;

    long saveRegsSize() { return saveRegs.size() * STACK_WORD_SIZE; }
    long lvarOffset() { return saveRegsSize(); }
    long tempOffset() { return saveRegsSize() + lvarSize; }
    long frameSize() { return saveRegsSize() + lvarSize + tempSize; }
}
```

saveRegs 属性中保存的是 callee-save 寄存器列表，其他属性以及方法都表示栈帧中特定部分的大小。各个属性和方法的含义如图 16.6 所示。

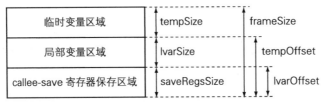

图 16.6 StackFrameInfo 的属性和方法表示的长度

计算正在使用的 callee-save 寄存器

下面直接切入对代码的讲解。先从 usedCalleeSaveRegisters 方法讲起。usedCalleeSaveRegisters 方法返回函数中使用到的 callee-save 寄存器列表。其实现代码如代码清单 16.17 所示。

代码清单 16.17　usedCalleeSaveRegisters 方法 (sysdep/x86/CodeGenerator.java)

```
    private List<Register> usedCalleeSaveRegisters(AssemblyCode body) {
        List<Register> result = new ArrayList<Register>();
        for (Register reg : calleeSaveRegisters()) {
            if (body.doesUses(reg)) {
                result.add(reg);
            }
        }
        result.remove(bp());
        return result;
    }
```

首先第 1 行初始化了一个空的 ArrayList 对象。接着调用 calleeSaveRegisters 方法获取 callee-save 寄存器列表，并使用 foreach 语句遍历这个列表。之后调用 body.doesUses(reg) 判断函数体是否使用了这个寄存器，如果使用过，则把寄存器加入到 result 里。

最后，执行 result.remove(bp()) 把 bp 寄存器从 result 中移除。因为在 cbc 中，无论是否使用 bp 寄存器，都会对它的值进行备份，所以还是不要把它放到返回值里面比较好。

另外，`AssemblyCode` 类的 `doesUses` 方法用于判定在一个 `AssemblyCode` 对象内某个特定的寄存器是否被使用过。因为 `AssemblyCode` 对象保存了每个寄存器被使用的次数，所以这个方法的实现非常简单。

而确认每个寄存器被使用的次数的方法就是遍历所有的汇编对象，对 `Register` 对象进行计数。这个实现不复杂，并且很单调，所以这里就略过不提了。

计算临时变量区域的大小

接下来讲解如何计算临时变量区域的大小。在 `compileFunctionBody` 方法中，下面这 1 行代码实现了这个需求。

```
frame.tempSize = body.virtualStack.maxSize();
```

所有临时变量都由虚拟栈分配内存，因此虚拟栈的最大内存偏移量就是临时变量区域的大小。`VirtualStack` 类的 `maxSize` 方法可以返回一个虚拟栈的最大内存偏移量。其内部实现其实就是返回虚拟栈的 `max` 属性的值。

调整局部变量的偏移量

接下来讲解如何调整局部变量的偏移量。具体而言，`compileFunctionBody` 方法中下面这部分代码实现了这个需求。

```
fixLocalVariableOffsets(func.lvarScope(), frame.lvarOffset());
```

`func.lvarScope()` 方法返回 `func` 函数体的作用域所对应的 `LocalScope` 对象。`frame.lvarOffset()` 返回局部变量领域的偏移量。

`fixLocalVariableOffsets` 方法的代码如下所示。

代码清单 16.18　fixLocalVariableOffsets 方法 (sysdep/x86/CodeGenerator.java)

```
private void fixLocalVariableOffsets(LocalScope scope, long len) {
    for (DefinedVariable var : scope.allLocalVariables()) {
        var.memref().fixOffset(-len);
    }
}
```

首先调用 `scope.allLocalVariables()` 得到当前作用域下的所有局部变量，然后用 `foreach` 语句遍历。对每一个局部变量的 `memref` 调用 `fixOffset` 方法，为每个变量的偏移量加上 `-len`，也就是减去 `len`。这里要注意一点，`len` 通常是正数，因此在类似于 x86 这样的栈伸展方向是内存地址 0 的架构下，做 `-len` 这样的符号变换是很必要的。

调整临时变量的偏移量

最后来看看临时变量的偏移量调整。compileFunctionBody 方法中实现这个需求的代码如下所示。

```
fixTempVariableOffsets(body, frame.tempOffset());
```

body 是表示函数体的 AssemblyCode 对象，frame.tempOffset() 表示临时变量区域的起始偏移量。

fixTempVariableOffsets 方法的代码如下所示。

代码清单 16.19　fixTempVariableOffsets 方法 (sysdep/x86/CodeGenerator.java)

```java
private void fixTempVariableOffsets(AssemblyCode asm, long len) {
    asm.virtualStack.fixOffset(-len);
}
```

对 asm 的 VirtualStack 对象调用 fixOffset 方法，令这个 VirtualStack 对象生成的所有 IndirectMemoryReference 对象的偏移量同时加上 -len，也就是减去 len。

VirtualStack 对象的 fixOffset 方法对 memrefs 中所有的 IndirectMemoryReference 对象进行遍历，调用这些对象各自的 fixOffset 方法。

以上就是局部变量以及临时变量的偏移量调整。到此为止，函数体的编译、内存引用的偏移量调整以及所有栈帧的信息收集都已经完成，剩下的工作就只有生成函数序言和尾声了。

16.5　生成函数序言和尾声

本节将讲解如何生成函数序言和尾声。

本节概要

本节中我们将会利用目前已有的所有信息，生成函数的序言和尾声代码。具体实现在 `generateFunctionBody` 方法中，其代码如代码清单 16.20 所示。

代码清单 16.20　generateFunctionBody 方法 (sysdep/x86/CodeGenerator.java)

```
    private void generateFunctionBody(AssemblyCode file,
            AssemblyCode body, StackFrameInfo frame) {
        file.virtualStack.reset();
        prologue(file, frame.saveRegs, frame.frameSize());
        if (options.isPositionIndependent() && body.doesUses(GOTBaseReg())) {
            loadGOTBaseAddress(file, GOTBaseReg());
        }
        file.addAll(body.assemblies());
        epilogue(file, frame.saveRegs);
        file.virtualStack.fixOffset(0);
    }
```

首先对 `file.virtualStack` 调用 `reset` 方法，初始化 `file` 的虚拟栈。注意上一节中说到的虚拟栈指的是 `body.virtualStack`，和这里初始化的 `file.virtualStack` 不同。

接着调用 `prologue` 方法生成函数的序言代码。

紧接着的 `if` 语句可以忽略掉。这部分和第 21 章中的地址无关代码相关。

接下来执行 `file.addAll`，把函数体的汇编代码全部添加到 `file` 中去。

之后调用 `epilogue` 生成函数的尾声代码。

最后 1 行的作用是调整 `file.virtualStack` 对象生成的 `IndirectMemoryReference` 对象的偏移量。虽说如此，因为参数为 0，所以事实上偏移量的值并没有改变。

生成函数序言

下面我们来看看生成函数序言的代码。生成函数序言的 `prologue` 方法的代码如代码清单 16.21 所示。

代码清单 16.21　prologue 方法 (sysdep/x86/CodeGenerator.java)

```
private void prologue(AssemblyCode file,
        List<Register> saveRegs, long frameSize) {
    file.push(bp());
    file.mov(sp(), bp());
    for (Register reg : saveRegs) {
        file.virtualPush(reg);
    }
    extendStack(file, frameSize);
}
```

首先调用 push 方法，生成把 bp 寄存器压栈的指令。接着调用 mov 方法，把 sp 寄存器的值存入 bp 寄存器。这样就完成了 bp 寄存器的初始化。

接下来使用 foreach 语句遍历 saveRegs。saveRegs 是需要保存的 callee-save 寄存器的列表。把这些寄存器按顺序传入 virtualPush 方法，生成压栈的代码。不过因为是 virtualPush 方法，所以事实上使用的并不是 push 指令，而是 mov 指令。这样就生成了保存 callee-save 寄存器的代码。

最后调用 extendStack 方法，生成令机器栈伸展 frameSize 个字节的代码。extendStack 方法的代码如代码清单 16.22 所示。

代码清单 16.22　extendStack 方法 (sysdep/x86/CodeGenerator.java)

```
private void extendStack(AssemblyCode file, long len) {
    if (len > 0) {
        file.sub(imm(len), sp());
    }
}
```

这段代码的含义很直观：当 len 大于 0 时，调用 sub 指令使 sp 寄存器的值减去 len。

生成函数尾声

最后讲解一下生成函数尾声代码的 epilogue 方法（代码清单 16.23）。

代码清单 16.23　epilogue 方法 (sysdep/x86/CodeGenerator.java)

```
private void epilogue(AssemblyCode file, List<Register> savedRegs) {
    for (Register reg : ListUtils.reverse(savedRegs)) {
        file.virtualPop(reg);
    }
    file.mov(bp(), sp());
    file.pop(bp());
    file.ret();
}
```

最开头的 foreach 语句生成了恢复在函数序言中保存到机器栈中的 callee-save 寄存器的代码。利用 ListUtils.reverse 把 saveRegs，即保存的 callee-save 寄存器列表进行倒序，并通过 foreach 语句进行遍历。这里要注意，如果不先对 savedRegs 进行倒序，将无法正确恢复先前压入机器栈的值。

接下来调用 mov 方法和 pop 方法，生成恢复 sp 寄存器和 bp 寄存器的代码。

最后调用 ret 方法，生成 ret 指令。

这样函数的尾声代码也成功生成了。到此为止所有函数相关的代码，包括函数序言、函数尾声等，都已经成功生成。只要再为函数添加标签，定义好全局变量和字符串常量，整个编译工作就全部完成了。不过剩下的编译工作暂且告一段落，放到第 21 章再叙，下面我们聊一聊别的话题。

16.6 alloca 函数的实现

本节将讲解一个和机器栈关系匪浅的函数——alloca 函数和它的实现。

什么是 alloca 函数

首先，alloca 函数可以看作是 C 语言中的 alloca 函数的简化版。不过这里的 alloca 函数是怎样的呢？

alloca 函数用于申请机器栈上任意长度的区域。可以看作是 malloc 函数的机器栈版本。alloca 函数的函数声明如下所示。

```
#include <stdlib.h>

void* alloca(size_t size);
```

譬如要声明一个 16 字节的区域时，可以像下面这样调用 alloca 函数。

```
char* ptr = alloca(16);
```

alloca 函数只是声明机器栈上的区域，因此申请到的区域也保留了机器栈的特性。也就是说，当某个调用了 alloca 函数的函数体执行完毕后，由 alloca 声明的区域就会被释放掉。

另外，alloca 函数的实现严重依赖编译器生成的代码，因此并没有通用的实现。一般标准 C 库里不包含 alloca，而是由具体的编译器来提供其实现。譬如在 gcc 中就是以内置函数 __builtin_alloca 的形式来实现的。

实现原则

下面讲解 alloca 函数的实现原则。请参考图 16.7，这是之前介绍过的 cbc 中的栈帧图。

cbc 的 alloca 函数用于申请临时变量区域以及参数区域之间的内存。总之，将图 16.7 中的 esp #1 变为 esp #2 即可。

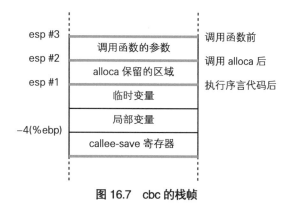

图 16.7　cbc 的栈帧

alloca 函数的影响

　　alloca 函数用非常规的方法改变了栈指针，这会不会对其他代码造成影响呢？这一点需要慎之又慎。

　　首先，局部变量和临时变量使用的是和 bp 寄存器相对的内存地址，无论栈指针怎样改变都不会有所影响。事实上，原本这个设计就是为了避免 alloca 函数造成的影响。

　　其次，当函数的实参压栈时会怎样呢？cbc 中将函数的实参压栈时不使用虚拟栈，而是使用 push 指令。因此，无论 alloca 函数如何改变栈指针，都可以在其之上正确压栈。

　　最后，在 C 语言中，像下面这样在参数中调用 alloca 函数时，其结果无法保证。

```
printf("%d,%p,%d\n", 5, alloca(4), 7);
```

　　在这种情况下，若执行参数表达式并压栈，那么当第 4 个参数 7 压栈之后，alloca 函数就被执行了。也就是说，这个时候 alloca 函数申请了栈上第 4 个参数和第 2 个参数之间的区域。这就是 alloca 函数"一般情况下"不能在其他函数的参数中使用的理由。

　　虽说如此，cbc 中即使 alloca 函数在其他函数的参数中使用，也不会引发问题。因为 cbc 会把上述代码转换成如下指令。

```
void *tmp0 = alloca(4);
printf("%d, %p, %d\n", 5, tmp0, 7);
```

　　使用 alloca 函数带来的副作用就这么被中间代码转换带来的好处抵消了。

alloca 函数的实现

　　下面讲解 cbc 中 alloca 函数的实现。cbc 的 alloca 函数在 libcbc.a 这个库里。使用 cbc 执行链接命令后，libcbc.a 会被自动链接。因此 alloca 函数可以在程序中正常使用。

alloca 函数的实现如代码清单 16.24 所示。

代码清单 16.24　cbc 专用的 alloca 函数 (lib/alloca.s)

```
        .text
.globl alloca
        .type    alloca,@function
alloca:
        popl     %ecx
        movl     (%esp), %eax
        addl     $3, %eax
        andl     $-4, %eax
        subl     %eax, %esp
        leal     4(%esp), %eax
        jmp      *%ecx
        .size    alloca, .-alloca
```

如上所示，这是汇编语言。因为要直接操作栈指针，所以没有办法用 Cb 语言实现 alloca 函数，于是就直接用汇编语言来写了。

首先执行 popl 指令，把返回地址存入 ecx 寄存器，同时使得栈指针回退 4 个字节。此时 esp 寄存器指向 alloca 函数的第 1 个参数，于是执行 movl 指令把第 1 个参数取出到 eax 寄存器中。

接着执行 addl 指令和 andl 指令，令第 1 个参数的值扩展为 4 的倍数。这里所说的"扩展为 4 的倍数"指的是，譬如第 1 个参数为 0 时结果为 0，为 1、2、3、4 时结果为 4，为 5、6、7、8 时结果为 8。x86 上的 Linux 的栈块大小为 4 字节，因此需要进行这个转换。

这两个指令连起来就是 C 语言中的 (size+3) & 0xFFFFFFFC。也就是说，加 3 后最后 2 位归零。最后 2 位归零的操作相当于把整数变为比其小的最大的 4 的倍数。如果加上 3 后再进行这个操作，得到的则是比（正）整数大的最小的 4 的倍数。

回到 alloca 函数的实现。接下来执行 subl 指令使得 esp 寄存器的值减去 eax 寄存器的值，也就是扩展机器栈。

再接着，执行 leal 指令，把 esp 加 4 后的值传入 eax 寄存器。这个就是 alloca 函数的返回值。之所以要加 4，是因为从 alloca 函数返回后，栈指针需要后退参数大小。由于 alloca 函数返回的值必须和 alloca 函数调用结束后（栈指针后退后）的 esp 一致，因此需要补足将要回退的部分。

最后执行 jmp 指令，跳转到在函数起始位置处保存到 ecx 寄存器中的返回地址。因为使用 ret 指令时 esp 寄存器必须指向返回地址，所以从 alloca 函数返回时不能用 ret 指令。

第 **17** 章

优化的方法

本章将解说优化程序的方法及其分类。

17.1 什么是优化

本节来讲述什么是优化。

各种各样的优化

在程序设计领域，提到"优化"，一般指的是提高程序的执行速度。不过"优化"这个词不一定只与执行速度相关。

举个例子，GCC 编译器有一个选项 -Os，可以使得生成的代码最小。代码最小并不意味着执行速度最快，不过使代码量最小化本身也称得上是一种优化。这样的操作可以看作是"和代码量相关的优化"。除此以外，还有"与执行时的内存使用量相关的优化""程序响应速度相关的优化"等，事实上有各种各样的优化。

话虽如此，一般而言最受关注的还是执行速度相关的优化。本书中接下来讲述的也是执行速度相关的优化。

优化的案例

首先介绍几个最广为人知的优化方法，如下所示。

- 常量折叠
- 代数简化
- 降低运算强度
- 削除共同子表达式
- 消除无效语句
- 函数内联

下面按顺序来讲解。

常量折叠

常量折叠（constant folding）指的是把常量表达式在编译时进行运算。譬如下面的 C 语言代码。

```
int max_size = 2 * 1024 * 1024;    /* 2MB */
```

这里的 2*1024*1024 是只含常量的表达式，因此可以在编译时进行计算。如果在编译时进行了运算，那么程序运行时就可以省略这次运算，因此可以获得更快的执行速度。这就是常量折叠。

代数简化

代数简化（algebraic simplification）指的是利用表达式的数学性质，对表达式进行简化。

比如 x*1 这个表达式和 x 是一样的，可以直接替换成 x。同样地，x+0、x-0 等也可以替换成 x。而 x*0 恒等于 0，因此也可以直接用 0 来代替。

降低运算强度

降低运算强度（strength reduction）指的是用更高速的指令进行运算。

比如说 x*2 这个表达式，可以转换成加法运算 x+x。一般来说 CPU 计算加法比计算乘法效率更高，因此虽然两个式子效果相同，但 x+x 的运算速度更快。这就是"降低运算强度"的办法。

把乘法转换成位移运算也是降低运算强度的一个例子。一般而言，求整数与 2 的阶乘的乘积可以用位移运算来优化。因为 x 乘以 4 和 x 左移 2 比特的效果是一样的，而后者速度更快。

删除共同子表达式

删除共同子表达式（common-subexpression elimination）指的是有重复运算的情况下，把多次运算压缩为一次运算的方法。

譬如下面的 C 语言代码。

```
int x = a * b + c + 1;
int y = 2 + a * b + c;
```

对 x 和 y 的计算中，a*b+c 这个部分的运算是一致的。这种情况下，因为 a*b+c 的值一样，所以不必要计算 2 次。只要把上述代码进行如下转换，这部分就可以只计算 1 次。

```
int tmp = a * b + c;
int x = tmp + 1;
int y = 2 + tmp;
```

这就是删除共同子表达式。

消除无效语句

消除无效语句（dead code elimination）指的是删除从程序逻辑上执行不到的指令。譬如下面的 C 语言代码毫无意义，完全可以删除掉。

```
if (0) {
    fprintf(stderr, "program started\n");
}
```

这样的语句在调试用的代码中很常见。

函数内联

函数内联（function inlining）指的是把（小的）函数体直接嵌入到函数调用处，使得函数调用的作用域归零的方法。

比如下面的 C 语言代码。

```
int
region_size(int n_block)
{
    return n_block * 1024;
}
```

假设在别的地方通过 region_size(2) 这个语句进行了函数调用，那么将其替换成 2*1024 结果也是一样的。这就是函数内联。

不过，因为 region_size 是全局作用域的函数，编译时的优化仅限于同一个文件中定义的函数调用。如果想对程序中所有的 region_size 函数调用都进行函数内联，那么链接时也需要进行代码优化。

另外，2*1024 又是只含常量的表达式，因此可以进一步用常量折叠的方法替换成 2048。这样组合运用多种优化方法可以获得更大的优化效果。以什么样的顺序组合各种优化方法，从而获取更好的优化效果，也是非常关键的一点。

17.2 优化的分类

本节介绍优化的分类。

基于方法的优化分类

这里从 3 个不同的视角来对优化进行分类。

第 1 个视角是根据优化方法来分类。可以使得程序更快运作的方法大致可以分为以下 3 类。

1. 减少执行的指令数
2. 使用更快速的指令
3. 并行地执行指令

第 1 种方法是通过减少所要执行的指令数目来提高执行速度。譬如常量折叠就是在编译时预先执行一些指令，从而减少最终执行的指令数的方法。

第 2 种方法指的是尽量选用更高效的指令来完成同一个目标。譬如把乘法运算转换成位移运算的"降低运算强度"方法就属于这个分类。

另外，现在的计算机里，相比内存的访问速度而言，寄存器的访问速度有压倒性的优势。因此，尽可能地使用不访问内存的指令，也可以提升速度。这也是使用更快速的指令的一种体现。

第 3 种就是物理上同时执行多条指令的方法。譬如下面的 C 语言代码。

```
int x = a * b;
int y = c * d;
```

在这个场景里，a*b 和 c*d 在计算的时候不存在任何依赖关系，因此同时执行也不会有影响。这就是"并行执行指令"的想法。像使用 x86 中的 SSE 这样可以并行执行多个运算的指令、使用线程等都属于这一类方法。

当然，这 3 种方法也可以共用，并且共用的优化效果更值得期待。

基于作用范围的优化分类

接下来看看基于作用范围的优化分类。根据作用范围的不同，通常可分为以下 2 种优化方法。

1. 专注优化程序的某一部分的方法
2. 对程序全局进行解析优化的方法

第 1 种是只关注某个表达式或者语句，在非常小的范围内进行优化的方法。这样的优化方法称为**局部优化**（local optimization）。其中，针对一部分机器码的指令进行优化的方法叫作**窥视孔优化**（peep-hole optimization）。前文中提到的将乘法运算转换成位移运算的优化也算是一种窥视孔优化。

第 2 种指的是至少以函数为单位的优化方法。这样的方法一般称为**全局优化**（global optimization）。函数内联就是全局优化的一个例子。

局部优化和全局优化相较而言，当然是局部优化更为简单。不过局部优化虽然简单，有时候得到的优化效果却相当不错，所以是非常"实惠"的优化方法。

基于作用阶段的优化分类

最后介绍基于作用阶段的优化分类。一般的编译器可以在以下几个时间节点上进行优化。

1. 语义分析后（针对抽象语法树的优化）
2. 生成中间代码后（针对中间代码的优化）
3. 生成汇编代码后（针对汇编代码的优化）
4. 链接后（针对程序整体的优化）

通常来说，越早进行，越能针对编程语言的结构、语义等进行优化。譬如在抽象语法树阶段，我们能简单地识别循环，因此在这个阶段能针对循环体进行优化。

在中间代码阶段可以进行语言无关的优化。该阶段可以使用从局部优化到全局优化的多种优化方法。此外，有时候还会根据情况把一段中间代码拆散，令其更容易进行优化。

一旦编译成了汇编代码，就很难对代码进行大范围的优化了。这个阶段的优化基本上集中在窥视孔优化这种方式上。

最后，链接后也可进行优化。链接后构成程序主体的各个处理流程（函数）已经固定，可以对程序整体进行大范围的解析优化。最近不少商用的编译器，譬如 Microsoft 的 Visual Studio、Intel C Compiler(icc) 等都具备程序链接时的优化功能。

17.3 cbc 中的优化

本节来讲解 cbc 中应用的优化方法。

cbc 中的优化原则

相对于优化程序，本书中更重视展现程序运行的环境以及运作机制等，因此只进行了最简单的优化，包括"代数优化"和"降低运算强度"这两种。

cbc 的中间代码中有相当一部分无用的常量，如果进行常量折叠，优化效果应该不错。不过由于篇幅所限，没有具体实现。这部分就留给读者作为课题来完成好了。

cbc 中实现的优化

cbc 中实现了如下优化。

1. 将 mov $0, reg 转换成 xor reg, reg
2. 将与立即数 1 或者 -1 的加法运算转化成 inc 或者 dec 指令
3. 直接删除与立即数 0 的加法或者减法运算
4. 将与立即数 1 或者 -1 的减法运算转化成 dec 或者 inc 指令
5. 将与立即数 0 的乘法运算转化成 0 的赋值操作
6. 直接删除与立即数 1 的乘法运算
7. 将与立即数 2、4、8、16 的乘法运算转化成位移指令
8. 直接删除跳转到紧接着的标签的指令

这些优化都可以通过 1 到 2 条指令简单地实现，并且这些优化都可以复用在所有场合中。

cbc 中优化的实现

下面简要讲解 cbc 中的优化。本书中关于优化的话题都不会深入细节。

可以看到上述前 7 条优化都可以通过这两个部分进行描述："适用优化的 Instruction 对象的模式"和"匹配到这种模式时所做的变换"。

比如把加 1 指令变换成 inc 指令的情况，就是搜索符合"add $1, 寄存器"这种模式的 Instruction 对象，匹配后变换成"inc 寄存器"就可以了。cbc 把这两个步骤封装到

SingleInsnFilter 对象中来表示，如代码清单 17.1 所示。

代码清单 17.1　用 SingleInsnFilter 封装的变换模式 (sysdep/x86/PeepholeOptimizer.java)

```
set.add(new SingleInsnFilter(
    new InsnPattern("add", imm(1), reg()),
    new InsnTransform() {
        public Instruction apply(Instruction insn) {
            return insn.build("inc", insn.operand2());
        }
    }
));
```

　　InsnPattern 对象表示指令的模式，而实现了 InsnTransform 接口的对象进行具体的变换操作。变换的规则通过这种形式统一进行记述，之后会对每一个 Instruction 对象进行匹配，并应用变换。

17.4 更深层的优化

cbc 中基本上没有进行深入的优化，那么如果要进行更深层次的优化，需要从哪些方面入手呢？本节中主要讲解实行深层优化的操作步骤。

基于模式匹配选择指令

首先来考虑实现成本低、影响代码范围小的优化。

首先，中间代码中细到某个 Stmt 对象这个粒度上也还有可优化的余地。cbc 基本上每次只考察 1 个 Expr 对象，并生成指令，而通过考虑更大范围的**基于模式匹配选择指令**（instruction selection by pattern matching），则能生成更加快速的指令。

比如在生成如图 17.1 所示的中间代码时，Mem、Bin、Int 这 3 个中间代码节点其实可以合在一起变换成 1 个 mov 指令。

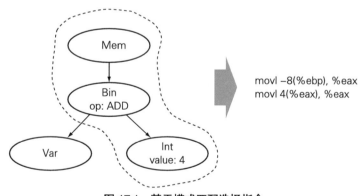

movl –8(%ebp), %eax
movl 4(%eax), %eax

图 17.1　基于模式匹配选择指令

更普遍地说，就是把中间代码的树，依据预先定义的节点的模式进行分割，从而生成指令。这就是基于模式匹配选择指令的方法。第 15 章中介绍的 Assign 节点的编译步骤中，对其中一边是常量的情况进行了特别处理，这也是基于模式匹配选择指令的一种。

一般来说，对树进行分割时，应用的模式越大，最后得到的代码效率越高。譬如图 17.1 的例子中，和分割成 Mem、Bin、Var、Int 这 4 个节点相比，把 Mem、Bin、Int 这 3 个节点合并生成的代码速度更快。

分配寄存器

其次，用好寄存器也是一个非常重要的优化方法。为用好寄存器，尽量减少内存访问，就需要给局部变量、临时变量分配寄存器。为变量分配寄存器的操作称为**分配寄存器**（register allocation）。

分配寄存器的问题在于，比起变量而言，寄存器的数目太少了。为了充分利用数目不多的寄存器，就必须灵活地在不同变量之间重复利用寄存器。为此，必须确认某个寄存器是否会被 2 个变量同时使用。换个说法，也就是需要判断是否会有 2 个变量同时"活着"。

譬如下面的 C 语言代码，i 和 x，i 和 y 都同时被使用（活着）。不过 x 和 y 同时被使用的可能性不大，也就是说，x 和 y 这 2 个变量可以共用 1 个寄存器。

```
int i, ret;
for (i = 0; i < 10; i++) {
    if (i < 5) {
        int x = i + 5;
        ret = x * x;
    }
    else {
        int y = i * 2 + 1;
        ret = y * y;
    }
}
```

像这样分析变量性质的方法，称为变量的**活跃度分析**（liveness analysis）。

分析变量的活跃度，主要是为了判定该变量是否可以分配同一个寄存器。在此基础上，一般会使用一种被称为**图形着色**（graph coloring）的算法来分配寄存器。

控制流分析

为分析变量的活跃度，需要分析程序代码的流程。这种分析称为**控制流分析**（control flow analysis）。

此外，为分析程序代码的流程，一般会使用比语句更大的**基本代码块**（basic block）作为单位对象。所谓基本代码块，指的是不会中途发生跳转，也不会从其他代码跳转过来的代码块。比如说，上述代码中 if 语句后的 then 部分和 else 部分都可以算作基本代码块。

大规模的数据流分析和 SSA 形式

为了对单个函数整体或者对多个函数进行优化，需要对代码的整体数据流进行分析。所谓数据流，指的是"这个表达式中计算的值在哪里被使用了"这样的信息。变量的活跃度分析也是数据流分析的一种。

一般会使用 **SSA 形式**（static single assignment form）这种中间代码形式进行超越了基本代码块范围的数据流分析。GCC 的第 4 个版本使用的也是 SSA 形式的中间代码。

SSA 形式指的是，为了使每一个变量只会被赋值（初始化）一次，而为变量起一个别名，并将变量变形。譬如下面的 C 语言程序中，`i` 被多次赋值。

```
int i = x * 5;
i += 6;
i *= 2;
```

把这个程序转化成 SSA 形式的话，会得到下面的代码。

```
int i0 = x * 5;
i1 = i0 + 6;
i2 = i1 * 2;
```

SSA 形式的好处在于变量的值非常明确，中途不会发生变化。譬如上述代码中变量 `i0` 的值自始至终都是 `x * 5`。采用 SSA 形式的话，数据流分析将会非常快速，并且占用内存很少。另外，使用 SSA 形式的话，每个语句乃至整个程序都可以用同样的算法进行优化，这也是非常大的优点。

总结

cbc 还留有很大的优化空间。本书中没有深入讨论优化相关的话题，如果读者希望进一步学习，可以参考第 22 章中列举的图书等，挑战一下更深层次的优化。

第 **4** 部分

链接和加载

Arctic
Ocean

North
Pole

第 **18** 章

生成目标文件

本章将详细讲解汇编文件相关的剩余部分的内容，以及利用 GNU as 生成目标文件的机制。

18.1　ELF 文件的结构

本节中将简要介绍 ELF 文件的结构。

ELF 的目的

Linux 使用 ELF 作为目标文件的格式。从前 Linux 中目标文件以 a.out 格式为主，不过由于 a.out 格式不能很好地支持动态链接以及 C++，因此其主流地位逐渐被 ELF 格式所取代，直到现在。

ELF 格式被用于描述目标文件、可执行文件以及共享库的所有信息。无论在什么场合，使用 ELF 格式的目的只有一个，那就是把机器代码及其对应的元数据以方便链接器和加载器处理的形式保存起来。

代码的元数据指的是如下的信息。

1. 代码文件的大小以及转换前的源代码文件名
2. 符号
3. 重定位信息
4. 调试信息

第 1 点和第 4 点相对直观简单，这里来看看第 2 点和第 3 点相关的内容。

符号（symbol）指的是变量或者函数的名称。简单的情况下直接使用原编程语言中的函数名或者变量名即可，有时候也会根据不同的编程语言进行特定的变换后得到符号名称。这种变换称为**名称重整**（name mangling）。

譬如 C++ 就是需要进行名称重整的编程语言之一。用 C++ 写一个原型，定义形如 `static int foo(int st)` 的函数，用 gcc 编译后，在目标文件中就可以看到这个函数被表示为 `_Z3fooi`。因为 C++ 中可以定义函数名相同但参数类型不同的函数，所以这种变形是必要的。

而**重定位**（relocation）信息用于表示在链接完成前无法确定内存地址的代码位置信息。如上一章中所述，如果是同一个文件中定义的函数，那么可以在汇编阶段就确定访问内存地址的代码（内存引用）。不过，如果是共享库内的函数，那么在最终链接完成后才能确定其内存地址。在这种情况下，目标文件中就会留有"代码中这个位置的内存引用尚未确定"这样的信息。这样的信息就是重定位信息。

ELF 文件中就包含上述内容。

99999999999999999999999999999999999

ELF 的节和段

为了兼顾链接器、汇编器等编译工具以及把程序加载到内存中的加载器两者的易用性需求，ELF 文件的结构正在逐步转变成二元结构。

下面详细讲解二元结构。图 18.1 中粗略地表示了 ELF 文件的构造。如果以**程序头**（program header）信息来处理，则 ELF 文件可以解释成段集合；如果以**节头**（section header）信息来处理，则可以解释成节集合。

节（section）是汇编器、链接器等处理 ELF 文件内容的单位。ELF 文件把不同目的的代码、数据等分割成节保存。譬如机器码统一保存到 .text 节中，全局变量的初始化数据则保存在 .data 节中。

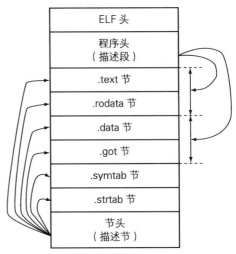

图 18.1　ELF 文件结构

段（segment）则是把程序加载到内存的加载器处理 ELF 文件时的单位。段由 1 个以上的节构成。内存上不同范围有着"只读""可写""可执行"等不同属性，因而需要根据属性进行分段。譬如机器码如果不可执行就毫无意义，因此要统一到具有可执行属性的段中。

段相关的内容将在第 20 章详述，本章先细看节相关的内容。

目标文件的主要 ELF 节

ELF 目标文件中的主要节如表 18.1 所示。

表 18.1　目标文件的主要 ELF 节

节名	内容
.text	机器码
.data	全局变量等。在文件中无大小信息
.rodata	读入专用的 .data
.bss	通用符号（后述）等。在文件中无大小信息
.rel.text	.text 段中的符号的重定位信息
.symtab	文件中包含的符号表。实际的字面量在 .strtab 节中保存
.strtab	符号等字符串列表
.shstrtab	节名字符串列表
.init	目标文件加载时执行的代码
.init_array	目标文件加载时执行的函数的指针数组
.fini	进程结束前执行的代码
.fini_array	进程结束前执行的函数的指针数组
.note	用于保障兼容性等
.debug	调试用的符号信息
.line	代码和原始代码的行号对照

ELF 节多种多样，并且有很多是链接器生成的，这里只讨论汇编器明确处理的节。cbc 生成的 ELF 文件只有以下 4 个节。

1. .text 节
2. .data 节
3. .rodata 节
4. .bss 节

下面按顺序讲解每个节的用途。

首先 **.text 节**是配置机器码的节。虽然节名叫 text，但和文本文件没有关系。

.data 节配置的是拥有初始值的全局变量等。这个节的数据在加载后有可能发生变更。

.rodata 节配置的是字符串字面量等不能更新的数据。rodata 就是 Read Only DATA 的缩写。

最后，**.bss 节**配置的是没有初始值的全局变量等。这个节在 ELF 文件中没有大小信息，并且加载到内存中后，会被分配所有字节都初始化为 0 的内存空间。BSS 是 Block Started by Symbol 的缩写。

BSS 的由来

据 C 语言的作者 Dennis Ritchie 所说，BSS 是 IBM 709 型号的计算机专用的汇编器所使用的指令。当时数组有两种，一种将第一个元素设置在内存地址较小的一方，另一种将第一个元素设置在内存地址较大的一方。因此为数组申请内存地址的指令也有两种，就是 BSS（Block Started by Symbol）和 BES（Block Ended by Symbol）。不过现在 BSS 已经失却了原本的含义。

使用 readelf 命令输出节头

使用 Linux 的 binutils 包中包含的 `readelf` 命令可以输出 ELF 文件的结构。

首先来看看 `readelf` 命令如何输出节头信息。要输出节头信息，需要给 `readelf` 命令指定 `-S`（大写 S）选项。譬如下列命令可以输出可执行文件 `hello` 的节头信息。

```
$ readelf -S hello
There are 21 section headers, starting at offset 0x670:

Section Headers:
  [Nr] Name              Type            Addr     Off    Size   ES Flg Lk Inf Al
  [ 0]                   NULL            00000000 000000 000000 00      0   0  0
  [ 1] .interp           PROGBITS        08048114 000114 000013 00   A  0   0  1
  [ 2] .note.ABI-tag     NOTE            08048128 000128 000020 00   A  0   0  4
  [ 3] .hash             HASH            08048148 000148 000028 04   A  4   0  4
```

```
[ 4] .dynsym          DYNSYM       08048170 000170 000050 10  A 5   1  4
[ 5] .dynstr          STRTAB       080481c0 0001c0 00004c 00  A 0   0  1
[ 6] .gnu.version     VERSYM       0804820c 00020c 00000a 02  A 4   0  2
[ 7] .gnu.version_r   VERNEED      08048218 000218 000020 00  A 5   1  4
[ 8] .rel.dyn         REL          08048238 000238 000008 08  A 4   0  4
[ 9] .rel.plt         REL          08048240 000240 000018 08  A 4  11  4
[10] .init            PROGBITS     08048258 000258 00000d 00  AX 0   0  4
[11] .plt             PROGBITS     08048268 000268 000040 04  AX 0   0  4
[12] .text            PROGBITS     080482b0 0002b0 000118 00  AX 0   0 16
[13] .fini            PROGBITS     080483c8 0003c8 000017 00  AX 0   0  4
[14] .rodata          PROGBITS     080483e0 0003e0 000017 00  A 0   0  4
[15] .dynamic         DYNAMIC      080493f8 0003f8 0000c8 08  WA 5   0  4
[16] .got             PROGBITS     080494c0 0004c0 000004 04  WA 0   0  4
[17] .got.plt         PROGBITS     080494c4 0004c4 000018 04  WA 0   0  4
[18] .data            PROGBITS     080494dc 0004dc 000004 00  WA 0   0  4
[19] .comment         PROGBITS     00000000 0004e0 0000e8 00     0   0  1
[20] .shstrtab        STRTAB       00000000 0005c8 0000a5 00     0   0  1
Key to Flags:
 W (write), A (alloc), X (execute), M (merge), S (strings)
 I (info), L (link order), G (group), x (unknown)
 O (extra OS processing required) o (OS specific), p (processor specific)
```

readelf -S 命令的输出中，每 1 行是 1 个节的信息。从这个输出上看，hello 文件中有 .interp、.note.ABI-tag、.hash 等 24 个节。

使用 readelf 命令输出程序头

下面看看程序头的输出。readelf 命令加上 -l 选项后可以输出程序头。譬如执行如下命令可以查看 hello 的程序头。

```
$ readelf -l hello

Elf file type is EXEC (Executable file)
Entry point 0x80482b0
There are 7 program headers, starting at offset 52

Program Headers:
  Type         Offset    VirtAddr    PhysAddr    FileSiz  MemSiz  Flg Align
  PHDR         0x000034 0x08048034 0x08048034 0x000e0 0x000e0 R E 0x4
  INTERP       0x000114 0x08048114 0x08048114 0x00013 0x00013 R   0x1
      [Requesting program interpreter: /lib/ld-linux.so.2]
  LOAD         0x000000 0x08048000 0x08048000 0x003f7 0x003f7 R E 0x1000
  LOAD         0x0003f8 0x080493f8 0x080493f8 0x000e8 0x000e8 RW  0x1000
  DYNAMIC      0x0003f8 0x080493f8 0x080493f8 0x000c8 0x000c8 RW  0x4
  NOTE         0x000128 0x08048128 0x08048128 0x00020 0x00020 R   0x4
  GNU_STACK    0x000000 0x00000000 0x00000000 0x00000 0x00000 RWE 0x4

 Section to Segment mapping:
  Segment Sections...
   00
```

```
 01      .interp
 02      .interp .note.ABI-tag .hash .dynsym .dynstr .gnu.version .gnu.
version_r .rel.dyn .rel.plt .init .plt .text .fini .rodata
 03      .dynamic .got .got.plt .data
 04      .dynamic
 05      .note.ABI-tag
 06
```

`Program Headers:` 行后就是段信息。除去 [Requesting program interpreter: /lib/ld-linux.so.2] 以外，每 1 行表示 1 个段。从上面的输出可以看到，共有从 Type 为 PHDR 的段到 GNU_STACK 的段共 7 个段信息。

另外，其下方的 `Section to Segment mapping:` 处，输出了各个段对应的节。譬如上述输出中，01 段（Type 为 INTERP）对应 .interp 节，04 段（Type 为 DYNAMIC）对应 .dynamic 节。

使用 readelf 命令输出符号表

最后看看 `readelf` 命令如何输出目标文件的符号表（.symtab 节）。`readelf` 命令加上 -s 选项（这次是小写 s）可以输出符号表。譬如执行下列命令可以查看 hello.o 的符号表信息。

```
$ readelf -s hello.o

Symbol table '.symtab' contains 8 entries:
   Num:    Value  Size Type    Bind    Vis      Ndx Name
     0: 00000000     0 NOTYPE  LOCAL   DEFAULT  UND
     1: 00000000     0 FILE    LOCAL   DEFAULT  ABS test/hello.cb
     2: 00000000     0 SECTION LOCAL   DEFAULT    1
     3: 00000000     0 SECTION LOCAL   DEFAULT    3
     4: 00000000     0 SECTION LOCAL   DEFAULT    4
     5: 00000000     0 SECTION LOCAL   DEFAULT    5
     6: 00000000    23 FUNC    GLOBAL  DEFAULT    1 main
     7: 00000000     0 NOTYPE  GLOBAL  DEFAULT  UND printf
```

从这个输出可以看到，hello.o 文件中共记录了 8 个符号。譬如 Num 值为 1 的符号代表编译源代码的文件名，Num 值为 6 的符号代表 main 函数。

另外，每个符号还带有类型、访问权限等附加信息。譬如 Type 为 FILE 表示符号为文件名，Type 为 FUNC 则表示符号为函数名等。Bind 为 LOCAL 表示该符号仅在文件内部可以访问，Bind 为 GLOBAL 则表示符号可以在链接目标中访问。

readelf 命令的选项

除去目前介绍过的 -S、-l 和 -s 选项以外，`readelf` 命令还有很多其他选项。readelf

的 2.17 版本中的选项如表 18.2 所示。

表 18.2 readelf 命令的选项

别名	完整选项	含义
-a	--all	输出常用信息（与 -hlSsrdnV 效果相同）
-h	--file-header	输出 ELF 文件头
-l	--program-headers	输出程序头
	--segments	-l 和 --program-headers 的别名
-S	--section-headers	输出节头
	--sections	-S 和 --section-headers 的别名
-g	--section-groups	输出节组信息
-t	--section-details	输出比 -S 更详细的节信息
-e	--headers	输出 3 种头信息（与 -hlS 效果一致）
-s	--syms, --symbols	输出符号表信息
-n	--notes	输出 NOTE 段和 .note 节的内容
-r	--relocs	输出 .rel 节的内容（重定位信息）
-u	--unwind	输出 .unwind 节的内容
-d	--dynamic	输出 .dyn 节的内容
-V	--version-info	输出符号的版本信息
-A	--arch-specific	输出体系架构的固有信息
-D	--use-dynamic	输出符号信息时，不用 .sym 节，而用 .dyn 节的信息来表示
-x	--hex-dump=N	把索引为 N 的节以 16 进制输出
-w[t]	--debug-dump[=T]	输出 .debug 节的内容。t 是 "liaprmfFsoR" 之中的任意一个，T 则是 line、info、abbrev、pubnames、aranges、macro、frames、frames-interp、str、loc、Ranges 之中的任意一个，用于指定子节。t 和 T 可以省略
-I	--histogram	表示符号表内容时，显示斗列表的长度的直方图
-W	--wide	输出时即使行太长也不换行显示
-v	--version	输出 readelf 命令的版本信息
-H	--help	输出 readelf 命令的帮助信息

无论哪一个选项，如果该选项对应的信息在目标 ELF 文件中不存在，则会输出"文件中不存在该项信息"的提示。

什么是 DWARF 格式

在本节的最后，让我们来谈一下 DWARF 相关的内容。

DWARF 是专门用于在目标文件中录入调试信息的格式，其最新版本号为 3。它虽然可以与任意的目标文件格式共用，不过通常还是和 ELF 文件一起使用。

DWARF 这个名字的由来据说是 Debugging With Attributed Record Formats 的缩写，不过在 DWARF 规格文档中并没有指明这一点，因此不是官方的说法。不过可以猜想它的命名应该受到了 ELF 这个名字的影响。

使用 DWARF 可以在目标文件中记录如下信息。

- 编译前源文件的文件名
- 机器码和函数名的对应关系
- 机器码和源代码行号的对应关系
- 变量的类型和名称
- 类型的名称

DWARF 的信息一般保存在 ".debug_abbrev"".debug_frame" 等以 ".debug" 开头的 ELF 节中。

本书中对 DWARF 的解说仅止于此，如果希望进一步了解 DWARF，可以到 DWARF 的官网上查阅相关文档。这些文档都是英文，其中 *Introduction to the DWARF Debugging Format* 这个文档写得相对比较通俗易懂。

18.2　全局变量及其在 ELF 文件中的表示

本节中将讲解 ELF 文件表示不同种类的变量的方法。

分配给任意 ELF 节

要在 ELF 文件中表示 C 语言（Cb）的全局变量，需要经过以下 2 个步骤。

1. 分配变量空间
2. 记录变量符号

首先讲解在 ELF 中分配变量空间的方法。

GNU as 在为任意 ELF 节分配数据空间时，会使用 .section 指令（.section directive）。譬如把数据分配到 .rodata 节时的代码如下所示。

```
        .section .rodata
.LC0:
        .string "Hello, World!\n"
```

这样就把 "Hello, World!\n" 这个字符串字面量分配到了 .rodata 节，并且使其可以通过 .LC0 符号进行访问。

.section 指令的通用语法如下所示。

```
.section 节名
```

这样声明之后，下一个更改对象节的指令出现之前的所有代码和数据就都被保存到"节名"对应的 ELF 节中。譬如下述例子中，字符串字面量 .LC0 和 .LC1 都被保存到了 .rodata 节中。

```
        .section .rodata
.LC0:
        .string "Hello, "
.LC1:
        .string "World!\n"
```

分配给通用 ELF 节

另外，对于通用的节，还有声明节开始的专用指令。譬如声明 .data 节开始时，可以用 .section .data，也可以用 .data 来替代。表 18.3 中展示了这样的专用指令。

表 18.3　声明特定节的专用指令

指令	对应分配的节	对应的 .section 指令
.text	.text	.section .text
.data	.data	.section .data

分配 .bss 节

分配 .text 节和 .data 节都有专用的指令，似乎为分配 .bss 节指定一个专用指令也不错。不过事实上并没有 .bss 这个指令。

.bss 节只有在运行时才会有数据（也就是说，编译时没有数据），因此不是编译时分配数据，而是预留运行时的内存空间。

而预留内存空间需要使用如下的 .comm 指令（.comm directive）。

> .comm　符号，大小，对齐量

这样在运行时就可以分配到"大小"个字节的内存空间，并且可以通过"符号"来访问这个内存范围了。另外，这个内存空间会按照"对齐量"个字节来对齐。综上，.comm 指令需要同时指定符号、大小和对齐量。

.comm 指令的用例如下所示。

> .comm　gvar, 4, 4

执行上述命令可以得到以 4 字节对齐的 4 字节的内存空间，并且可以通过符号 gvar 进行访问。至于这个内存空间会保存 int 类型还是 unsigned long 类型的数据，要根据编译器生成的具体代码而定。

通用符号

为什么分配 BSS 段的指令会是 .comm 呢？ .comm 指令的 comm 是 common symbol 的缩写，原本是定义**通用符号**（common symbol）的指令。

通用符号和一般的符号不同，可以多次定义同一个名称的符号。并且，无论定义了多少次，在最终的目标文件中同样名称的符号都只会留下 1 个。

C 语言或者 Cb 中，定义时指定了初始值的全局变量就是一般的符号，而没有指定初始值的全局变量则是通用符号。也就是说，不指定初始值的全局变量可以多次重复定义。

假设存在 main.c 和 lib.c 这 2 个文件，文件内容如代码清单 18.1 和代码清单 18.2 所示。[①]

代码清单 18.1　main.c

```
#include <stdio.h>

int i;
void set_i(int n);

int
main(int argc, char **argv)
{
    set_i(7);
    printf("i=%d\n", i);
    return 0;
}
```

代码清单 18.2　lib.c

```
int i;

void
set_i(int n)
{
    i = n;
}
```

这个程序通过下列命令可以成功编译，不会抛出"符号 i 重复定义"这样的错误。

```
$ gcc -Wall main.c -o main.o
$ gcc -Wall lib.c -o lib.o
$ gcc main.o lib.o -o main
$ ls
lib.c  main  main.c
```

编译完成后，运行可执行文件 main 可以输出 i 的值 7。

```
$ ./main
i=7
```

也就是说，main.c 中定义的变量 i 和 lib.c 中定义的变量 i 是同一个变量。这就是通用符号。

另外，如果 main.c 和 lib.c 中某一个文件对变量进行了初始化，那么这个变量就会变成一般符号，而另一个则是通用符号。这个时候，通用符号会被一般符号同化而消失。换句话说，这时通用符号的定义和 extern int i 的作用基本一致。

最后需要注意这一点。如果两者都对同一个全局变量进行了初始化，那么两个都会变成一

[①]　作者所用的 gcc 版本可能非常低，使用新版的 gcc 对示例代码进行编译会抛错。新版的 gcc 对全局变量重复定义作了限制。——译者注

般符号，从而在链接时会抛出如下错误。

```
$ gcc -Wall -c main.c -o main.o
$ gcc -Wall -c lib.c -o lib.o
$ gcc main.o lib.o -o main
lib.o:(.data+0x0): multiple definition of `i'
main.o:(.data+0x0): first defined here
collect2: ld returned 1 exit status
```

即便两者的初始值一致，执行结果也是如此。链接后的整个目标文件中，1 个全局变量的初始化只能进行 1 次。

记录全局变量对应的符号

接下来讲解有初始值的全局变量的符号的定义方法。

在汇编语言中，对函数和变量设置标签后，会统一根据标签的符号录入 .symtab 节和 .strtab 节中。C 语言（Cb）中不必进行名称的转换，所以录入符号时只需定义和函数、变量名一致的标签即可。

举个例子，初始值为 7 大小是 4 字节的全局变量 gvar 在汇编语言中可以表示如下。

```
        .data
gvar:
.long 7
```

首先使用 .data 指令声明以下录入的值会保存到 .data 节中。接着使用 .long 指令，往目标文件中大小为 4 字节的内存空间写入 7 这个字面量。最后，对这个值使用标签定义 gvar 这个符号。这样就在 .data 节上分配了 4 字节的内存空间，并且设置其值为 7，通过 gvar 符号就可以对这个内存空间进行访问。

另外，输出 ELF 文件时，以 .L 开头的符号只在汇编器内部使用，所以不会输出到目标文件的符号表格中。因此，代码中指示跳转目标的 .L0 这样的符号，以及用于字符串常量的 .LC0 这样的符号在目标文件中不会存在。如果因为调试需要等理由想要输出这样的符号，那么可以给 as 指令添加 -L 选项，这样就可以把这些符号输出到目标文件中了。

记录符号的附加信息

符号的可见性、类型和大小等附带信息是可以被指定的。下面讲解相关的指定方法。

首先，符号的可见性默认是 LOCAL，仅在希望指定为 GLOBAL 时才需要进行额外的配置。如果需要把符号的可见性指定为 GLOBAL，可以通过 .globl 指令进行设置。

```
.globl global_int
```

这样 global_int 符号的可见性就变为了 GLOBAL。

其次，使用 .size 指令可以指定符号对应的变量或者函数的大小。譬如通过下述语句可以把 global_int 这个变量的大小设置为 4。

```
        .size global_int, 4
```

最后，通过 .type 指令可以指定符号对应的变量或者函数的类型。譬如下述语句可以指定 global_int 为变量（而不是函数）。

```
        .type global_int, @object
```

类型只有两种：@function 和 @object。@function 是函数，而 @object 则是变量。

记录通用符号的附加信息

指定通用符号的附加信息的方法和一般符号稍稍不同。

首先，.comm 指令需要同时指定大小，因此不必再使用 .size 指令。

其次，.comm 指令声明的符号的可见性默认就是 GLOBAL，仅在希望指定为 LOCAL 时才需要用 .local 指令进行设置。下述语句可以把 scomm 这个通用符号的可见性更改为 LOCAL。

```
.local scomm
```

最后，通用符号不能设置类型。因为不存在使用通用符号的函数，所以通用符号默认的类型就是 OBJECT。

总结

最后，总结一下汇编语言对不同种类的全局变量的记述方法。

首先，非 static 的有初始值的全局变量（假设变量名为 gvar）定义如下。

```
        .data
.globl gvar
        .type gvar, @object
        .size gvar, 4
gvar:
.long 7
```

先用 .data 指令声明以下记述的数据保存到 .data 节。接着使用 .globl、.type 和 .size 指令声明 gvar 符号的可见性为 GLOBAL、指向的内存空间为 OBJECT 并且大小为 4 字节。最后使用 .long 指令在目标文件中生成大小为 4 的内存空间，设置值为 7，并令 gvar 符号可以访问这个内存空间。

其次，static 的有初始值的全局变量和静态局部变量（假设变量名为 svar）定义如下。

```
        .data
        .type svar, @object
        .size svar, 4
svar:
 .long 7
```

先用 .data 指令声明以下记述的数据保存到 .data 节。接着使用 .type 和 .size 指令声明 svar 符号指向的内存空间为 OBJECT 并且大小为 4 字节。符号的可见性为默认值，也就是 LOCAL。最后使用 .long 指令在目标文件中生成大小为 4 的内存空间，设置值为 7，并且令 svar 符号可以访问这个内存空间。

再次，非 static 的没有初始值的全局变量（假设变量名为 csym）定义如下。

```
        .comm csym, 4, 4
```

像这样使用 .comm 指令声明通用符号 csym。其大小为 4 字节，并且分配内存时以 4 字节对齐。

最后，static 的没有初始值的全局变量和静态的局部变量（假设变量名为 scsym）定义如下。

```
.local scsym
        .comm scsym, 4, 4
```

先用 .local 指令把通用符号 scsym 的可见性改为 LOCAL。接着使用 .comm 指令声明一个大小为 4 并且使用 4 字节进行对齐的通用符号 scsym。

下一节讲解生成以上代码的 cbc 代码。

18.3 编译全局变量

本节中来讲解把全局变量和字符串常量编译成汇编代码的 cbc 的代码。

generate 方法的实现

我们先回到 2 章以前，从 CodeGenerator 类的入口函数讲起。CodeGenerator 类的入口函数是 generate 方法。generate 方法接收一个 IR 对象，返回汇编对象，如代码清单 18.3 所示。

代码清单 18.3　generate 方法（sysdep/x86/CodeGenerator.java）

```java
public AssemblyCode generate(IR ir) {
    locateSymbols(ir);
    return generateAssemblyCode(ir);
}
```

首先调用 locateSymbols 方法，确定所有的全局变量、函数、字符串常量的地址和符号。

接着调用 generateAssemblyCode 方法，开始把 IR 编译成汇编代码。本章的主题就是 generateAssemblyCode 方法，下面就来详细地看一下。

generateAssemblyCode 方法的实现

generateAssemblyCode 方法把 IR 对象进行编译，转换成 AssemblyCode 对象。其实现如代码清单 18.4 所示。

代码清单 18.4　（sysdep/x86/CodeGenerator.java）

```java
private AssemblyCode generateAssemblyCode(IR ir) {
    AssemblyCode file = newAssemblyCode();
    file._file(ir.fileName());
    if (ir.isGlobalVariableDefined()) {
        generateDataSection(file, ir.definedGlobalVariables());
    }
    if (ir.isStringLiteralDefined()) {
        generateReadOnlyDataSection(file, ir.constantTable());
    }
    if (ir.isFunctionDefined()) {
        generateTextSection(file, ir.definedFunctions());
    }
```

```
        if (ir.isCommonSymbolDefined()) {
            generateCommonSymbols(file, ir.definedCommonSymbols());
        }
        if (options.isPositionIndependent()) {
            PICThunk(file, GOTBaseReg());
        }
        return file;
    }
```

首先调用 newAssemblyCode 方法，生成保存汇编对象的新的 AssemblyCode 对象。

接着调用 _file 方法，生成 .file 指令。.file 指令用于指定汇编源文件的文件名。

从第 3 行开始的 4 个 if 语句分别生成 .data 节、.rodata 节、.text 节和 .bss 节。各个节对应的对象分别是有初始值的全局变量、字符串字面量、函数和通用符号。只要有 1 个以上的对象就会生成对应的节。下面按顺序讲解 4 个 if 语句内调用的方法。

另外，最后的 if 语句是生成地址无关代码时使用的代码，这部分代码将在第 21 章详述。

编译全局变量

首先讲解生成 .data 节（有初始值的全局变量）的代码。生成 .data 节的 generateDataSection 方法的代码如代码清单 18.5 所示。

代码清单 18.5　generateDataSection 方法（sysdep/x86/CodeGenerator.java）

```java
    private void generateDataSection(AssemblyCode file,
                                     List<DefinedVariable> gvars) {
        file._data();
        for (DefinedVariable var : gvars) {
            Symbol sym = globalSymbol(var.symbolString());
            if (!var.isPrivate()) {
                file._globl(sym);
            }
            file._align(var.alignment());
            file._type(sym, "@object");
            file._size(sym, var.allocSize());
            file.label(sym);
            generateImmediate(file, var.type().allocSize(), var.ir());
        }
    }
```

首先调用 _data 方法，生成 .data 指令。

接下来在 foreach 语句中对 gvars 进行遍历，分别处理每个变量。

先生成 Symbol 对象。var.symbolString() 返回变量名对应的符号的字符串。如前所述，在 x86 的 Linux 下，变量名和符号一致，因此 symbolString 方法直接返回变量名。globalSymbol 方法生成一个封装了该符号名的字符串的 Symbol 对象。

这里为了支持需要对变量名进行转换的 OS 而进行了相当烦琐的处理。如果单纯考虑 x86 的 Linux 的话，只需简单地返回 new NamedSymbol(var.name()) 即可。

接着，如果 var.isPrivate() 为 false（也就是说变量非 static），则调用 _globl 方法，生成 .globl 指令。这样符号的可见性就变为 GLOBAL 了。

接下来调用 _align 方法，生成 .align 指令。.align 指令会使接下来的数据或者代码按照参数中指定数值倍数的字节进行强制对齐。譬如下列汇编代码会使得 .long 指令申请的内存空间按照 4 字节进行对齐。

```
.align 4
.long 7
```

回到 generateDataSection 方法的代码。接下来调用 _type 和 _size 方法，生成 .type 指令和 .size 指令。关于这部分代码的意义不再赘述。

接下来调用 label 方法定义标签。

最后调用 generateImmediate 方法生成 .long 之类的指令，申请变量在目标文件中的内存空间。接下来会详细讲解这个 generateImmediate 方法。

编译立即数

下面讲解生成申请变量内存空间的指令的 generateImmediate 方法，其代码如代码清单 18.6 所示。

代码清单 18.6　generateImmediate 方法（sysdep/x86/CodeGenerator.java）

```java
private void generateImmediate(AssemblyCode file, long size, Expr node) {
    if (node instanceof Int) {
        Int expr = (Int)node;
        switch ((int)size) {
        case 1: file._byte(expr.value());     break;
        case 2: file._value(expr.value());     break;
        case 4: file._long(expr.value());     break;
        case 8: file._quad(expr.value());     break;
        default:
            throw new Error("entry size must be 1,2,4,8");
        }
    }
    else if (node instanceof Str) {
        Str expr = (Str)node;
        switch ((int)size) {
        case 4: file._long(expr.symbol());   break;
        case 8: file._quad(expr.symbol());   break;
        default:
            throw new Error("pointer size must be 4,8");
        }
    }
```

```
        else {
            throw new Error("unknown literal node type" + node.getClass());
        }
    }
```

首先根据参数 node（表示变量初始值的表达式）是 Int 还是 Str 分为两个处理流程。Int 类型的话，因为是整数字面量，所以会根据变量的大小生成对应的 .byte、.value、.long 和 .quad 指令中的一个。.byte 是 1 字节，.value 是 2 字节，.long 是 4 字节，.quad 则是 8 字节。例如初始值为 7 的时候就是 short 类型的变量，则会生成下述指令。

```
.value 7
```

而参数 node 为 Str 对象的时候则是字符串字面量。在这种情况下，初始值为这个字符串字面量的地址。也就是说，像下述代码一样，使用字符串字面量的标签。

```
.LC0:
        .string "Hello, World!\n"
/* ……略…… */
msg:
.long    .LC0      # 申请 char* 类型变量 msg 的内存空间。初始值为字符串 .LC0 的地址
```

另外，C 语言中可以像下述代码一样申请静态的拥有初始值的 char 类型数组，但 Cb 中则不行。因此，当参数 node 为 Str 对象时，变量的类型总是 char*。

```
static char msg[] = "Hello, World\n";
```

如果 Cb 中也要支持上述 C 语言的数组初始化写法，那么 generateImmediate 方法应该会复杂不少。如果有兴趣，可以尝试着实现一下这个特性。

编译通用符号

接下来讲解生成 .bss 节的 generateCommonSymbols 方法。generateCommonSymbols 方法的代码如代码清单 18.7 所示。

代码清单 18.7　generateCommonSymbols 方法（sysdep/x86/CodeGenerator.java）

```java
    private void generateCommonSymbols(AssemblyCode file,
                                       List<DefinedVariable> variables) {
        for (DefinedVariable var : variables) {
            Symbol sym = globalSymbol(var.symbolString());
            if (var.isPrivate()) {
                file._local(sym);
            }
            file._comm(sym, var.allocSize(), var.alignment());
        }
    }
```

首先在 foreach 语句中对各个变量进行遍历。像处理全局变量时一样，生成对应各个变量名的 Symbol 对象。

接着，如果 var.isPrivate() 为真（也就是 static 变量），则调用 _local 方法生成 .local 指令，把符号的可见性变为 LOCAL。

最后，调用 _comm 方法生成 .comm 指令，把通用符号录入目标文件。

综上，generateCommonSymbols 方法会生成如下汇编代码。

```
.comm csym, 4, 4
.local scsym
.comm scsym, 4, 4
```

生成 .bss 节的过程如上所述。这个方法不涉及其他新函数的调用，逻辑相对简单。

编译字符串字面量

接下来讲解生成 .rodata 节的 generateReadOnlyDataSection 方法。其代码如代码清单 18.8 所示。

代码清单 18.8　generateReadOnlyDataSection 方法（sysdep/x86/CodeGenerator.java）

```
private void generateReadOnlyDataSection(AssemblyCode file,
                                ConstantTable constants) {
    file._section(".rodata");
    for (ConstantEntry ent : constants) {
        file.label(ent.symbol());
        file._string(ent.value());
    }
}
```

首先调用 _section 方法，生成 .section 指令，把其后的指令对象替换成 .rodata 节。

接着使用 foreach 语句对参数 constants 进行遍历，逐一处理字符串字面量的引用。

foreach 语句内部使用 label 方法对各个引用的符号进行定义。这里 ConstantEntry 类的 symbol 方法会返回类似 .LC0 这样的连续的符号。.LC0 这样的符号由 locateSymbols 方法进行分配。这部分内容将在第 21 章中详细讲解。

接下来调用 _string 方法，生成 .string 指令。.string 指令把字符串字面量保存到目标文件中。其用法如下所示。

```
.string "Hello, World!\n"
```

.string 指令的参数就是字符串字面量，和 C 语言一样，可以使用形如 "\n" "\t" 和 "\077" 的转义序列。

综上，generateReadOnlyDataSection 方法会生成如下汇编代码。

```
.section .rodata
.LC0:
        .string "Hello, World!\n"
.LC1:
        .string "Hello"
.LC2:
        .string "World"
```

生成函数头

最后讲解生成 `.text` 节的 `generateTextSection` 方法。`generateTextSection` 方法的代码如代码清单 18.9 所示。

代码清单 18.9 generateTextSection 方法（ sysdep/x86/CodeGenerator.java ）

```java
    private void generateTextSection(AssemblyCode file,
                                     List<DefinedFunction> functions) {
        file._text();
        for (DefinedFunction func : functions) {
            Symbol sym = globalSymbol(func.name());
            if (! func.isPrivate()) {
                file._globl(sym);
            }
            file._type(sym, "@function");
            file.label(sym);
            compileFunctionBody(file, func);
            file._size(sym, ".-" + sym.toSource());
        }
    }
```

首先调用 `_text` 方法，生成 `.text` 指令，声明接下来的汇编代码生成的数据会保存到 `.text` 节。

接着使用 foreach 语句对参数 functions 进行遍历。

在 foreach 语句内部，首先和处理全局变量时一样，生成函数名对应的 Symbol 对象。函数也是变量的一种，因此这部分和变量的处理基本一致。

接下来，如果 `func.isPrivate()` 为 true（也就是函数非 static），则调用 `_globl` 方法，生成 `.globl` 指令，把符号的可见性设置为 GLOBAL。更进一步，调用 `_type` 方法生成 `.type` 指令，把符号的类型设置为 FUNCTION。最后调用 `label` 方法定义与函数名同名的符号。

此后，调用 `compileFunctionBody` 方法，生成函数序言、函数体和函数尾声。这个方法已经在第 16 章中详述过了，此处不再展开。

最后调用 `_size` 方法，生成 `.size` 指令，设置函数的大小。

📖 计算函数的代码大小

.size 指令的第 2 个参数使用了一种全新的方法来计算函数的代码大小。下面就来讲解这种方法。

在 generateTextSection 方法的最后，例如对应 main 函数，会生成如下的 .size 指令。

```
    .size main, .-main
```

请注意第 2 个参数 .-main。这其实是汇编语言的减法运算表达式，相当于"."的值减去 main 的值。

"."是一个特别的符号，表示所在指令或者命令前的内存地址。也就是说，以上代码和下述在 .size 指令中使用标签的效果一致。

```
.L_end_of_main:
      .size main, .L_end_of_main - main
```

generateTextSection 方法生成的代码中，.size 指令在函数代码结束处，因此"."指向函数末尾的内存地址。该处的内存地址减去 main，也就是函数 main 的起始地址，就可以得到函数 main 的代码大小。

📖 总结

至此已经编译了所有函数，申请了所有全局变量的内存空间，并定义好了各种符号。为了生成目标文件，接下来还必须确定访问全局变量的内存引用（实现 locateSymbols 方法）以及执行 as 命令进行编译了。

确定全局变量内存引用方面和地址无关代码关联紧密，因此放到第 21 章详述。最后来看看执行 as 命令的代码，本章就告一段落了。

18.4 生成目标文件

本节中将讲解调用 GNU as 进行编译的过程。

as 命令调用的概要

cbc 中单纯调用 as 命令对汇编文件进行编译。调用 as 命令时，要指定输出文件名，可以附上 -o 选项。

引用 GNUAssembler 类

下面讲解代码。首先从第 2 章中讲解过的 Compiler 类的 assemble 方法开始讲起。其代码如代码清单 18.10 所示。

代码清单 18.10　Compiler 类的 assemble 方法（compiler/Compiler.java）

```java
public void assemble(String srcPath, String destPath,
                     Options opts) throws IPCException {
    opts.assembler(errorHandler)
        .assemble(srcPath, destPath, opts.asOptions());
}
```

首先对 Options 对象调用 assembler 方法，返回 Assembler 对象。Assembler 是接口类，其实体是 GNUAssembler 对象。目前 cbc 只支持 GNU 汇编器，这个设计是为了将来可以支持其他汇编器。

然后对得到的 Assembler 对象调用 assemble 方法，开始编译。

调用 as 命令

接下来讲解 GNUAssembler 类的 assemble 方法，其代码如代码清单 18.11 所示。

代码清单 18.11　GNUAssembler 类的 assemble 方法（sysdep/GNUAssembler.java）

```java
public void assemble(String srcPath, String destPath,
                     AssemblerOptions opts) throws IPCException {
    List<String> cmd = new ArrayList<String>();
    cmd.add("as");
    cmd.addAll(opts.args);
```

```
        cmd.add("-o");
        cmd.add(destPath);
        cmd.add(srcPath);
        CommandUtils.invoke(cmd, errorHandler, opts.verbose);
    }
```

这个方法先往 cmd 字符串列表中填入命令行参数，接着用 CommandUtils 类的 invoke 方法执行 cmd 定义的 as 命令。

第 3 行的 addAll 方法把 opts.args 的值全部添加到 cmd 中，这里的 opts.args 是从 cbc 的命令行参数接收的字符串列表。譬如为 cbc 指定 -Wa，-L 之类的选项，则 opts.args 就会被填入字符串 "-L"。而 -Wa 这个选项是 gcc 本身也有的选项，被用于把编译器本身不支持的选项传递给汇编器。

CommandUtils 类的 invoke 方法简化后就是如下的代码，其主要逻辑是调用 Runtime 类的 exec 方法运行 as 命令。

```
static public void invoke(List<String> cmdArgs,
        ErrorHandler errorHandler, boolean verbose) throws IPCException {
    Process proc = Runtime.getRuntime().exec(cmdArgs.toArray(……));
    proc.waitFor();
    if (proc.exitValue() != 0) {
        // as 抛出错误终止执行，cbc 也要返回错误
    }
}
```

Runtime 类的 exec 方法主要调用 shell。因为可以通过 PATH 变量定位命令并执行，因此可以很简单地执行一个命令。

以上简单地对汇编器的调用进行了讲解。这部分没有太大难度，也不是本书的重点，因此不涉及太多细节。想知道更多信息的读者可以直接参考代码。

从下一章开始，我们将讲解链接器相关的话题。

第**19**章

链接和库

本章讲解 build 过程的最后环节——链接和库。

19.1 链接的概要

本章开始讲解 build 过程的最后环节——链接。首先来看链接的基本概念。

链接的执行示例

我们先来看看简单的链接示例，这里以代码清单 19.1 的 main.c、代码清单 19.2 的 f.c 这两个 C 语言的源文件为例。

代码清单 19.1　main.c

```
#include <stdio.h>

extern int f(int n);

int
main(int argc, char **argv)
{
    printf("f(5)=%d\n", f(5));
    return 0;
}
```

代码清单 19.2　f.c

```
int
f(int n)
{
    return n * n;
}
```

main 函数中使用了源文件 f.c 中定义的函数 f。不过因为 main 函数是在 main.c 中定义的，所以其函数实体被保存到目标文件 main.o 中。又因为 f 函数是在 f.c 中定义的，所以其函数实体被保存到目标文件 f.o 中。因此，要正确生成可执行文件，最终的可执行文件必须包含两个目标文件的内容。这个转换过程就是链接。

首先分别编译这两个文件。在执行 gcc 命令时附上 -c 选项，就可以在编译后中断 build。

```
$ ls
f.c  main.c
$ gcc -c f.c
$ gcc -c main.c
```

```
$ ls
f.c  f.o  main.c  main.o     ← *生成了 *.o 文件
```

这样就生成了目标文件 f.o 和 main.o。

接下来，继续使用 gcc 链接目标文件生成可执行文件。单纯把目标文件作为 gcc 的命令行参数就可以生成可执行文件。另外，使用 -o 选项可以指定输出文件名。

```
$ gcc main.o f.o -o prog
$ ls
f.c  f.o  prog    main.c  main.o      ← 生成了 prog 文件
$ ./prog
f(5)=25
```

这样就可以正确生成可执行文件 prog 并执行了。

另外，像下面这样使用 readelf -s 命令输出可执行文件 prog 的符号表时可以看到，main 函数和 f 函数都表示出来了，因此可以确认 prog 文件中同时包含了 main.o 和 f.o 这两个文件的内容。

```
$ readelf -s prog

Symbol table '.dynsym' contains 5 entries:
   Num:    Value  Size Type    Bind    Vis      Ndx Name
     0: 00000000     0 NOTYPE  LOCAL   DEFAULT  UND
         ······略······
Symbol table '.symtab' contains 84 entries:
   Num:    Value  Size Type    Bind    Vis      Ndx Name
     0: 00000000     0 NOTYPE  LOCAL   DEFAULT  UND
         ······略······
    64: 08048390    12 FUNC    GLOBAL  DEFAULT   12 f
         ······略······
    72: 08048354    59 FUNC    GLOBAL  DEFAULT   12 main
         ······略······
```

除去特殊的简单程序的情况，C 语言或者 C++ 程序都由多个文件构成，因此链接可以说是程序开发必不可少的技术。

gcc 和 GNU ld

使用 gcc 的链接功能时，gcc 程序内部进行了什么样的处理呢？添加 -v 选项运行 gcc 后，可以详细输出其内部处理过程。下面就让我们加上 -v 选项再运行一次 gcc 的链接过程吧。

```
$ gcc -v main.o f.o -o prog
Using built-in specs.
Target: i486-linux-gnu
Configured with: ../src/configure -v --enable-languages=c,c++,fortran,objc,
obj-c++,treelang --prefix=/usr --enable-shared --with-system-zlib --libexecdir=/
```

```
usr/lib --without-included-gettext --enable-threads=posix --enable-nls --program-
suffix=-4.1 --enable-__cxa_atexit --enable-clocale=gnu --enable-libstdcxx-debug
--enable-mpfr --with-tune=i686 --enable-checking=release i486-linux-gnu
Thread model: posix
gcc version 4.1.2 20061115 (prerelease) (Debian 4.1.1-21)
 /usr/lib/gcc/i486-linux-gnu/4.1.2/collect2 --eh-frame-hdr -m elf_i386 -dynamic-
linker /lib/ld-linux.so.2 -o prog /usr/lib/gcc/i486-linux-gnu/4.1.2/../../../../
lib/crt1.o /usr/lib/gcc/i486-linux-gnu/4.1.2/../../../../lib/crti.o /usr/lib/gcc/
i486-linux-gnu/4.1.2/crtbegin.o -L/usr/lib/gcc/i486-linux-gnu/4.1.2 -L/usr/lib/gcc/
i486-linux-gnu/4.1.2 -L/usr/lib/gcc/i486-linux-gnu/4.1.2/../../../../lib -L/lib/../
lib -L/usr/lib/../lib main.o f.o -lgcc --as-needed -lgcc_s --no-as-needed -lc -lgcc
--as-needed -lgcc_s --no-as-needed /usr/lib/gcc/i486-linux-gnu/4.1.2/crtend.o /usr/
lib/gcc/i486-linux-gnu/4.1.2/../../../../lib/crtn.o
```

首先输出的是对 gcc 本身进行 build 时的选项，接着输出的是 gcc 内部执行的命令的参数。这里输出的参数非常杂乱，我们看一下最后一行，可以看出执行的命令是 `/usr/libexec/gcc/i686-redhat-linux/4.4.7/collect2`。`collect2` 是 gcc 内部使用的命令，负责链接功能。不过也并不是说由 `collect2` 本身进行实际的链接操作，而是再调用别的命令进行具体的处理。

Linux 中负责链接的程序是 `/usr/bin/ld`，这个程序称为 GNU ld。如下所示，加上 `--help` 选项执行 `collect2` 命令时，输出的是 `/usr/bin/ld` 的帮助信息，这就间接说明了 `collect2` 调用的是 `/usr/bin/ld`。

```
$ /usr/lib/gcc/i486-linux-gnu/4.1.2/collect2 --help
Usage: /usr/bin/ld [options] file...
Options:
  -a KEYWORD                  Shared library control for HP/UX compatibility
  -A ARCH, --architecture ARCH
                              Set architecture
  -b TARGET, --format TARGET  Specify target for following input files
  -c FILE, --mri-script FILE  Read MRI format linker script
                （以下省略）
```

`collect2` 正是通过把包括 `--help` 选项在内的所有命令行参数传给 `/usr/bin/ld` 来执行的。

`/usr/bin/ld` 即 GNU ld，是进行链接操作的程序，所以一般被称为**链接器**（linker）。Linux 中最常用的链接器就是 GNU ld。链接器对 OS 是强依赖的，因此通常由 OS 提供商提供。譬如 Microsoft 公司把 link 这个链接器作为 Windows SDK 的一部分发行，Sun Microsystems 公司则在 Solaris 系统中提供了 `ld` 命令。gcc 不仅使用 GNU ld，也支持各个公司提供的链接器，而 `collect2` 正是这些不同链接器的通用的封装程序。

链接器处理的文件

接下来讲解链接器可以处理的文件格式。

链接器除了处理汇编器生成的目标文件以外，还可以处理其他不同形式的文件。表 19.1 中总结了链接器可以处理的文件类型。

表 19.1　链接器的输入、输出文件

文件类型	格式	后缀名	生成器
可重定位文件	ELF	.a	汇编器
可执行文件	ELF	（无）	链接器
共享库	ELF	.so	链接器
静态库	UNIX ar	.a	ar 命令

可重定位文件、可执行文件、共享库都是 ELF 文件的一种。只有静态库种类不同，它使用的是类似 tar、cpio 一样的档案文件。

下面按顺序进行讲解。

可重定位文件

可重定位文件（relocatable file）指的是汇编器生成的目标文件，也就是本书前文中所说的"目标文件"，其在 Linux 下的文件后缀名为 .o。

GNU as 生成的可重定位文件没有程序头，因此不能直接运行，只有在配合链接器与其他可重定位文件、库产生链接之后才可执行。

可执行文件

可执行文件（executable file）指的是链接生成的用户可直接运行的目标文件。Linux 下可执行文件没有后缀名。一般而言，可执行文件就是链接的最终产物。一般在 build 时不会把可执行文件再作为链接器的输入。

共享库文件

共享库文件（shared library）是链接生成的另一种形式的目标文件，其中集合了各种函数、变量等供（其他）用户调用，因此需要能够再次与其他目标文件链接使用。共享库不会直接运行。共享库也叫**动态链接库**（dynamic link library）。

Linux 下共享库文件的名称一般以 lib 开头，以 .so 作为后缀名，并加上版本号。譬如 libc.so.6、libresolv.so.2 等就是遵从这一惯例命名的文件名。

以上就是 3 种形式的 ELF 文件。

静态库文件

除了上述 3 种目标文件以外，Linux 下还有一种叫作**静态库**（static library）的文件可以作为链接器的输入。和共享库文件一样，静态库文件也集合了各种函数、变量供（其他）用户使用。Linux 下静态库文件的名称一般以 lib 开头，以 .a 作为后缀名。譬如 libc.a、libresolv.a 就是遵从这一惯例命名的文件名。

静态库文件利用 ar 命令把多个可重定位文件打包成一个，因此链接静态库文件就相当于链接其中打包的所有可重定位文件。

以上 3 种目标文件和静态库文件都可以作为链接器的输入或者输出。

常用库

Linux 下发行版提供的库在文件系统的 /lib 或者 /usr/lib 下。下面介绍其中几个使用频率较高的库。

首先是**标准 C 库**（standard C library），通常称为 libc。因为 Linux 的 libc 是 GNU 的 libc，所以也称为 glibc。libc 中包含了大量重要的函数，从 printf、put、fgets 等输入输出函数到 exit、malloc、strlen 等，其核心部分默认会链接到 C 程序中。也就是说，目前为止介绍过的例子都默认链接了 libc 的核心部分。

libc 的核心库中，共享库是 /lib/libc-X.Y.Z.so（X、Y、Z 是版本号），静态库则是 /usr/lib/libc.a。

其次是提供 sin、pow 等数学运算相关函数的 libm。libm 也是 GNU libc 的一部分，但库文件和 libc 是分离的。libm 的共享库是 /lib/libm-X.Y.Z.so，静态库则是 /usr/lib/libm.a。

此外，还有操作终端界面的库 ncurses。ncurses 被用于 vi 等应用程序，使用 ncurses 库可以在终端的任意位置输出文本，在按 Enter 键输入前获取之前输入的所有字符等。ncurses 的共享库文件是 /lib/libncurses.so.X.Y，静态库则是 /usr/lib/libncurses.a。

链接器的输入和输出

在本节的最后，让我们根据链接器的输入、输出文件的种类对链接进行分类。Linux 下主要使用以下两种链接。

1. 生成可执行文件的链接
2. 生成共享库的链接

这两种链接的输入是一样的，都是可重定位文件、静态库、共享库之中的一个或者几个（图 19.1）

除此之外，还可以把多个可重定位文件链接为一个可重定位文件，这样的链接称为**部分链接**

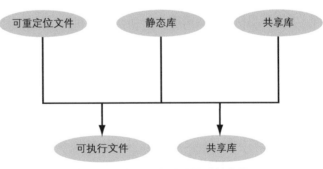

图 19.1　根据输出对链接进行分类

（partial link）。部分链接和前两种链接相比使用频率相对较低，所以本书中不再说明。

19.2 什么是链接

本节将详细讲解链接时进行的处理。

链接时进行的处理

下面讲解链接过程中究竟进行了什么样的处理。所谓**链接**（link），指的是把多个目标文件关联为一个整体。而通过关联多个目标文件，就可生成同时使用多个目标文件定义的变量、函数的程序。

在使用 ELF 格式的 Linux 下，所谓"把多个目标文件关联为一个整体"，具体来说需要经过以下步骤。

1. 合并节
2. 重定位
3. 符号消解

仔细思考之后可以发现，除了以上 3 个步骤以外，链接时还必须进行很多其他处理。譬如在生成 ELF 格式的可执行文件时，需要为程序生成合适的程序头信息。不过归根到底，链接的主旨是关联目标文件，因此主要的处理也就上述 3 点。

下面就按顺序来详细讲解这 3 点。

合并节

首先讲解合并节。正如我们在第 18 章中提到的那样，各种目标文件中都有保存机器码的 .text 节、保存全局变量内存空间的 .data 节等。在链接多个目标文件时，需要从各个目标文件中抽取节，把相同种类的节合并到一起，如图 19.2 所示。这个处理就是"合并节"。

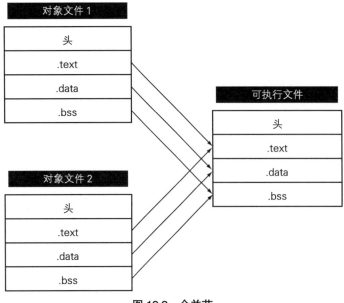

图 19.2　合并节

重定位

接着讲解重定位。**重定位**（relocation）指的是根据程序实际加载到内存时的地址，对目标文件中的代码和数据进行调整。

举个例子。假设现在有 a.c、b.c、c.c 这 3 个 C 语言的源文件，我们要把它们编译、汇编、链接从而得到可执行文件。在一般的 C 语言编译环境中，因为 3 个源文件都是独立编译和汇编的，所以相互之间并不知道其他目标文件使用的是什么内存地址，因此地址重复的情况很有可能发生。譬如 a.c 生成 a.o 的时候，假设要把代码载入内存中从 100 开始的位置，然而这段位置可能已经放置了 b.o 或者 c.o 的代码，这时从 100 开始的内存位置就不可用了。其他地址也可能有同样的问题。

这时就需要用到重定位。首先，最初生成目标文件 a.o 或者 b.o 时，使用虚拟的内存地址，比如地址 100 等。然后把代码、数据的位置信息设置为相对 100 位置的内存地址，并且记录在同一个目标文件中。这个信息就是第 18 章中讲过的重定位信息。接着在链接 3 个目标文件时，根据整体情况决定"真实的"内存地址，把所有使用虚拟内存地址的地方替换成真实的内存地址。这个处理就是重定位。

图 19.3 展示了重定位的概念。

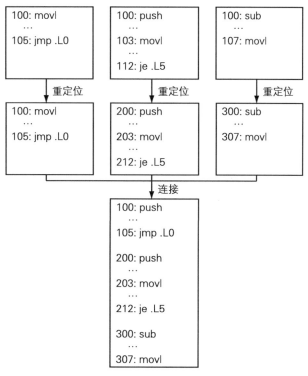

图 19.3 重定位的概念

最初 a.o、b.o、c.o 都是假设从地址 100 开始生成目标文件的。链接时 b.o 变为从 200 开始，c.o 变为从 300 开始。通过重定位，3 个目标文件使用的内存地址不再重复，可以简单地结合起来。

符号消解

最后讲解符号消解相关的内容。**符号消解**（symbol resolution）是指为了可以使用其他目标文件和库文件中提供的变量或者函数，把尚未和实体链接的符号与具体的变量或者函数等实体链接起来的操作。第 9 章中已经讲解过变量引用消解的相关内容，这里可以把符号消解想象成在不同的目标文件中进行变量引用消解。

比如，我们要在 main.c 这个 C 语言源文件中使用标准 C 库提供的 printf 函数。printf 函数的定义在 C 库文件（lib.c）中，因此需要把这个函数体从库文件中提取出来进行链接。而汇编器不是链接器，因此进行汇编操作后，printf 函数的函数体并没有被提取过来。相应地，汇编器会把"这个目标文件中使用的 printf 函数的函数体在其他目标文件中"这个信息保留下来。这个信息就是**未定义符号**（undefined symbol）。

接下来，在进行链接操作的时候，再检索未定义符号，把相关的变量或者函数的内存地址链接进来。这个处理就是符号消解。

符号消解和重定位联系紧密。

譬如上面的 printf 函数，编译 main.c 文件时 printf 函数的地址是未知的，这时编译器为 printf 函数分配虚拟地址，并生成类似 call printf 的汇编指令。然后在链接时再把函数的内存地址修正为正确地址。

而这个"先设置虚拟地址，在链接时修正为正确地址"的处理正是重定位操作，因此符号消解本身可以通过重定位来实现。

总体来说，像上面这样解释目标文件代码的含义，把目标文件从物理上、逻辑上链接起来，从而生成可执行文件的处理就是"链接"。

19.3 动态链接和静态链接

本节将讲解动态链接和静态链接的异同。

两种链接方法

无论是静态库还是共享库，都是为了集合一系列函数或者变量以供（其他）用户使用，不过两种库的链接方式却有很大不同。

静态库在 build，也就是执行 ld 命令的时候就会进行目标文件的链接，而共享库在 build 的时候不会进行目标文件的链接，而是只检查共享库和符号是否存在，在程序运行时才在内存上实际链接目标文件。

其中，在 build 时链接目标文件的链接操作称为**静态链接**（static link），而在程序执行时链接目标文件的链接操作则称为**动态链接**（dynamic link）。通常静态库使用的是静态链接，而共享库则使用动态链接。另外，给链接器输入多个重定位文件时，这些文件会被执行静态链接。

动态链接的优点很多，Linux 下使用库时也主要使用共享库和动态链接。gcc 也是如此，不加任何选项的话就会执行动态链接，而静态库的静态链接只在个别情况下才使用。

动态链接的优点

动态链接的优点主要有以下 3 点。

1. 容易更新
2. 节省磁盘空间
3. 节省内存

首先，进行动态链接可以很方便地更新库。想要更新共享库的时候，只需要安装新的共享库文件即可。而更新静态库则还需要把所有链接了该静态库的文件重新进行链接处理。近来因为安全等原因，库文件更新的频率非常高，因此容易更新这个优点可以说是无可替代的。

其次，使用动态链接可以节省磁盘空间。链接静态库时，静态库的所有内容都将被复制到可执行文件中，因此在每一个链接了静态库的文件中都将存在一份静态库的副本。而共享库不会被物理复制到链接的目标文件中，也就不会因为同时存在多份副本而造成磁盘空间的浪费。

最后，使用动态链接可以节省内存。占据库大部分体积的 .text 节是只读区域，通过 mmap 系统调用把共享库文件内容加载到内存后，多个进程可以共用一个内存区域。也就是说，即使使用某个共享库的进程同时启动了多个，它们也只会共用同一个加载了共享库的内存区域。

动态链接的缺点

另外，动态链接的缺点有以下两个。

1. 性能稍差
2. 链接具有不确定性

第一点，相同条件下，比起静态链接而言，使用动态链接时程序性能会稍微差一点。一来在程序运行时进行链接操作需要花费一定的时间，二来第 21 章中讲解的地址无关代码的执行也会有一些额外的开销。不过整体来说，执行速度下降的幅度应该不会超过 5%。

第二点，如果使用动态链接，那么在实际链接时就可以简单地完成变量、函数的替换。举个例子，如果把某个文件夹路径设置为环境变量 LD_LIBRARY_PATH，那么程序在执行时就会优先检索 LD_LIBRARY_PATH，而不是 /lib 和 /usr/lib。这就导致用户甚至可以把 libc、libm 等库替换成自己准备好的库。也就是说，在 Linux 上使用动态链接的情况下，有可能链接不到原本想要链接的变量或者函数。

当然，这一点也不能完全说是缺点。比方说通过 LD_LIBRARY_PATH 可以相对方便地做到仅仅替换标准 C 库里的 malloc 函数。另外，利用这一点还可以很方便地为 libc 函数调用加上钩子进行追踪，相对于在代码中埋点打印日志而言，这种方法无疑更具价值。

动态链接示例

接下来我们分别尝试进行动态链接和静态链接。

首先进行动态链接。这里使用的源代码就是前面用过的 main.c 和 f.c。假设我们要把源代码和 libc 的引用明确地进行动态链接。编译 main.c 和 f.c，对重定位文件和 libc 进行动态链接的例子如下所示。

```
$ gcc -c main.c
$ gcc -c f.c
$ gcc main.o f.o -lc -o prog
```

这里命令行参数 -lc 是关键。gcc 的 -l 选项可以为链接指定库。-lxx 这样的选项表示动态链接时检索 libxx.so 库，静态链接时检索 libxx.a 库。另外，动态链接时如果检索不到 libxx.so，也会自动检索 libxx.a。如果后者检测到了，则会自动进行静态链接。

要确定指定库是否被动态链接，可以如下所示使用 ldd 命令。

```
$ ldd prog
        linux-gate.so.1 =>  (0xffffe000)
        libc.so.6 => /lib/tls/i686/cmov/libc.so.6 (0xb7e86000)
        /lib/ld-linux.so.2 (0xb7fbf000)
```

ldd 像上面这样输出 libc.so.6 => ...，则代表这个文件动态链接了共享库 libc.so.6。

静态链接示例

接下来看静态链接。如下所示，gcc 使用 -static 选项即可进行静态链接。

```
$ gcc -static main.o f.o -lc -o prog
```

这样一来，main.o、f.o 以及 libc.a 就会被静态链接，从物理上关联成一个文件。
对静态链接后的文件执行 ldd 命令可以得到如下信息。

```
$ ldd prog
        not a dynamic executable
```

另外，执行 file 命令时还会输出如下 statically linked 的信息，据此可以知道进行
了静态链接。

```
$ file prog
prog: ELF 32-bit LSB executable, Intel 80386, version 1 (SYSV), for GNU/Linux
2.4.1, statically linked, for GNU/Linux 2.4.1, not stripped
```

库的检索规则

为 gcc 指定 -l 选项检索库时，首先被检索的是 gcc 内含的检索路径。在检索该路径时，可
以通过给 gcc 加上 -v 选项并执行，从输出的 collect2 的命令行参数中查找 -L 选项。在笔者
手头的执行环境里，除去重复的值以外，一共有如下 3 个路径。

```
-L/usr/lib/gcc/i486-linux-gnu/4.1.2
-L/usr/lib
-L/lib
```

这 3 个就是默认的检索目标路径。另外，/usr/lib/gcc/... 是 gcc 的内部库、命令的
存放路径，其中存放着包含 gcc 内嵌函数在内的 libgcc 等文件。此外，collect2 文件也在
这个路径下。

如果要链接位于上述标准路径之外的地方的库，可以通过以下任意一种方法。

1. 不使用 -l 选项，而是为 gcc 指定库的完整路径
2. 给 gcc 指定 -L 选项，将文件夹路径添加到检索路径

　　第 1 种方法比较易懂，下面讲解一下第 2 种。为 gcc 命令添加 "-L 文件夹路径" 的参数后，这个文件夹路径就被添加到了 gcc 的检索路径，然后再在这个文件夹路径中检索 -l 选项指定的库。

　　-L 选项可以指定多个，因此如果有多个想要检索的路径，可以反复指定 -L 选项。

　　下一节将讲解生成库的方法。

19.4 生成库

本节将讲解利用 gcc 生成库的方法。

生成静态库

首先讲解生成静态库的方法。

用 ar 命令可以生成静态库。ar 命令的功能和 tar 类似，使用方法也差不多。

要用 ar 命令生成静态库，需要像下面这样指定 c、r、s 选项，并指定生成的静态库文件名，以及相应的重定位文件列表。

```
$ ar crs libmy.a f.o g.o h.o
```

这样就可以生成包含 f.o、g.o、h.o 这 3 个重定位文件的静态库 libmy.a。其中，各个选项的含义如表 19.2 所示。

表 19.2　ar 命令的选项

选项	含义
c	如果存档不存在，则创建
r	向存档添加文件
s	生成加速链接的索引

根据 OS 的不同，ar 命令可能必须使用 ranlib 命令生成索引。但 Linux 的情况下，因为 ar 命令的 s 选项就可以生成索引，所以不需要额外执行 ranlib 命令。另外，即便不生成索引，静态库也可以正常工作。

Linux 中共享库的管理

在讲解生成共享库的方法前，让我们先来简单了解一下 Linux 下共享库的版本管理方法。为了让多个版本的共享库共存，Linux 下有几条共享库的命名规则。

表 19.3　共享库的命名规则

种类	使用者	命名规则	示例
实名	用户	lib×××.so.A.B.C	libz.so.1.2.3
soname	加载器	lib×××.so.A	libz.so.1
链接器名	链接器	lib×××.so	libz.so

实名指的就是用户可以简单理解的名字。具体来说就是在 lib×××.so 的基础上加上 3 位版本号，也可以是 2 位版本号。

soname 是加载器在加载程序时为了检索共享库而使用的名字。具体来说就是在 lib×××.so 的基础上加上 1 位版本号。soname 的版本号必定是 1 位。

最后的链接器名是链接器（ld）在进行链接操作时检索库而使用的名字。链接器名没有版本号。

通常的做法是使用实名为文件实体命名，并且为其创建以 soname 或者链接器名命名的符号链接文件。

另外，soname 的 .so 后的版本号是 ABI（Application Binary Interface）版本号。更改已有的库接口后，新的版本号一定要比原来的版本号大。所谓 ABI 是指在机器码层面保证库的可替换性的接口。

打个比方，如果增加了已有函数的参数个数或者删除了某个已有函数，那么使用现有版本的库的程序就有可能无法正常工作。这种情况就称为"ABI 没有可替换性"。在 ABI 没有可替换性的情况下，必须增加 ABI 版本号，soname 末尾的版本号也必须随之增加。另一方面，单纯增加新函数的情况下，使用现有版本库的程序可以照常运作，所以 ABI 无需更改，soname 也无需更改。

此外，Linux 下为优化执行时共享库的检索速度，加载器会对共享库的信息建立缓存文件。这个缓存文件就是 /etc/ld.so.cache。安装新版本的共享库时，一定要更新这个缓存文件。更新 /etc/ld.so.cache 文件需要以管理员权限执行 ldconfig 命令。

生成共享库

生成共享库时有几个注意事项，其中特别需要注意以下 2 点。

1. 加上 -fPIC 选项编译共享库的所有源文件
2. 生成共享库时，加上 -Wl 选项可以应用 soname

第 1 点中的 -fPIC 选项是生成地址无关代码的选项。地址无关代码的应用可以减少链接时的重定位操作，在生成共享库时几乎是必需的手段。地址无关代码相关的内容详见第 21 章。

第 2 点则是前文提及的为共享库应用 soname 的步骤。虽然不应用 soname 库也能正常工作，但为了做好版本管理，还是推荐为共享库应用 soname。

那么下面我们来生成共享库。首先，加上 -fPIC 选项来编译共享库包含的所有源文件。

```
$ gcc -c -fPIC f.c
$ gcc -c -fPIC g.c
```

接下来，加上 -shared、-Wl 和 -soname 选项执行 gcc 命令，生成共享库。

```
$ gcc -shared -Wl,-soname,libfg.so.1 f.o g.o -o libfg.so.1
$ file libfg.so.1
libfg.so.1: ELF 32-bit LSB shared object, Intel 80386, version 1 (SYSV), not stripped
```

这样就生成了一个共享库。执行 file 命令可以确认生成的文件是 shared object。

另外，-static 选项用于指示进行静态链接，而 -shared 选项则用于指示生成共享库。这两个选项的含义稍有点区别。

下面详细讲解 -Wl,-soname,libfg.so.1。首先，-Wl 选项用于向链接器（ld 命令）传递参数。传递的不同参数之间用逗号分隔，并且互相之间没有空格。也就是说，-Wl,-soname,libfg.so.1 的意思是为链接器加上 -soname 和 libfg.so.1 两个参数。这样就可以为共享库应用 soname。

然后为 readelf 命令加上 -d 选项，就可以确认应用的 soname。

```
$ readelf -d libfg.so.1

Dynamic section at offset 0x548 contains 21 entries:
  Tag        Type                         Name/Value
 0x00000001 (NEEDED)                     Shared library: [libc.so.6]
 0x0000000e (SONAME)                     Library soname: [libfg.so.1]
 0x0000000c (INIT)                       0x38c
```

链接生成的共享库

要链接如上生成的动态库，有几点需要注意。

首先，为了让 gcc 的 -l 选项生效，必须要有一个链接器名，因此必须生成 *.so 这样的符号链接。

另外，当前路径并不在 gcc 的默认检索路径中，因此需要加上 -L. 选项来链接当前路径下的共享库。

总结起来就是下面这样。

```
$ ln -s libfg.so.1 libfg.so              ← 生成链接器名
$ gcc -c main.c
$ gcc -L. main.o -lfg -lc -o prog-shared  ← 加上 -L. 选项
```

另外，在运行使用了共享库的程序时也需要注意一点，那就是默认情况下当前路径也不是执行时的检索路径。想要直接把生成的共享库放置到当前路径中使用，而不进行安装，就需要把环境变量 LD_LIBRARY_PATH 指定为 "."。也就是说，执行的命令应如下所示。

```
$ LD_LIBRARY_PATH=. ./prog-shared
f(5)=25
```

最后，在安装生成的共享库时，复制共享库到相应路径后，需要以管理员权限执行
`ldconfig`命令，如下所示。

```
# ldconfig      # 需要管理员权限
```

下一章将详细讲解程序的加载和动态链接相关的内容。

第 **20** 章

加载程序

本章来讲解程序加载的进程。

20.1 加载 ELF 段

本节将讲解 ELF 段的加载过程和相应的内存操作。

利用 mmap 系统调用进行文件映射

Linux 系统下通过 mmap 系统调用把程序加载到内存中。mmap 是把文件内容映射到内存空间中的系统调用。所谓"映射",意思是可以通过读取内存直接获得文件内容,也可以通过写内存对文件内容进行变更。

下面就来讲解把文件映射到内存中的 mmap 系统调用的用法。mmap 系统调用的函数原型如下所示。

```
#include <sys/mman.h>

void *mmap(void *start, size_t length, int prot, int flags,
           int fd, off_t offset);
```

mmap 把文件内容映射到以 start 地址开始的长度为 length 字节的内存空间上。而被映射到内存上的文件的范围则是:由文件描述符 fd 指定的文件中,从偏移量 offset 开始,长度为 length 字节的部分。

mmap 系统调用的返回值为实际映射到的内存空间的起始地址。内存分配失败时会返回常量 MAP_FAILED。

下面来详细介绍 mmap 的参数。

只有在第 4 个参数没有指定为 MAP_FIXED 的情况下,第 1 个参数 start 才可被更改。一般情况下 mmap 系统调用都不指定 MAP_FIXED,于是把第 1 个参数 start 设置为 0,由系统内核决定内存地址。不过,加载程序的时候必须把文件映射到特定的内存地址上,因此需要指定 MAP_FIXED 标志,禁止更改 start。

第 3 个参数 prot 是表示作为映射目标的内存空间的访问属性的标志。可以把表 20.1 中的一个或多个值用比特单位的 OR 指定为标志值。

表 20.1　可以指定为第 3 个参数 prot 的标志

标志名	含义
PROT_NONE	不能访问指定的内存空间

（续）

标志名	含义
PROT_READ	指定的内存空间可读
PROT_WRITE	指定的内存空间可写
PROT_EXEC	指定的内存空间上的代码可执行

可以把表 20.2 中的一个或多个值用比特单位的 OR 指定为第 4 个参数 flags 的标志值。另外，标志值必须包括 MAP_SHARED 和 MAP_PRIVATE 之中的一个。

表 20.2　可以指定为第 4 个参数 flags 的部分标志

标志名	含义
MAP_FIXED	严格从第 1 个参数 start 指定的地址开始映射。如果目标内存空间和已经映射的内存空间重叠，则新的映射将覆盖旧的映射
MAP_SHARED	将映射了文件的内存空间和其他进程共享。指定了这个标志后，如果映射了文件的内存空间发生变更，变更结果将同步到文件中
MAP_PRIVATE	使映射了文件的内存空间不和其他进程共享。指定了这个标志后，映射了文件的内存空间将变成本进程专用，不再和其他进程共享
MAP_ANONY-MOUS	确保文件内容和可用的内存空间。指定了这个标志后，第 5 个参数 fd 和第 6 参数 offset 都将被忽略

通过使用 mmap 系统调用把 ELF 文件的节进行映射，程序就被加载到了内存中。

进程的内存镜像

在 Linux 下，通过使用 Proc 文件系统（/proc），就可以表示进程利用 mmap 系统调用把文件映射到的内存范围的信息。利用这个功能，下面让我们来看一个典型的加载完毕的程序吧。

如下所示，利用 cat 命令输出 /proc/ 进程 ID/maps 文件的内容，就可以表示某个进程中文件和内存映射的信息。

```
$ cat /proc/4437/maps
08048000-08049000 r-xp 00000000 08:01 130567        /tmp/showmap
08049000-0804a000 rwxp 00000000 08:01 130567        /tmp/showmap
0804a000-0806b000 rwxp 0804a000 00:00 0             [heap]
b7e34000-b7e35000 rwxp b7e34000 00:00 0
b7e35000-b7f5c000 r-xp 00000000 08:01 2497754       /lib/tls/i686/cmov/libc-2.3.6.so
b7f5c000-b7f61000 r-xp 00127000 08:01 2497754       /lib/tls/i686/cmov/libc-2.3.6.so
b7f61000-b7f63000 rwxp 0012c000 08:01 2497754       /lib/tls/i686/cmov/libc-2.3.6.so
b7f63000-b7f66000 rwxp b7f63000 00:00 0
b7f6a000-b7f6d000 rwxp b7f6a000 00:00 0
b7f6d000-b7f6e000 r-xp b7f6d000 00:00 0             [vdso]
b7f6e000-b7f83000 r-xp 00000000 08:01 2482360       /lib/ld-2.3.6.so
b7f83000-b7f85000 rwxp 00014000 08:01 2482360       /lib/ld-2.3.6.so
bfc30000-bfc46000 rwxp bfc30000 00:00 0             [stack]
```

以上是一个调用 sleep 函数后退出的 Cb 程序执行后得到的内存映射。其输出从左往右分别是内存地址范围（16 进制数表示）、内存范围的访问权限属性、对应文件的偏移量、设备号、

i 节点号和对应的文件名。目前来说，比较重要的是内存地址范围、属性和对应的文件名，让我们来看一下。

首先，内存地址范围是用 16 进制数来表示内存空间的上端和下端地址。譬如 08048000-08049000 指的就是"由地址 0x08048000 到地址 0x08049000"。

其次，"对应的文件名"指的是使用 mmap 系统调用映射的文件名。从上述输出中可以看到，/tmp/showmap（程序）和 /lib/tls/i686/cmov/libc-2.3.6.so（libc）都被映射了。

下面来详细介绍内存空间的属性。

内存空间的属性

/proc/ 进程 ID/maps 的输出中，类似于 r-xp 的字符串的每一位都表示内存空间的访问属性，并和 mmap 系统调用的第 3 个参数 prot 对应。其中各个字符的含义如表 20.3 所示。

表 20.3　内存范围的属性

位	字符	含义
1	r	内存空间可读
	-	内存空间不可读
2	w	内存空间可写
	-	内存空间不可写
3	x	内存空间中的代码可执行
	-	内存空间中的代码不可执行
4	s	内存空间和其他进程共享（使用 MAP_SHARED 标志映射）
	p	内存空间由当前进程私有（使用 MAP_PRIVATE 标志映射）

打个比方，机器码通常不需要更新，因此 .text 节对应的内存空间应该不可写。如果机器码不可写，那么就不会因为程序错误而改写机器码，进而也防止了恶意篡改代码的攻击行为。

另外，以往机器栈的内存空间通常是可执行的，最近出于安全方面的考虑，很多技术方案里都把机器栈设置为不可执行了。因为如果机器栈可执行，电脑病毒就可以利用程序的漏洞往栈上写入代码，从而就可以实施攻击了。

ELF 段对应的内存空间

这里再确认一次被加载的 ELF 文件的程序头。通过 readelf -l 命令可以输出程序头。上述显示内存映射的 /tmp/showmap 命令的程序头如下所示。

```
$ readelf -l /tmp/showmap

Elf file type is EXEC (Executable file)
Entry point 0x8048350
There are 7 program headers, starting at offset 52
```

```
Program Headers:
  Type           Offset   VirtAddr   PhysAddr   FileSiz MemSiz  Flg Align
  PHDR           0x000034 0x08048034 0x08048034 0x000e0 0x000e0 R E 0x4
  INTERP         0x000114 0x08048114 0x08048114 0x00013 0x00013 R   0x1
      [Requesting program interpreter: /lib/ld-linux.so.2]
  LOAD           0x000000 0x08048000 0x08048000 0x004b0 0x004b0 R E 0x1000
  LOAD           0x0004b0 0x080494b0 0x080494b0 0x000f4 0x000f4 RW  0x1000
  DYNAMIC        0x0004b0 0x080494b0 0x080494b0 0x000c8 0x000c8 RW  0x4
  NOTE           0x000128 0x08048128 0x08048128 0x00020 0x00020 R   0x4
  GNU_STACK      0x000000 0x00000000 0x00000000 0x00000 0x00000 RWE 0x4

 Section to Segment mapping:
  Segment Sections...
   00
   01     .interp
   02     .interp .note.ABI-tag .hash .dynsym .dynstr .gnu.version .gnu.
 version_r .rel.dyn .rel.plt .init .plt .text .fini .rodata
   03     .dynamic .got .got.plt .data
   04     .dynamic
   05     .note.ABI-tag
   06
```

可以看到，这个 ELF 文件定义了从 Type 为 PHDR 的段到 Type 为 GNU_STACK 的段共 7 个。

其中，Type 为 LOAD 的段就是 mmap 系统调用加载的段。从上述输出中可以看到，这样的段在 /tmp/showmap 文件中定义了 02、03 这两个，并且每一个中都包含 .text 节、.rodata 节和 .data 节等。

另外，VirtAddr 栏的值表示段被映射后的地址，MemSiz 栏的值表示映射目标的内存空间的大小。Offset 栏的值表示 ELF 文件内段的偏移量，FileSiz 栏的值表示 ELF 文件内段的大小。也就是说，ELF 文件内由偏移量 Offset 开始的 FileSiz 长度的文件范围被映射到了地址 VirtAddr 开始的大小为 MemSiz 的内存空间中。这个对应关系如图 20.1 所示。

和刚才的内存映射相比，/tmp/showmap 被映射的内存空间有两部分，并且其内存地址、大小和上述 Type 为 LOAD 的段属性几乎一致。

之所以说地址、大小"几乎"一致，而不是完全一致，是因为 mmap 系统调用映射的地址、大小必须和地址空间的内存页对应。在使用 ELF 的 i386 下的 Linux 中，内存页的大小为 4 KB，因此映射到的地址和内存大小都会是 4 KB 的倍数。

因此，如果实际映射到的内存地址 VirtAddr 不是 4 KB 的倍数，就会被替换成比 VirtAddr 小的 4 KB 的倍数中最大的一个。而如果映射到的内存大小 FileSiz 不是 4 KB 的倍数，就会被替换成比 FileSiz 大的 4 KB 的倍数中最小的一个。这样调整过后，映射到的内存地址和大小就都变成了 4 KB 的倍数。

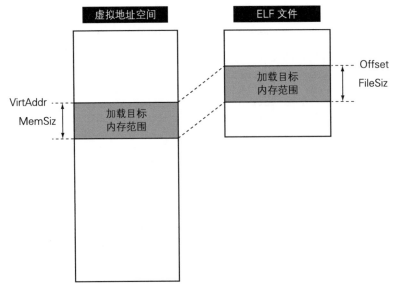

图 20.1　ELF 段和内存空间的对应关系

和 ELF 文件不对应的内存空间

如前所述，ELF 文件中拥有实体的段都是通过 mmap 系统调用来加载的。不过，进程的内存空间中也存在不和 ELF 文件对应的部分。这样的内存空间有以下 3 种。

1. 和 .bss 等节对应的空间
2. 机器栈
3. 堆

第 1 条中的内存空间对应的是在 ELF 文件中定义的、内容没有写入文件的节。比如 .bss 节在 ELF 文件中就是一种没有大小的节。.bss 节在 ELF 文件内的数据大小（FileSiz）为 0，但加载到内存后，也要申请 MemSiz 大小的内存空间。这样的节的内存空间在对应文件中没有指定，但需要通过使用了特别标志的 mmap 系统调用来申请。

第 2 条中的机器栈的内存空间由 Linux 内核在程序启动时分配。Linux 上进程的机器栈会被配置在内存地址空间的末尾附近。

第 3 条中的堆（heap）是程序执行时申请的可以变更的数据空间，通常被 malloc 函数用于分配内存空间。/proc/ 进程 ID/maps 输出中 heap 部分表示的就是堆，堆通常会被分配在程序映射的内存空间的后面。

堆区在程序开始执行后由 brk 这个系统调用来分配。C 语言的程序在使用 malloc 函数申请内存时，libc 会自动调用 brk 系统调用来申请堆的内存范围，并从堆的内存范围上申请内存。

不过如果是 GNU libc 的话，用 `malloc` 申请一定大小以上的内存（2.7 版本中默认是 128 KB 以上）时，不会调用 `brk` 系统调用，而会直接使用 `mmap` 系统调用来申请内存空间。

ELF 文件加载的实现

代码清单 20.1 所示为按照本节的方法实际加载 ELF 文件的函数。虽然这段代码在错误处理等细节上做得不够，但据此可以确认这个规模的代码就可以实现 ELF 文件加载了。

代码清单 20.1　加载 ELF 文件的段的函数

```
#define ELF_EXEC_PAGESIZE 4096
#define PAGEMASK (~(ELF_EXEC_PAGESIZE - 1))
#define EXTEND(addr) (((addr) + (ELF_EXEC_PAGESIZE - 1)) & PAGEMASK)

static void*
load_elf_segments(char *path)
{
    Elf32_Ehdr eh;
    int fd, i;

    if ((fd = open(path, O_RDWR)) < 0) syserr("open");
    if (read(fd, &eh, sizeof(Elf32_Ehdr)) < 0) syserr("read(Ehdr)");
    if (lseek(fd, eh.e_phoff, SEEK_SET) < 0) syserr("lseek");
    for (i = 0; i < eh.e_phnum; i++) {
        Elf32_Phdr ph;
        if (read(fd, &ph, eh.e_phentsize) < 0) syserr("read(Phdr)");
        if (ph.p_type == PT_LOAD) {
            void *s_beg = (void*)(ph.p_vaddr & PAGEMASK);
            void *s_end = (void*)EXTEND(ph.p_vaddr + ph.p_filesz);
            void *z_end = (void*)EXTEND(ph.p_vaddr + ph.p_memsz);
            int prot = PROT_READ | PROT_WRITE | PROT_EXEC;
            int flags = MAP_FIXED | MAP_PRIVATE;
            off_t offset = ph.p_offset & PAGEMASK;
            void *addr = mmap(s_beg, s_end - s_beg, prot, flags, fd, offset);
            if (addr == MAP_FAILED) syserr("mmap");
            if (z_end > s_end) {
                addr = mmap(s_end, z_end - s_end, prot,
                        flags | MAP_ANONYMOUS, 0, 0);
                if (addr == MAP_FAILED) syserr("mmap (zero page)");
            }
        }
    }
    close(fd);
    return (void*)eh.e_entry;
}
```

另外，如果使用这个函数来加载真正的 ELF 文件，`mmap` 系统调用将会报错。因为通常无论哪个程序都会加载到同一个内存地址，所以加载程序的程序本身的段和被加载的程序的段会被映射到同一段内存空间上。因此，要使用这段函数加载 ELF 文件，就必须让进行加载的程序的段和被加载的程序的段的内存地址分离。笔者通过在 `ld` 命令上加上 `-Ttext` 和 `-Tbss` 选项而成功做到了这一点。

VDSO 空间

根据 Linux 的版本的不同，有时 `/proc/` 进程 ID/maps 的输出中会带有 vdso 这个内存空间。VDSO 是 Virtual Dynamic Shared Object 的缩写，是 Linux 内核自动映射的内存空间。

在 x86 架构下，根据 CPU 的不同，最优的系统调用方法也各有不同，因此内核上有一套根据不同的 CPU 来优化系统调用的代码，并在执行时将其分配给各个进程使用。这个内核上准备的代码的内存空间就是 VDSO。

20.2 动态链接过程

本节讲解动态链接的程序从启动开始到转入 main 函数处理的过程。

动态链接加载器

上一节讲解了 ELF 文件的加载方法，但没有提及"是谁"加载了 ELF 文件。目标文件的种类不同，加载 ELF 文件的主体也不同。程序由系统内核加载，共享库由动态链接加载器加载。

动态链接加载器（dynamic linker / loader）是指加载并链接动态链接的程序本身及其链接的共享库，设置程序运行状态的程序。Linux 上常用的动态链接加载器是 /lib/ld-linux.so.2。动态链接加载器的通称为 ld.so，可以通过 man ld.so 命令来显示帮助页。

使用 ELF 文件的系统中，程序的 ELF 文件的 INTERP 段需要指定动态链接加载器的路径。系统内核在启动程序时读入 INTERP 段的内容，从而加载、启动程序。

换句话说，动态链接器和动态链接加载器的运作过程并无二致。

程序从启动到终止的过程

下面简单讲解一下从 ld.so 链接程序到程序执行完毕的过程。

1. 加载程序
2. 启动 ld.so
3. 读入共享库
4. 符号消解和重定位
5. 初始化
6. 跳转到程序入口
7. 程序终止处理

首先系统内核加载程序和 ld.so，准备好运行环境之后交由 ld.so 处理。完成启动的 ld.so 根据系统内核传递的参数进行初始化。

接着读取程序的 DYNAMIC 段，加载所有可执行文件链接的共享库。对已经加载的共享库也执行同样的处理，递归地加载所有共享库。

一旦加载完所需要的库，马上消解所有程序和库代码中的符号，并重定位代码。

这样就完成了启动程序的准备工作。在执行了各个文件的初始化代码后，跳转到程序入口，这样就启动了程序。在 C 语言程序中，也就是执行了 main 函数的意思。

程序执行完毕后，最后会对每个文件执行终止处理，这样整个执行过程最终完成。

下面以 Hello,World! 程序为例，来详细看看程序执行的各个阶段。

启动 ld.so

把动态链接后的程序路径传递给 execve 系统调用后，系统内核会把程序映射到内存，并检测它的 INTERP 段。INTERP 段是 .interp 节对应的段，.interp 节的内容就是动态链接加载器的路径。

在 readelf 命令上加上 -l 选项输出程序头信息，就可以看到 INTERP 段的内容。

```
$ readelf -l hello

Elf file type is EXEC (Executable file)
Entry point 0x80482b0
There are 7 program headers, starting at offset 52

Program Headers:
  Type           Offset   VirtAddr   PhysAddr   FileSiz MemSiz  Flg Align
  PHDR           0x000034 0x08048034 0x08048034 0x000e0 0x000e0 R E 0x4
  INTERP         0x000114 0x08048114 0x08048114 0x00013 0x00013 R   0x1
      [Requesting program interpreter: /lib/ld-linux.so.2]
  LOAD           0x000000 0x08048000 0x08048000 0x0049c 0x0049c R E 0x1000
  LOAD           0x00049c 0x0804949c 0x0804949c 0x00104 0x00108 RW  0x1000
```

倒数第 3 行就是 INTERP 段的内容。由此可以看出，本程序的动态链接加载器是 /lib/ld-linux.so.2，系统内核会把 /lib/ld-linux.so.2 映射到内存中，并进入其启动入口。

动态链接加载器的入口被记述在动态链接加载器本身的 ELF 头部信息中。下面让我们为 readelf 命令加上 -h 选项，来显示 /lib/ld-linux.so.2 的 ELF 头部，如下所示。

```
$ readelf -h /lib/ld-linux.so.2
ELF Header:
  Magic:   7f 45 4c 46 01 01 01 00 00 00 00 00 00 00 00 00
  Class:                             ELF32
  Data:                              2's complement, little endian
  Version:                           1 (current)
  OS/ABI:                            UNIX - System V
  ABI Version:                       0
  Type:                              DYN (Shared object file)
  Machine:                           Intel 80386
  Version:                           0x1
  Entry point address:               0x7b0
  Start of program headers:          52 (bytes into file)
```

倒数第 2 行显示入口的地址为 0x7b0，ld.so 的代码就放在这个地址上。

系统内核传递的信息

系统内核会给动态链接加载器传递如下信息。

1. 命令行参数个数（argc）
2. 命令行参数（argv）
3. 环境变量（envp）
4. ELF 的 AUX 矢量（auxv）

这些信息都放置在机器栈中，当把处理进程交给 ld.so 时，其状态如图 20.2 所示。另外，初始化时 esp 寄存器指向栈的头地址，因此地址 0(%esp) 的值就是 argc。

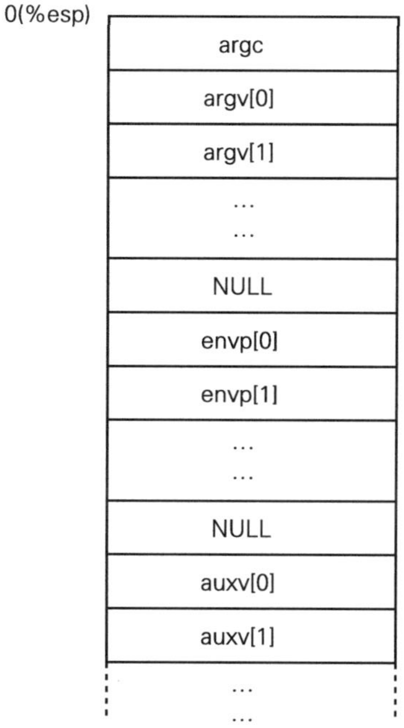

图 20.2　ld.so 启动时的栈状态

AUX 矢量

AUX 矢量（auxiliary vector）是包含硬件信息、主程序的程序头信息等的数组。在设置 LD_SHOW_AUXV 环境变量启动动态链接的命令后，可以让 ld.so 输出 AUX 矢量。下面我们就利用这个功能输出 AUX 矢量的内容。

```
$ LD_SHOW_AUXV=1 ./hello
AT_SYSINFO:      0xb7f3b400
AT_SYSINFO_EHDR: 0xffffe000
```

```
AT_HWCAP:     fpu vme de pse tsc msr pae mce cx8 apic sep mtrr pge mca cmov
pat pse36 clflush dts acpi mmx fxsr sse sse2 ss
AT_PAGESZ:      4096
AT_CLKTCK:      100
AT_PHDR:        0x8048034
AT_PHENT:       32
AT_PHNUM:       7
AT_BASE:        0xb7f3c000
AT_FLAGS:       0x0
AT_ENTRY:       0x80482b0
AT_UID:         1000
AT_EUID:        1000
AT_GID:         1000
AT_EGID:        1000
AT_SECURE:      0
AT_PLATFORM:    i686
```

在 AUX 矢量中，主要项目的含义如表 20.4 所示。

表 20.4　AUX 矢量的项目

名称	含义
AT_HWCAP	CPU 的功能。譬如如果含有 "fpu"，则表示拥有浮点数运算单元
AT_PAGESZ	内存页大小
AT_PHDR	程序的程序头起始地址
AT_PHENT	程序的程序头大小
AT_PHNUM	程序的程序头个数
AT_ENTRY	程序的入口函数地址

因为程序的 ELF 头已经被系统内核加载，所以这个信息会被传递到 AUX 矢量上，没有必要再次使用 ld.so 读入 ELF 头。

读入共享库

ld.so 完成自身的初始化后，为开始动态链接处理，需要处理程序的 DYNAMIC 段。

为 readelf 命令加上 -d 选项后，就可以输出 ELF 文件的 DYNAMIC 段。下面我们来看看 hello 程序的 DYNAMIC 段信息。

```
$ readelf -d hello

Dynamic section at offset 0x4b0 contains 20 entries:
  Tag        Type                         Name/Value
 0x00000001 (NEEDED)                     Shared library: [libc.so.6]
 0x0000000c (INIT)                       0x8048254
 0x0000000d (FINI)                       0x8048464
 0x00000004 (HASH)                       0x8048148
 0x00000005 (STRTAB)                     0x80481c0
 0x00000006 (SYMTAB)                     0x8048170
 0x0000000a (STRSZ)                      74 (bytes)
```

```
0x0000000b (SYMENT)                    16 (bytes)
0x00000015 (DEBUG)                     0x0
0x00000003 (PLTGOT)                    0x804957c
0x00000002 (PLTRELSZ)                  24 (bytes)
0x00000014 (PLTREL)                    REL
0x00000017 (JMPREL)                    0x804823c
0x00000011 (REL)                       0x8048234
0x00000012 (RELSZ)                     8 (bytes)
0x00000013 (RELENT)                    8 (bytes)
0x6ffffffe (VERNEED)                   0x8048214
0x6fffffff (VERNEEDNUM)                1
0x6ffffff0 (VERSYM)                    0x804820a
0x00000000 (NULL)                      0x0
```

ld.so 首先确认 Type 栏的值为 NEEDED 的入口。Type 栏为 NEEDED 的入口就是程序链接的共享库的 soname。ldd 命令表示的库名和 DYNAMIC 段的 NEEDED 入口一致。

ld.so 接着根据 soname 搜索源库。把环境变量 LD_DEBUG 设置为字符串 "libs" 启动程序后，可以输出 ld.so 搜索库的过程，如下所示。

```
$ LD_DEBUG=libs ./hello
    4790:       find library=libc.so.6 [0]; searching
    4790:         search cache=/etc/ld.so.cache
    4790:          trying file=/lib/tls/i686/cmov/libc.so.6
    4790:
    4790:
    4790:       calling init: /lib/tls/i686/cmov/libc.so.6
    4790:
    4790:
    4790:       initialize program: ./hello
（以下省略）
```

可以看到，这里是从缓存文件 /etc/ld.so.cache 中加载了 /lib/tls/i686/cmov/libc.so.6。这个文件是特定平台下最优化版本的 libc。

成功检索到共享库后，使用上一节提到的方法（mmap 系统调用）把这个库映射到内存中。

如果加载后的共享库的 DYNAMIC 段中有未加载的 NEEDED 入口的库，也要递归地映射这个共享库。不过 libc 没有这样的入口，因此上述输出显示只有 libc 被映射了。

符号消解和重定位

共享库全部映射完后，接下来对程序和所有共享库的尚未消解的符号进行消解，并重定位代码。把环境变量 LD_DEBUG 设置为字符串 "reloc" 启动程序后，就可以输出 ld.so 的重定位过程，如下所示。

```
$ LD_DEBUG=reloc ./hello
    4799:
    4799:       relocation processing: /lib/tls/i686/cmov/libc.so.6 (lazy)
```

```
    4799:
    4799:       relocation processing: ./hello (lazy)
    4799:
    4799:       relocation processing: /lib/ld-linux.so.2
    4799:
    4799:       calling init: /lib/tls/i686/cmov/libc.so.6
（以下省略）
```

即从库开始按顺序进行重定位，最后对程序自身的代码进行重定位。另外，（lazy）表示该库中未消解的符号将延迟到第一次使用时消解。这一点将在第 21 章详细讲述。

重定位的执行顺序和映射到内存上的顺序相反，因为后映射的库（的代码）会在先映射的库或者程序中使用。如果被调用的代码的地址不能完全确定，那么使用这段代码的代码就不能完成重定位，因此才从后映射的库开始按顺序进行重定位。

另外，把环境变量 LD_DEBUG 设置为 symbols,bindings，就可以在输出中显示未消解的符号被消解的过程，如下所示。

```
$ LD_DEBUG=reloc,libs,symbols,bindings ./hello 2>&1 H -n50
    4830:       find library=libc.so.6 [0]; searching
    4830:        search cache=/etc/ld.so.cache
    4830:         trying file=/lib/tls/i686/cmov/libc.so.6
    4830:
    4830:
    4830:       relocation processing: /lib/tls/i686/cmov/libc.so.6 (lazy)
    4830:       symbol=_res;  lookup in file=./hello
    4830:       symbol=_res;  lookup in file=/lib/tls/i686/cmov/libc.so.6
    4830:       binding file /lib/tls/i686/cmov/libc.so.6 to /lib/tls/i686/cmov/
libc.so.6: normal symbol `_res' [GLIBC_2.0]
    4830:       symbol=_IO_file_close;  lookup in file=./hello
    4830:       symbol=_IO_file_close;  lookup in file=/lib/tls/i686/cmov/libc.so.6
    4830:       binding file /lib/tls/i686/cmov/libc.so.6 to /lib/tls/i686/cmov/
libc.so.6: normal symbol `_IO_file_close' [GLIBC_2.0]
    4830:       symbol=__morecore;  lookup in file=./hello
    4830:       symbol=__morecore;  lookup in file=/lib/tls/i686/cmov/libc.so.6
    4830:       binding file /lib/tls/i686/cmov/libc.so.6 to /lib/tls/i686/cmov/
libc.so.6: normal symbol `__morecore' [GLIBC_2.0]
（以下省略）
```

从这个输出中可以看到符号 _res 和 _IO_file_close、__morecore 的消解过程。

运行初始化代码

经过上述步骤，程序运行的准备工作就已经完成了。接下来要执行各个 ELF 文件中保存的初始化代码。

初始化代码在 ELF 文件的 .init 节和 .init_array 节中。.init 节中保存的是代码，而 .init_array 中保存的则是用于初始化的函数的指针列表。通常 .init 节是编译器提供的库（crtbegin.o，后述）中包含的节。

执行主程序

初始化完成之后，跳转到程序的入口，开始执行程序。AUX 矢量中有程序入口的地址，因此 ld.so 可以在不读取 ELF 头的情况下取得这个地址。下面我们就通过 ELF 头来确认一下这个地址。

```
$ readelf -h hello
ELF Header:
  Magic:    7f 45 4c 46 01 01 01 00 00 00 00 00 00 00 00 00
  Class:                             ELF32
  Data:                              2's complement, little endian
  Version:                           1 (current)
  OS/ABI:                            UNIX - System V
  ABI Version:                       0
  Type:                              EXEC (Executable file)
  Machine:                           Intel 80386
  Version:                           0x1
  Entry point address:               0x80482b0
  Start of program headers:          52 (bytes into file)
（以下省略）
```

可以看到，hello 程序的入口为 0x80482b0。让我们通过反汇编来看看这个位置有什么样的代码。

反汇编（disassemble）指的是从机器码恢复到汇编代码的过程。Linux 上使用 binutils 包的 objdump 命令就可以反汇编一个程序。如下所示，为 objdump 命令附上 -d 选项就可以对程序进行反汇编。

```
$ objdump -d hello

hello:    file format elf32-i386

Disassembly of section .init:
(……略……)
Disassembly of section .text:

080482b0 <_start>:
 80482b0:      31 ed                  xor    %ebp,%ebp
 80482b2:      5e                     pop    %esi
 80482b3:      89 e1                  mov    %esp,%ecx
 80482b5:      83 e4 f0               and    $0xfffffff0,%esp
 80482b8:      50                     push   %eax
```

从输出可以看到，作为入口的地址上定义了 _start 这个符号。也就是说，程序的入口就是 _start 函数。

C 语言中设定程序从 main 函数开始执行，但实际上程序最初是从 _start 函数开始执行的。_start 函数由 libc 提供的 /usr/lib/crt1.o 文件定义，crt1.o 这个文件在编译时是默认链接的。_start 函数会初始化 libc, 之后调用 main 函数。接下来 main 函数才会被执行。

执行终止处理

接下来从 main 函数返回, 接着 ld.so 会执行终止处理的代码。用于初始化的有 .init 节和 .init_array 节, 相应地, 终止处理有 .fini 节和 .fini_array 节。.fini 节保存进程终止时执行的代码, 而 .fini_array 节则保存进程终止时执行的函数指针列表。

程序执行完毕后, ld.so 会调用 exit 系统调用终止进程。exit 系统调用和平时使用的 exit 函数不同。C 语言程序调用 exit 系统调用时, 调用的是 _exit 函数。

_exit 函数执行 libc 的终止处理的代码 (.fini 节和 .fini_array 节) 后, 执行 exit 系统调用结束进程。而 exit 系统调用会跳过终止处理, 立即结束进程。

以上就是 ld.so 所有的处理过程。

ld.so 解析的环境变量

在本节的最后, 为大家列举几个对 ld.so 的运行有用的环境变量。想要更深入地理解应用 ld.so 时, 可拿来参考。

表 20.5　ld.so 识别的环境变量 (glibc 2.7)

环境变量名	含义
LD_AUDIT	指定介入并监督共享库链接过程的目标文件
LD_BIND_NOT	禁止 ld.so 的符号消解
LD_BIND_NOW	不延迟符号消解, 在进程开始时消解所有符号
LD_DEBUG	指定调试标志。可用的标志如表 20.6 所示
LD_DEBUG_OUTPUT	调试信息输出的目标文件
LD_DYNAMIC_WEAK	ld.so 进行符号消解时也使用 weak 符号
LD_HWCAP_MASK	指定加载共享库时使用的功能集
LD_LIBRARY_PATH	共享库的检索路径 (用冒号分割, 比如 "path:path:path")
LD_ORIGIN_PATH	指定 rpath 中表示二进制文件路径的变量 $ORIGIN 的值
LD_PRELOAD	指定和 NEEDED 入口无关的最初加载的库
LD_POINTER_GUARD	开启或者关闭针对函数指针的攻击的防护功能。0 代表关闭, 除此以外为开启
LD_SHOW_AUXV	指定非空字符串时显示 AUX 矢量
LD_TRACE_PRELINKING	输出预链接过程
LD_TRACE_LOADED_OB-JECTS	表示加载的共享库。和 ldd 的输出一致
LD_VERBOSE	指定非空字符串时输出符号的版本情况
LD_WARN	表示警告的级别。指定长度大于等于 1 的字符串时开启警告

其中, 环境变量 LD_DEBUG 可以指定的值如表 20.6 所示, 当有多个时, 用逗号分割。

表 20.6 环境变量 LD_DEBUG 可以指定的值

标志	含义
libs	表示搜索共享库相关的信息
reloc	表示重定位相关的信息
files	表示共享库的头信息
symbols	表示符号表格操作相关的信息
bindings	表示与未消解符号的消解相关的信息
versions	表示符号版本相关的信息
all	与"libs,reloc,files,symbols,bindings,versions"一致
statistics	表示重定位的统计信息
unused	表示未使用的共享库
help	表示 LD_DEBUG 可指定的参数相关的帮助信息

20.3 动态加载

本节来讲解在程序执行时进行所有链接操作的"动态加载"。

所谓动态加载

动态加载（dynamic load）指的是在程序运行时指定共享库名称进行加载的方法。动态加载经常被用于实现所谓的**插件**（plugin）。Linux 中使用 `dlopen()` 函数进行动态加载。

Linux 下的动态加载

Linux 下使用以 dlopen 为代表的 API 集合进行动态加载，具体来说有以下 3 个。

- dlopen(3)
- dlsym(3)
- dlclose(3)

代码清单 20.2 所示为使用 dlopen 调用函数的 Cb 程序的例子。

代码清单 20.2 使用动态加载调用 printf 的 Cb 程序（dynhello.cb）

```
import dlfcn;

typedef int (char *, ...)* printf_t;

int
main(int argc, char** argv)
{
    void* lib = dlopen("libc.so.6", RTLD_LAZY);
    printf_t f = dlsym(lib, "printf");
    f("Hello, World!\n");
    dlclose(lib);
    return 0;
}
```

因为大多数情况下加载库后会一直使用，直到进程结束，所以不用 `dlclose` 函数的情况也很多。

如下所示，使用 cbc 命令可以编译 dynhello.cb。

```
$ cbc dynhello.cb -ldl
```

　　-ldl 指的是链接时指定 dl 库。Linux 下正是这个库提供了 dlopen 等代码，因此如果要实现动态加载，必须链接 dl 库。

动态加载的架构

　　下面简单讲解 dlopen 函数的实现。

　　动态链接的程序最初一定已经加载了 ld.so，而程序启动之后 ld.so 的代码依然存留在内存上。因此只需调用内存中 ld.so 的代码，就可以在程序开始执行后也能进行动态链接的处理。

　　表 20.7 所示为 glibc 的源代码中 dlopen 函数的调用图。不过这并不是完整的调用图，而是只截取了其中负责主要流程的函数，并且从上往下表示调用关系。

表 20.7　dlopen 函数的调用图

文件	函数	说明
dlfcn/dlopen.c	dlopen	提供面向用户的接口
dlfcn/dlopen.c	__dlopen	
dlfcn/dlopen.c	_dlopen_doit	
elf/dl-open.c	dl_open	加载目标文件，调用初始化代码和文本
elf/dl-open.c	dl_open_worker	
elf/dl-load.c	_dl_map_object	映射 ELF 文件的段
elf/dl-load.c	_dl_map_object_from_fd	利用 mmap 从已打开的文件映射段

　　最后的 _dl_map_object_from_fd 就是实际使用 mmap 系统调用加载库的函数。加载的库的 ELF 头和 DYNAMIC 段的内容都保存在 link_map 结构体内，各个库的 link_map 结构体都可以在全局变量 _rtld_global 的 _dl_ns 成员中访问。请注意在代码中，访问 _dl_ns 成员时一般会使用 GL 宏访问，比如 GL(dl_ns)。dlopen 函数返回的 void* 类型的值也是指向 struct link_map 的指针。

　　另外，struct link_map 在 include/link.h 和 elf/link.h 两个文件中都有定义，不过结构体的成员数不一致。include/link.h 是 glibc 内部使用的版本，其成员数较多一些。阅读代码时可以参考这个文件的定义。

20.4　GNU ld 的链接

作为实现 cbc 的链接功能的准备工作，这里首先讲解一下直接使用 GNU ld 链接目标文件的方法。

用于 cbc 的 ld 选项的结构

上一章中介绍了对 gcc 使用 -v 选项来输出 gcc 内部执行的命令的方法，本节让我们再深入了解一下。为 gcc 加上 -v 选项执行链接时 collect2 命令的参数如下所示。

```
/usr/lib/gcc/i486-linux-gnu/4.1.2/collect2 \
    --eh-frame-hdr \
    -m elf_i386 \
    -dynamic-linker /lib/ld-linux.so.2 \
    -o prog \
    /usr/lib/gcc/i486-linux-gnu/4.1.2/../../../../lib/crt1.o \
    /usr/lib/gcc/i486-linux-gnu/4.1.2/../../../../lib/crti.o \
    /usr/lib/gcc/i486-linux-gnu/4.1.2/crtbegin.o \
    -L/usr/lib/gcc/i486-linux-gnu/4.1.2 \
    -L/usr/lib/gcc/i486-linux-gnu/4.1.2 \
    -L/usr/lib/gcc/i486-linux-gnu/4.1.2/../../../../lib \
    -L/lib/../lib \
    -L/usr/lib/../lib \
    main.o f.o \
    -lgcc --as-needed -lgcc_s --no-as-needed \
    -lc \
    -lgcc --as-needed -lgcc_s --no-as-needed \
    /usr/lib/gcc/i486-linux-gnu/4.1.2/crtend.o \
    /usr/lib/gcc/i486-linux-gnu/4.1.2/../../../../lib/crtn.o
```

为了增强易读性，上述输出中根据意思添加了换行符。下面我们删除 gcc 特有的参数和不必要的参数。

首先，由于 collect2 命令是 gcc 用的链接器，因此可以换成 /usr/bin/ld。

其次，--eh-frame-hdr 选项是用来处理 C++ 异常的，而 cbc 中不处理异常，因此不需要这个选项。

-m elf_i386 是用来指定输出的目标文件的格式的，其指定的 elf_i386 格式和 GNU ld 的默认格式一致，因此可以省略。

从这里开始快进一下，看看出现了两次的 -lgcc --as-needed……选项。这个选项链接的 libgcc 是 gcc 提供的构造函数等的库，对 cbc 而言没有作用，因此我们也删除这个选项。

如果不用链接 gcc 专用的库，那么 -L/usr/lib/gcc/i486-linux-gnu/4.1.2 也不需要。

然后，"../../../"这种指定路径的方式很麻烦，因此简化成不需要".."的写法。另外，将同一个路径多次指定到 -L 选项也是徒劳，因此删除重复的 -L 选项。最后，-L/lib 和 -L/usr/lib 是 ld 默认的库检索路径，因此也可以省略。

综上，我们可以将参数简化成下面这样。

```
/usr/bin/ld \
    -dynamic-linker /lib/ld-linux.so.2 \
    -o prog \
    /usr/lib/crt1.o \
    /usr/lib/crti.o \
    /usr/lib/gcc/i486-linux-gnu/4.1.2/crtbegin.o \
    main.o f.o \
    -lc \
    /usr/lib/gcc/i486-linux-gnu/4.1.2/crtend.o \
    /usr/lib/crtn.o
```

C 运行时

简化后的参数中 crt~ 这样的文件非常多。crt 是 C runtime 的略写，crt~ 这样的文件都是包含 C 语言程序初始化和终止处理的代码的目标文件。

这其中，/usr/lib 下的 crt~ 是 glibc 的文件，/usr/lib/gcc 下的 crt~ 则是 gcc 的文件。表 20.8 中总结了 C 运行时文件的作用。

表 20.8　C 运行时文件的作用

文件	提供方	作用
crt1.o	libc	对 argc 和 argv 进行初始化。定义了 _start 函数
crti.o	libc	配置到 .init 节，进行 libc 的初始化
crtn.o	libc	配置到 .fini 节，进行 libc 的终止处理
crtbegin.o	gcc	搜索 C++ 构造函数或者 constructor 属性的函数
crtend.o	gcc	搜索 C++ 析构函数或者 destructor 属性的函数

Cb 中没有构造函数也没有析构函数，因此 gcc 提供的 crtbegin.o 和 crtend.o 也是多余的。

到此为止，我们已经删除了所有 cbc 不需要的参数。下面试试看用剩下的命令行参数直接执行一下。

```
$ /usr/bin/ld \
    -dynamic-linker /lib/ld-linux.so.2 \
    -o prog \
    /usr/lib/crt1.o \
    /usr/lib/crti.o \
```

```
    main.o f.o -lc \
    /usr/lib/crtn.o
$ ./prog
f(5)=25
```

像这样，链接后的程序可以正常运作。

📖 生成可执行文件

一般来说，为了把 Cb 程序汇编后的重定位文件链接起来生成可执行文件，可以像下面一样使用 ld 命令。

```
$ /usr/bin/ld \
    -dynamic-linker /lib/ld-linux.so.2 \
    /usr/lib/crt1.o \
    /usr/lib/crti.o \
    -L 选项等在命令行中指定的参数 \
    命令行参数指定的目标文件 \
    -lc \
    -lcbc \
    /usr/lib/crtn.o \
    -o 输出文件名
```

请注意这里加上了 -lcbc 选项。libcbc 是 cbc 提供的静态库，实现了第 16 章中讲解的 alloca 函数，并且包含处理可变长度参数等所需的函数。

另外，-dynamic-linker /lib/ld-linux.so.2 是指定动态链接加载器的选项。这里指定的路径会被加入到 .interp 节中。

📖 生成共享库

接下来，为了链接 Cb 程序汇编后得到的重定位文件来生成共享库，我们使用 ld 命令，如下所示。

```
$ /usr/bin/ld \
    -shared \
    /usr/lib/crti.o \
    -L 选项等在命令行中指定的参数 \
    命令行参数指定的目标文件 \
    -lc \
    -lcbc \
    /usr/lib/crtn.o \
    -o 输出文件名
```

该命令和生成可执行文件的命令有 3 点不同。

1. 追加了 -shared 选项

2. 去掉了 -dynamic-linker /lib/ld-linux.so.2 选项

3. 不链接 /usr/lib/crt1.o

ld 命令的 -shared 选项和 gcc 的 -shared 选项的意思完全一致。要生成共享库，就一定要配置这个选项。

另外，-dynamic-linker /lib/ld-linux.so.2 这个选项对共享库来说不是必需的。因为共享库是被加载的一方，所以不需要特意指定动态链接加载器。

最后生成共享库的时候不需要链接 crt1.o。crt1.o 是启动程序的代码，和没有入口的共享库没有关系。

下一章我们将讲解和共享库关系密切的地址无关代码。

第 **21** 章

生成地址无关代码

本章将讲解地址无关代码的相关内容，并在 cbc
中实现生成地址无关代码的功能，这样 cbc 中所
有的功能就都实现了。

21.1 地址无关代码

本节将讲解和动态链接关系紧密的地址无关代码的相关内容。

什么是地址无关代码

地址无关代码（Position Independent Code，PIC）指的是无论加载到哪个地址，都不需要重定位也能运行的代码。共享库的代码一定要是地址无关代码，这一点很重要。至于为什么共享库一定要设置为地址无关代码，是为了实现库的共享。

我们在第 20 章中提到过共享库使用 mmap 系统调用来加载。而如果 mmap 系统调用使用了 MAP_PRIVATE 标志来加载，那么只要映射后的内存页内容不变更，全进程就共用一个内存页。

共享内存页的构造如图 21.1 所示。通过将物理地址空间上仅有的一个内存空间映射到多个进程，就可以实际只消耗这一个内存空间。

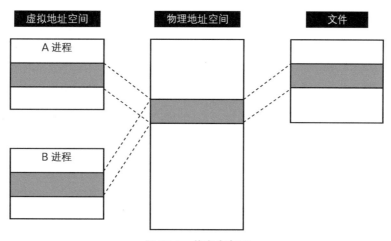

图 21.1　共享内存页

不过，在这样的构造下，也就只有在映射后的内存内容没有变更的时候可以共享内存。如图 21.2 所示，如果进程更改了内存内容，内存空间就会被复制，这时就无法再继续共享内存了。

如果非地址无关代码使用了全局变量或者非 static 函数，就会发生重定位。重定位一旦发生，就会向内存中写入数据，导致无法继续共享内存。如果所有的进程都发生重定位，那么共享库在内存上就完全没有被共享了。

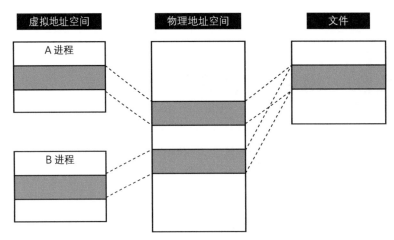

图 21.2　内存数据变更后无法继续共享

一旦无法共享内存镜像，使用共享库的意义就会大大降低，因此把共享库的代码设置成不会发生重定位的地址无关代码是非常重要的。

全局偏移表（GOT）

要生成地址无关代码，必须改变两点：一是全局变量的访问，二是外部函数的调用。

先从访问全局变量的代码说起。通常访问全局变量时会生成直接使用变量的绝对地址的代码，不过代码使用绝对地址的话就不再是"地址无关"的了，因此一定要把绝对地址改为相对地址。

于是可以使用一种名为**全局偏移表**（Global Offset Table，GOT）的结构。GOT 是指向全局变量的指针的数组，链接器为其申请内存空间，动态链接加载器则初始化其内容。地址无关代码就是通过从这个 GOT 中读取地址而做到地址无关的。

获取 GOT 地址

在使用 GOT 的时候，关键是如何获取 GOT 自身的地址。如果得到的 GOT 本身的地址是绝对地址，那么就不能做到地址无关。因此，使用 ELF 的 IA-32 的系统中会通过各种巧妙的代码来获取 GOT 的地址。

这里介绍一下 gcc 中使用的方法。gcc 中用来获取 GOT 地址的代码如下所示。

```
call    __i686.get_pc_thunk.bx
addl    $_GLOBAL_OFFSET_TABLE_, %ebx
        ⋮
```

```
__i686.get_pc_thunk.bx:
        movl    (%esp), %ebx
        ret
```

首先，通过调用 __i686.get_pc_thunk.bx 函数，把下一个 addl 命令的地址取出到 ebx 寄存器。

call 命令把下一命令的地址压栈，并跳转到指定标签。因此，在 call 指令执行后，把栈顶的值取出，就可以得到 call 命令之后的命令的地址。

接下来的一行中使用了 _GLOBAL_OFFSET_TABLE 这个特别的符号，把 GOT 的地址加到 ebx 寄存器中。

_GLOBAL_OFFSET_TABLE 表示 GOT 和其所在的指令地址的相对偏移量，让我们结合图 21.3 来看一下。

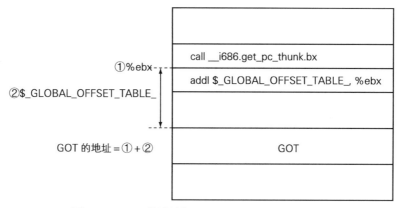

图 21.3　GOT 的地址和 GLOBAL_OFFSET_TABLE

每个目标文件都会生成一份 GOT，并存储在 .got 节中。内存上 .text 节和 .got 节的距离通常是固定的，因此可以在链接时（build 时）计算 _GLOBAL_OFFSET_TABLE 的值。

也就是说，在从 __i686.get_pc_thunk.bx 函数返回时，addl 命令的（绝对）地址保存在 ebx 寄存器中，因此使用 _GLOBAL_OFFSET_TABLE 符号就可以得到 GOT 和 addl 命令之间的距离。

地址无关代码中每一个函数都需要使用上述代码得到 GOT 的地址，并由 GOT 得到变量的地址。

使用 GOT 地址访问全局变量

接下来讲解使用 GOT 访问全局变量的方法。

首先，访问非地址无关的全局变量的代码如下所示。本例中把 stdout 的值传入了 eax 寄存器。

```
movl    stdout, %eax
```

另一方面，访问地址无关的全局变量的代码如下所示。这里假设已经通过上述代码把 GOT 的地址存入了 ebx 寄存器中。

```
movl    stdout@GOT(%ebx), %eax
movl    (%eax), %eax
```

stdout@GOT 中的 @GOT 是地址无关代码专用的符号，表示 stdout 对应的 GOT 入口在 GOT 内的偏移量。这个符号在链接时会重定位，并在加载前确定具体的值。

因为我们假设 ebx 寄存器中已经存入了 GOT 的地址，所以在 GOT 的地址 %ebx 的基础上加上 GOT 内的偏移量 stdout@GOT，就可以得到 GOT 入口的值。GOT 入口的值也就是全局变量的地址，再次引用这个地址，就可以得到全局变量的值。

访问使用 GOT 地址的文件内部的全局变量

刚刚讲解的由 GOT 得到全局变量的地址的方法可以适用于所有的全局变量。不过，如果是同一个文件内定义的静态全局变量，那么不仅仅是变量地址，变量本身也可以访问到。

通过下述代码可以访问地址无关代码中静态全局变量 gvar 的值。这里也假设 ebx 寄存器中已经保存了 GOT 的地址。

```
movl    gvar@GOTOFF(%ebx), %eax
```

gvar@GOTOFF 中的 @GOTOFF 符号表示从 GOT 到全局变量实体的偏移量。这个符号会在链接时被消解。

另外，使用这个方法访问的变量并不一定在 GOT 上，这里只是为了获取其绝对地址而借用了一下 GOT 的地址而已。

过程链接表（PLT）

接下来讲解外部函数如何调用地址无关代码。

Linux 下为了使函数调用地址独立，使用了一种可以称之为 GOT 的函数版的方法——**过程链接表**（Procedure Linkage Table，PLT）。不过 PLT 一般比 GOT 的入口数多，因此会采取**延迟初始化**（lazy initialization）。也就是说，外部函数第一次调用该函数时，该函数才会被链接。

PLT 的代码如下所示。

```
PLT[0]:
        pushl   GOT[1]
        jmp     GOT[2]
PLT[1]:
```

```
        jmp      GOT[m+1]
        pushl    入口的偏移量
        jmp      PLT[0]
            ……略……
PLT[n]:
        jmp      GOT[m+n]
        pushl    入口的偏移量
        jmp      PLT[0]
PLT[n+1]:
        jmp      GOT[m+n+1]
        pushl    入口的偏移量
        jmp      PLT[0]
```

代码中的 PLT[n] 指的是 PLT 的第 n 个入口。GOT[0] 表示的是 GOT 最开始的 4 字节的值，GOT[1] 表示的是接下来的 4 字节的值。

现在假设 printf 函数对应的 PLT 的入口为 PLT[n]。这时如果调用 printf 函数，则不会跳转到 printf 函数本身，而是跳转到 PLT[n] 的代码中。

PLT 的处理中加入了跳转的逻辑，相对比较复杂，让我们结合图 21.4 来看一下。

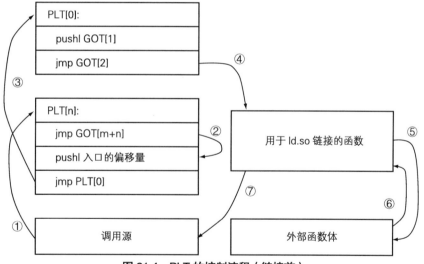

图 21.4　PLT 的控制流程（链接前）

跳转到 PLT[n] 的代码后，首先执行的是 jmp GOT[m+n]，也就是跳转到 PLT[n] 对应的 GOT 入口中保存的地址。"PLT[n] 对应的 GOT 入口中保存的地址"默认是 PLT[n] 的第 2 条指令，即 push 指令的地址。直接执行 push 指令，接着 jmp 指令就会被执行，并跳转到 PLT[0]。

PLT[0] 中把 GOT 的第 2 个值压栈，并执行 jmp 指令跳转到 GOT[2]，也就是 GOT 的第 3 个入口中保存的地址。GOT[2] 上设置了执行 ld.so 链接的函数的指针。这个包含了 ld.so 的函数会从库检索 printf 等函数的地址，把真正的地址设置到 GOT[m+n] 上。

像这样变更了 GOT [m+n] 之后，接下来跳转逻辑就会变成如图 21.5 所示的样子。

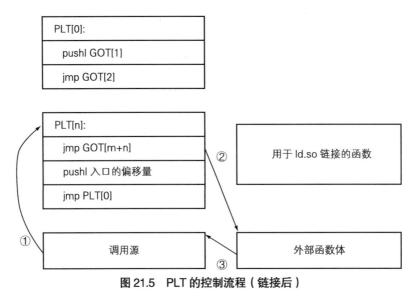

图 21.5　PLT 的控制流程（链接后）

可以看到在完成最开始的链接之后，多余的跳转只有一次。

调用 PLT 入口

要从汇编语言的代码经由 PLT 调用函数，可以在函数的符号后加上 @PLT，如下所示。

```
call    printf@PLT
```

printf@PLT 是展开 PLT 中保存的 printf 函数入口的相对地址的符号。和 GOT 一样，一个目标文件对应一个 PLT。从 .text 节到 PLT 的相对地址也是在链接时确认的。

PLT 的结构相对比较复杂，不过使用 PLT 的代码反而比较容易生成。

地址无关的可执行文件：PIE

在本节的最后，我们来讲解一下地址无关的可执行文件。

所谓**地址无关的可执行文件**（Position Independent Executable，PIE），顾名思义，指的是使用地址无关代码的可执行文件。因为地址无关，所以可以被加载到任意地址。

比如用 gcc 生成 PIE 时，需要像下面这样加上 -fPIE 选项进行编译，加上 -pie 选项进行链接。

```
$ gcc -c -fPIE hello.c
$ gcc -pie hello.o -o pie-hello
```

cbc 中也实现了几乎一样的选项，因此也同样可以生成 PIE。

将共享库的代码设成地址无关代码的原因是让共享库在内存上共享。但 PIE 不一样，PIE 的目标是使得加载后的地址每次都不一样，据此来提高安全性。

事实上，电脑病毒或者蠕虫在很多情况下都是因为程序在特定地址加载而产生的。利用 PIE 可以使得程序每次被加载到随机的地址上，从而大大提高程序的安全性。

PIE 的实现和普通的地址无关代码几乎一样。访问全局变量时使用 GOT，调用全局函数时使用 PLT。不过，在访问同一个文件内定义的全局变量时，无论是不是静态变量，都用 @GOTOFF 符号直接访问实体。

另外，链接 PIE 时需要为 /usr/bin/ld 附上 -pie 选项，这个选项就被用于生成 PIE 文件。

最后，通常 crt1.o 文件不是地址无关的，为了使得程序整体地址无关，需要使用 crt1.o 的 PIE 专用的文件。这个 PIE 专用的 crt1.o 的文件名为 Scrt1.o。

下一节我们将在 cbc 中实现生成地址无关代码的功能。

GOT 写入攻击和只读 GOT

GOT 为程序灵活地提供了地址无关特性，但存在安全方面的问题。GOT 中包含 PLT 使用的函数指针，堆叠着 printf、fputs 等频繁使用的函数的指针，并且是可写的。因此如果通过某种手段改写 GOT 中的某一段，就可能从程序处理流程跳转到任意地址去。这样的攻击手法称为 **GOT 写入攻击**（GOT overwrite attack）。

为防止 GOT 写入攻击，可以采用把 GOT 设置为只读的方法。实现起来也很简单：取消 ld.so 对 GOT 的延迟初始化，在程序开始执行时消解所有符号，执行 mprotect 系统调用把 GOT 的内存空间设置为不可写。

为 ld 命令附上 -z combreloc -z now -z relro 选项可以生成只读 GOT。cbc 使用 --readonly-got 选项后可以把上述选项传给 ld 命令，非常简单，大家可以试一试。

21.2 全局变量引用的实现

本节将讲解如何生成引用全局变量的地址无关代码。

获取 GOT 地址

首先，为了生成地址无关代码，必须获取 GOT 地址。cbc 采用和 gcc 同样的方法来获取 GOT 地址，因此先来看如何生成 __i686.get_pc_thunk.bx 函数。

生成 __i686.get_pc_thunk.bx 函数的代码在 CodeGenerator 类的 generateAssemblyCode 方法的末尾，这部分代码如代码清单 21.1 所示。

代码清单 21.1　generateAssemblyCode 方法末尾（sysdep/x86/CodeGenerator.java）

```
        if (ir.isCommonSymbolDefined()) {
            generateCommonSymbols(file, ir.definedCommonSymbols());
        }
        if (options.isPositionIndependent()) {
            PICThunk(file, GOTBaseReg());
        }
        return file;
```

已经许久没看 CodeGenerator 类的代码了，让我们先确认一下方法的关系。CodeGenerator 类的入口函数为 generate 方法，从这个方法里调用上述 generateAssemblyCode 方法。

这里的 options.isPositionIndependent() 方法在 cbc 指定了 -fPIC 或者 -fPIE 选项时会返回 true。如果 options.isPositionIndependent() 是 true，那么就有必要生成地址无关代码。这时会调用 PICThunk 方法，在汇编文件末尾生成 __i686.get_pc_thunk.bx 函数。PICThunk 方法的参数中的 GOTBaseReg() 和 bx() 是一样的，也就是说它也是表示 ebx 寄存器的汇编对象。

PICThunk 函数的实现

接下来讲解生成获取指令地址代码的 PICThunk 方法。PICThunk 方法的代码如代码清单 21.2 所示。

代码清单 21.2　PICThunk 方法（sysdep/x86/CodeGenerator.java）

```
    private void PICThunk(AssemblyCode file, Register reg) {
        Symbol sym = PICThunkSymbol(reg);
```

```
            file._section(".text" + "." + sym.toSource(),
                    "\"" + PICThunkSectionFlags + "\"",
                    SectionType_bits,        // This section contains data
                    sym.toSource(),          // The name of section group
                    Linkage_linkonce);       // Only 1 copy should be generated
            file._globl(sym);
            file._hidden(sym);
            file._type(sym, SymbolType_function);
            file.label(sym);
                file.mov(mem(sp()), reg);    // fetch saved EIP to the GOT base register
            file.ret();
        }
```

首先使用 PICThunkSymbol 方法获取函数符号对应的 Symbol 对象。PICThunkSymbol 方法的代码如下所示，要点是生成 `__i686.get_pc_thunk.bx` 这样的符号。

代码清单 21.3　PICThunkSymbol 方法（sysdep/x86/CodeGenerator.java）

```
    private Symbol PICThunkSymbol(Register reg) {
        return new NamedSymbol("__i686.get_pc_thunk." + reg.baseName());
    }
```

接着调用的 `_section` 方法和 `_hidden` 方法先不管，来看看生成的汇编代码，如下所示。

```
.globl __i686.get_pc_thunk.bx
        .type   __i686.get_pc_thunk.bx, @function
__i686.get_pc_thunk.bx:
        movl    (%esp), %ebx
        ret
```

也就是说，就像上一节讲解的那样，只是简单地封装了获取指令地址（eip 寄存器的值）的函数。

删除重复函数并设置不可见属性

问题在于 `_section` 方法和 `_hidden` 方法的部分。

首先，`_section` 方法用于生成 .section 伪操作。也就是说，切换输出目标的 ELF 节。PICThunk 方法生成的 .section 伪操作如下所示。因为纸张尺寸限制这里进行了换行，下列代码事实上是一行。

```
.section .text.__i686.get_pc_thunk.bx, "axG", \
        @progbits, __i686.get_pc_thunk.bx, comdat
```

这个 .section 伪操作的参数的含义如表 21.1 所示。

看上去设置的项很多很复杂，但目的很简单。即使多次生成了相同的 `__i686.get_pc_thunk.bx` 函数，最终的目标文件中也只保留一段代码。.section 伪操作的目标正是让这段代码在全文件范围内共享。`__i686.get_pc_thunk.bx` 函数在每一个附上 -fPIC 选项编译

的文件中都会生成，所以链接后的目标文件中也会重复出现同样内容的函数。这些代码都是多
余的，因此利用 ELF 的功能只保留一份副本。

表 21.1　.section 伪操作的参数

参数	含义
"axG"	a：映射到内存
	x：可执行
	G：该节归属到节组
@progbits	在 ELF 文件中有大小信息
__i686.get_pc_thunk.bx	节组名称
comdat	如果相同节重复出现，则只输出最后一个到目标文件中

其次，_hidden 方法用于生成 .hidden 伪操作。.hidden 伪操作把符号的可见性设置为
HIDDEN，使其他目标文件无法读取这个符号。

另外，thunk 指的是无参数的辅助函数等。thunk 的含义很丰富，有时还会用作其他含义。
譬如在 gcc 中，thunk 指的恐怕就是不由用户产生的、也不是库的函数。

加载 GOT 地址

下面看看生成 __i686.get_pc_thunk.bx 函数调用的部分。__i686.get_pc_thunk.
bx 函数调用是在 generateFunctionBody 方法中生成的。

代码清单 21.4　generateFunctionBody 方法（sysdep/x86/CodeGenerator.java）

```
    private void generateFunctionBody(AssemblyCode file,
            AssemblyCode body, StackFrameInfo frame) {
        file.virtualStack.reset();
        prologue(file, frame.saveRegs, frame.frameSize());
        if (options.isPositionIndependent() && body.doesUses(GOTBaseReg())) {
            loadGOTBaseAddress(file, GOTBaseReg());
        }
        file.addAll(body.assemblies());
        epilogue(file, frame.saveRegs);
        file.virtualStack.fixOffset(0);
    }
```

这里请注意使用了 options.isPositionIndependent() 的值的 if 语句。options.
isPositionIndependent() 为 true 并且 body.doesUses(GOTBaseReg()) 时，也就是
bx 寄存器正在被使用时，调用 loadGOTBaseAddress 方法，从 bx 寄存器中取得 GOT 的地
址。在 cbc 生成的代码中，"访问 GOT"也就是"使用 bx 寄存器"，因此如果 bx 寄存器正在被
使用，那么这段代码的作用就是访问 GOT，因此必须把 GOT 地址存入 bx 寄存器中。

loadGOTBaseAddress 方法的内容如代码清单 21.5 所示。

首先使用 call 方法生成调用 __i686.get_pc_thunk.bx 的指令，接着使用 add 方法

生成 addl 指令，使 bx 寄存器的值加上 $_GLOBAL_OFFSET_TABLE_。上一节中已经介绍过这些内容，并没有特别复杂的地方。

代码清单 21.5　loadGOTBaseAddress 方法（sysdep/x86/CodeGenerator.java）

```
static private final Symbol GOT = new NamedSymbol("_GLOBAL_OFFSET_TABLE_");

private void loadGOTBaseAddress(AssemblyCode file, Register reg) {
    file.call(PICThunkSymbol(reg));
    file.add(imm(GOT), reg);
}
```

locateSymbols 函数的实现

接下来讲解为全局变量分配内存引用的 locateSymbols 方法。locateSymbols 方法在 CodeGenerator 类的入口函数 generate 方法的开头被调用。也就是说，在 CodeGenerator 类的处理开始后，马上就会调用 locateSymbols 方法。

locateSymbols 方法的代码如代码清单 21.6 所示。

代码清单 21.6　locateSymbols 方法（sysdep/x86/CodeGenerator.java）

```
private void locateSymbols(IR ir) {
    SymbolTable constSymbols = new SymbolTable(CONST_SYMBOL_BASE);
    for (ConstantEntry ent : ir.constantTable().entries()) {
        locateStringLiteral(ent, constSymbols);
    }
    for (Variable var : ir.allGlobalVariables()) {
        locateGlobalVariable(var);
    }
    for (Function func : ir.allFunctions()) {
        locateFunction(func);
    }
}
```

分别处理表示字符串常量的 ConstantEntry 对象、表示全局变量的 Variable 对象、表示函数的 Function 对象等，为每一个分配内存引用。下面让我们稍稍改变一下顺序，按照全局变量、函数、字符串常量的顺序来详细讲解。

全局变量的引用

首先讲解为全局变量分配内存引用的 locateGlobalVariable 方法。这个方法的代码如代码清单 21.7 所示。

代码清单 21.7　locateGlobalVariable 方法（sysdep/x86/CodeGenerator.java）

```
private void locateGlobalVariable(Entity ent) {
    Symbol sym = symbol(ent.symbolString(), ent.isPrivate());
```

```
    if (options.isPositionIndependent()) {
        if (ent.isPrivate() || optimizeGvarAccess(ent)) {
            ent.setMemref(mem(localGOTSymbol(sym), GOTBaseReg()));
        }
        else {
            ent.setAddress(mem(globalGOTSymbol(sym), GOTBaseReg()));
        }
    }
    else {
        ent.setMemref(mem(sym));
        ent.setAddress(imm(sym));
    }
}
```

首先调用 symbol 方法，生成变量符号对应的 Symbol 对象。根据 symbol 方法的第 2 参数 ent.isPrivate() 的值决定生成全局符号还是局部符号。不过在 x86 CPU 架构下的 Linux 上，无论变量是全局的还是局部的，都使用同样的符号，因此最后的结果实际上是一样的，都返回 new NamedSymbol(sym)。

接着根据 options.isPositionIndependent() 判断是否生成地址无关代码。如果需要生成地址无关代码，则生成介入了 GOT 的内存引用，除此之外的情况下生成直接指向变量符号的内存引用。

下面讲解一下与地址无关代码相关的部分。

使用 Variable 类的 setMemref 方法可以设置获取变量值的内存引用。如果是地址无关代码，那么变量的值可以由 (gvar) 这个直接内存引用得到，而 mem(sym) 可以由 setMemref 方法设置。

另外，setAddress 方法用于设置获取变量地址的内存引用或者立即数。全局变量的地址可以由使用符号的 $gvar 这个立即数得到，因此使用 setAddress 方法设置 imm(sym)。

访问全局变量：地址无关代码的情况下

接下来讲解地址无关代码的情况下访问全局变量的方法。

在地址无关代码中，变量作用域是全局或者文件局部时访问方法不一样。如果是全局作用域，则必须使用带有 @GOT 的符号进行访问；如果是文件局部作用域，则必须使用带有 @GOTOFF 的符号进行访问。不过有一种情况例外，那就是在生成 PIE 的情况下，即便是全局作用域，也使用带有 @GOTOFF 的符号进行访问。

另外要注意一点，使用带有 @GOTOFF 的符号时，可以访问到变量本身，而使用带有 @GOT 的符号时，则只能得到变量的地址。

于是，当变量作用域为文件局部时，或者在生成 PIE 的情况下变量在同一个文件中定义时（optimizeGvarAccess(ent)），可以执行下列代码设置内存引用。

```
ent.setMemref(mem(localGOTSymbol(sym), GOTBaseReg()));
```

`localGOTSymbol` 是为符号添加 `@GOTOFF` 的方法。也就是说，这里的 `mem` 方法生成了类似 `gvar@GOTOFF(%ebx)` 这样的间接内存引用。因为是内存引用，所以和 `mov` 指令一起使用的话就可以得到变量值，和 `lea` 指令一起使用的话就可以得到变量地址。

而除此之外的情况下则执行下列语句，设置获取变量地址的内存引用。

```
ent.setAddress(mem(globalGOTSymbol(sym), GOTBaseReg()));
```

`globalGOTSymbol` 是为符号添加 `@GOT` 的方法。也就是说，这里的 `mem` 方法生成了类似 `gvar@GOT(%ebx)` 这样的间接内存引用。将该内存引用和 `mov` 指令一起使用就可以得到变量地址。想要获取变量值的话，要再执行一次 `mov` 指令。

函数的符号

接下来讲解为函数分配符号和内存引用的方法。`locateFunction` 方法用于为函数分配符号和内存引用，其代码如代码清单 21.8 所示。

代码清单 21.8　locateFunction 方法（ sysdep/x86/CodeGenerator.java ）

```
private void locateFunction(Function func) {
    func.setCallingSymbol(callingSymbol(func));
    locateGlobalVariable(func);
}
```

`locateGlobalVariable` 方法也可以获取函数指针，因此设置了和之前几乎一致的内存引用。

另外，因为调用地址无关代码的函数时一定要经由 PLT，所以需要通过 `setCallingSymbol` 方法设置符号。下面看看作为 `setCallingSymbol` 方法的参数的 `callingSymbol` 方法的代码（代码清单 21.9 ）。

代码清单 21.9　callingSymbol 方法（ sysdep/x86/CodeGenerator.java ）

```
private Symbol callingSymbol(Function func) {
    if (func.isPrivate()) {
        return privateSymbol(func.symbolString());
    }
    else {
        Symbol sym = globalSymbol(func.symbolString());
        return shouldUsePLT(func) ? PLTSymbol(sym) : sym;
    }
}
```

如果是静态函数（`func.isPrivate()`），汇编器会生成使用相对地址的 `call` 指令，因此只要生成 `call func` 这样的指令，代码就自动变为地址无关代码了。这种情况下无需更改符号。可以利用 privateSymbol(func.symbolString()) 生成和函数名一样的符号。

另外，如果函数作用域为全局，那么地址无关代码和其他情况下的符号会不一致。在代码清单 21.9 中，如果 shouldUsePLT 方法返回 true，则生成 PLTSymbol(sym)；如果返回 false，则生成 sym。PLTSymbol 方法会为符号加上 @PLT。

下面来看一下判断是否应该加上 @PLT 的 shouldUsePLT 方法的实现。

代码清单 21.10　shouldUsePLT 方法（sysdep/x86/CodeGenerator.java）

```
private boolean shouldUsePLT(Entity ent) {
    return options.isPositionIndependent() && !optimizeGvarAccess(ent);
}
```

在 options.isPositionIndependent() 为 true，即生成地址无关代码，并且 optimizeGvarAccess(ent) 不成立，即"生成 PIE，并且函数在同一个文件内定义"以外的情况下，shouldUsePLT 方法都返回 true。

虽然地址无关代码的规范（尤其是 PIE 的异常条件）相当复杂，很难理解，但也就是上述逻辑而已。

字符串常量的引用

最后让我们来看看设置访问字符串常量的内存引用的 locateStringLiteral 方法，其代码如代码清单 21.11 所示。

代码清单 21.11　locateStringLiteral 方法（sysdep/x86/CodeGenerator.java）

```
private void locateStringLiteral(ConstantEntry ent, SymbolTable syms) {
    ent.setSymbol(syms.newSymbol());
    if (options.isPositionIndependent()) {
        Symbol offset = localGOTSymbol(ent.symbol());
        ent.setMemref(mem(offset, GOTBaseReg()));
    }
    else {
        ent.setMemref(mem(ent.symbol()));
        ent.setAddress(imm(ent.symbol()));
    }
}
```

访问字符串常量和访问文件局部的全局变量几乎一致。不过考虑到优化处理，最好把 setAddress 方法可接受的值限定为立即数，因此生成地址无关代码时只会设置内存引用。

另外，方法的第 1 行调用的 setSymbol 方法为字符串常量分配了 .LC0 这样的连号的符号。SymbolTable 对象 symbols 会管理这些符号，并在 newSymbol 方法被调用时生成新的号码的符号。

到这里 CodeGenerator 类的主要函数就全部讲解完毕了，接下来就只剩调用 ld 命令进行链接了。

21.3 链接器调用的实现

本节我们来为 cbc 实现生成可执行文件和共享文件的功能。

生成可执行文件

首先来看生成可执行文件的代码。生成可执行文件的时候，只需如下执行 ld 命令即可。

```
ld \
    /usr/lib/crti.o /usr/lib/crt1.o \
    指定用户的链接器选项 \
    目标文件 1　目标文件 2…… \
    -lcbc -lc \
    /usr/lib/crtn.o \
    -o 输出文件名
```

启动链接器生成可执行文件的 generateExecutable 方法如代码清单 21.12 所示。

代码清单 21.12　generateExecutable 方法（sysdep/GNULinker.java）

```java
static final private String LINKER = "/usr/bin/ld";
static final private String DYNAMIC_LINKER      = "/lib/ld-linux.so.2";
static final private String C_RUNTIME_INIT      = "/usr/lib/crti.o";
static final private String C_RUNTIME_START     = "/usr/lib/crt1.o";
static final private String C_RUNTIME_START_PIE = "/usr/lib/Scrt1.o";
static final private String C_RUNTIME_FINI      = "/usr/lib/crtn.o";

public void generateExecutable(List<String> args,
        String destPath, LinkerOptions opts) throws IPCException {
    List<String> cmd = new ArrayList<String>();
    cmd.add(LINKER);
    cmd.add("-dynamic-linker");
    cmd.add(DYNAMIC_LINKER);
    if (opts.generatingPIE) {
        cmd.add("-pie");
    }
    if (! opts.noStartFiles) {
        cmd.add(opts.generatingPIE
                    ? C_RUNTIME_START_PIE
                    : C_RUNTIME_START);
        cmd.add(C_RUNTIME_INIT);
    }
    cmd.addAll(args);
    if (! opts.noDefaultLibs) {
```

```
        cmd.add("-lc");
        cmd.add("-lcbc");
    }
    if (! opts.noStartFiles) {
        cmd.add(C_RUNTIME_FINI);
    }
    cmd.add("-o");
    cmd.add(destPath);
    CommandUtils.invoke(cmd, errorHandler, opts.verbose);
}
```

首先生成新的 `ArrayList` 对象赋值给局部变量 `cmd`，并调用 `add` 方法添加命令行参数。最后调用 `CommandUtils` 类的 `invoke` 方法执行命令。

用户指定给 cbc 的命令行参数，譬如目标文件、库、库的检索路径 `-L` 等都加入了 `opts.ldArgs()` 返回的列表中。调用 `addAll` 把这个列表添加到 `cmd`，就可以把参数按照和用户指定的顺序同样的顺序传递给 `ld` 命令。

另外，中间的 `opts.noStartFiles` 或者 `opts.noDefaultLibs` 等的值都会随着 cbc 的选项而改变。表 21.2 中列举了 cbc 选项及其含义，以及对应的 `Options` 对象的属性。

表 21.2　cbc 的链接器选项和 Options 类的属性的对应

选项	对应的属性	含义
-pie	isGeneratePIE	生成 PIE
-nostartfiles	noStartFiles	不链接 crt 文件
-nodefaultlibs	noDefaultLibs	不链接 libc 和 libcbc

这些选项和 gcc 的选项相似。除了 libgcc 相关功能外，我们尽可能地把 cbc 实现得和 gcc 行为一致。

generateSharedLibrary 方法

最后来看看生成共享库的代码。生成共享库时，只需如下执行 `ld` 命令即可。

```
ld -shared \
    /usr/lib/crti.o \
    指定用户的链接器选项 \
    目标文件 1　目标文件 2…… \
    -lcbc -lc \
    /usr/lib/crtn.o \
    -o 输出文件名
```

启动链接器生成共享库的 `generateSharedLibrary` 方法如代码清单 21.13 所示。

代码清单 21.13　generateSharedLibrary 方法（sysdep/GNULinker.java）

```java
public void generateSharedLibrary(List<String> args,
        String destPath, LinkerOptions opts) throws IPCException {
```

```
        List<String> cmd = new ArrayList<String>();
        cmd.add(LINKER);
        cmd.add("-shared");
        if (! opts.noStartFiles) {
            cmd.add(C_RUNTIME_INIT);
        }
        cmd.addAll(args);
        if (! opts.noDefaultLibs) {
            cmd.add("-lc");
            cmd.add("-lcbc");
        }
        if (! opts.noStartFiles) {
            cmd.add(C_RUNTIME_FINI);
        }
        cmd.add("-o");
        cmd.add(destPath);
        CommandUtils.invoke(cmd, errorHandler, opts.verbose);
    }
```

这个方法除了 cmd 的内容有所不同以外，其他都和 generateExecutable 一致，也不难理解。

这里只讲解一下指定 soname 的方法。cbc 生成共享库时，要指定 soname，需要如下使用 -Wl 选项。

```
$ cbc -shared -Wl,-soname,libmy.so.1 obj1.o obj2.o -o libmy.so.1
```

在 generateSharedLibrary 方法中，-Wl 指定的参数包含在的 opts.ldArgs() 中，并被直接传递给 ld 命令。

21.4　从程序解析到执行

本节让我们一起回顾一下本书的内容，纵观从解析源代码到生成代码、汇编、链接、加载等的过程。

build 和加载的过程

至此 cbc 已经完成。最后让我们利用目前为止实现的所有功能，来见证一下程序被 build、加载的全过程。

首先来 build 如代码清单 21.14 所示的 Cb 程序。

代码清单 21.14　main.cb

```
import stdio;
import dlfcn;
import lib;

typedef int (char*, ...)* printf_t;

int
main(int argc, char** argv)
{
    void* h;
    printf_t p;

    int x = 5;
    int* ptr = &x;
    int y = f(++*ptr) * 7;
    printf("y #1 = %d\n", y--);

    h = dlopen("/lib/libc.so.6", RTLD_LAZY | RTLD_GLOBAL);
    p = dlsym(h, "printf");
    p("y #2 = %d\n", y);

    return 0;
}
```

这个例子里包含了数学运算、有副作用的语句、函数调用、字符串常量、利用 typedef 定义类型的语句、本地库函数调用、动态加载等内容。

其中，中途使用的函数 f 定义在如代码清单 21.15 所示的 lib.cb 文件中。

代码清单 21.15　lib.cb

```
int gvar = 9;

int
f(int x)
{
    return gvar * x;
}
```

这个文件还包含全局变量的定义和引用。

我们将这个 lib.cb 文件编译成共享库，并和 main.cb 的目标文件链接。另外，共享库的代码要设置成地址无关的，并生成 PIE 可执行文件。

词法分析

编译的首要步骤是源代码的词法分析。所谓词法分析，是指把源代码的文本分割成 token 的处理。为 cbc 加上 --dump-tokens 选项即可输出词法分析的结果。

```
$ cbc --dump-tokens main.cb
"import"              "import"
<SPACES>              " "
<IDENTIFIER>          "stdio"
";"                   ";"
<SPACES>              "\n"
"import"              "import"
<SPACES>              " "
<IDENTIFIER>          "dlfcn"
";"                   ";"
<SPACES>              "\n"
"import"              "import"
<SPACES>              " "
<IDENTIFIER>          "lib"
";"                   ";"
<SPACES>              "\n\n"
"typedef"             "typedef"
<SPACES>              " "
"int"                 "int"
<SPACES>              " "
"("                   "("
"char"                "char"
            （以下省略）
```

这样一来，源代码就会被分割成单词，并分别设定了单词种类和语义值。

语法分析

编译的第 2 步是语法分析。语法分析的过程就是分析 token 序列，得到树形结构。语法分析得到的树结构就是抽象语法树。使用 cbc 命令的 --dump-ast 选项就可以输出抽象语法树。

```
$ cbc --dump-ast main.cb
<<AST>> (main.cb:1)
variables:
functions:
    <<DefinedFunction>> (main.cb:7)
    name: "main"
    isPrivate: false
    params:
        parameters:
            <<Parameter>> (main.cb:8)
            name: "argc"
            typeNode: int
            <<Parameter>> (main.cb:8)
            name: "argv"
            typeNode: char**
    body:
        <<BlockNode>> (main.cb:9)
        variables:
            <<DefinedVariable>> (main.cb:10)
            name: "h"
            isPrivate: false
            typeNode: void*
            initializer: null
            <<DefinedVariable>> (main.cb:11)
            name: "p"
            isPrivate: false
            typeNode: printf_t
            initializer: null
        （以下省略）
```

像这样，单纯的文本被转变为树形结构，易于编译器处理。

生成中间代码

编译的第 3 步是语义分析和生成中间代码。语义分析是指把变量引用和实体链接起来，并进行类型检查。默认的构造等和类型检查同时进行。

语义分析结束后，接着把抽象语法树转换成易于优化、易于生成代码的中间代码。为 cbc 加上 --dump-ir 选项就可以输出中间代码的树。

```
$ cbc --dump-ir main.cb
<<IR>> (main.cb:1)
variables:
functions:
    <<DefinedFunction>> (main.cb:7)
    name: main
    isPrivate: false
    type: int(int, char**)
    body:
```

```
        <<Assign>> (main.cb:13)
        lhs:
            <<Addr>>
            type: INT32
            entity: x
        rhs:
            <<Int>>
            type: INT32
            value: 5
        <<Assign>> (main.cb:14)
        lhs:
            <<Addr>>
            type: INT32
            entity: ptr
        rhs:
            <<Addr>>
            type: INT32
            entity: x
        <<Assign>> (main.cb:15)
        lhs:
            <<Addr>>
            type: INT32
            entity: @tmp0
    （以下省略）
```

变为中间代码后，构成语法树的节点种类大幅度减少，类型也只剩下汇编语言可以直接处理的简单类型，并且副作用也缩减到一个 Stmt 节点只有一个的程度。通过这个步骤，下面的处理会简洁很多。

生成代码

编译的最后过程就是生成代码。把中间代码树的节点逐个，或者通过模式匹配多个一起转换成汇编语言的指令。为 cbc 命令加上 --print-asm 选项就可以输出生成的汇编代码。

```
$ cbc -O -fPIE --print-asm main.cb
.file   "main.cb"
        .section        .rodata
.LC0:
        .string "y #1 = %d\n"
.LC1:
        .string "/lib/libc.so.6"
.LC2:
        .string "printf"
.LC3:
        .string "y #2 = %d\n"
        .text
.globl main
        .type   main,@function
main:
        pushl   %ebp
        movl    %esp, %ebp
```

```
movl      %ebx, -4(%ebp)
subl      $48, %esp
call      __i686.get_pc_thunk.bx
addl      $_GLOBAL_OFFSET_TABLE_, %ebx
movl      $5, %eax
movl      %eax, -16(%ebp)
leal      -16(%ebp), %eax
movl      %eax, -20(%ebp)
movl      -20(%ebp), %eax
movl      %eax, -28(%ebp)
movl      -28(%ebp), %eax
movl      (%eax), %eax
incl      %eax
```

CPU 上的寄存器只有几个，因此把大量的变量限制在寄存器中处理这一点非常重要。这需要遵守程序调用约定构建栈帧，并和其他库进行协调。还要注意在生成共享库以及 PIE 时生成地址无关代码。

汇编

至此编译过程已经结束，之后需要执行 binutils 包里的命令进行处理。

首先需要调用 as 命令把汇编语言的代码进行汇编。

```
$ cbc -S -O -fPIE main.cb
$ cbc -c -v main.cb
as -o main.o main.s
```

这时文件内的变量访问基本上都转变为通过相对地址访问，代码中的变量名已经消除。这时如果无法决定最终地址，可以生成重定位信息，在下一步链接时再解决。

汇编的输出就是 ELF 的可重定位文件 main.o。可重定位文件中还欠缺程序头等信息，重定位尚未完成，因此还不能直接运行。

生成共享库

在最终进行链接之前，要编译、汇编 lib.cb，生成共享库。为使得共享库在内存上共享，关键就在于把库代码全部设置为地址无关代码。

要生成地址无关代码，可以像下面这样在 cbc 命令后附上 -fPIC 选项进行编译。附上 -fPIC 选项生成代码后，访问全局变量、函数时都经由 GOT 进行，不必再进行重定位。

```
$ cbc -c -O -fPIC lib.cb
```

接下来由 cbc 命令调用 ld 命令，生成共享库。此外，为方便进行版本管理，也加上 soname。

```
$ cbc -v -shared -Wl,-soname,libmy.so.1 lib.o -o libmy.so.1
/usr/bin/ld -shared /usr/lib/crti.o -L/usr/local/cbc/lib -soname libmy.so.1 lib.o
```

```
-lc -lcbc /usr/lib/crtn.o -o libmy.so.1
$ ln -s libmy.so.1 libmy.so
```

自动链接的 `crt*` 文件就是 C 运行时环境。C 运行时是 libc 提供的目标文件，其中包含程序的初始化、终止处理等的代码，还包含作为程序入口的 `_start` 函数等。

生成可执行文件

最后，再次通过 cbc 命令启动 `ld`，生成可执行文件。为链接 f 函数，需要附上 `-lmy` 选项链接 `libmy.so.1`。另外，为链接 `dlopen` 函数、`dlsym` 函数等，要附上 `-ldl` 选项链接 `libdl.so.2`。

```
$ cbc -v -pie main.o -L. -lmy -o main
/usr/bin/ld -dynamic-linker /lib/ld-linux.so.2 -pie /usr/lib/Scrt1.o /usr/lib/crti.o
-L/home/aamine/c/stdcompiler/src/lib main.o -L. -lmy -lc -lcbc /usr/lib/crtn.o -o main
```

这里加上了生成 PIE 的 `-pie` 选项。要生成 PIE，需要把 C 运行时的代码也替换成地址无关代码，因此链接的文件从 `crt1.o` 变为 `Scrt1.o`。

生成的可执行文件 main 完成了所有的重定位操作，生成了程序头信息，并且可以被加载。另外还可以根据 DYNAMIC 段的信息决定是否可以动态链接。

加载

至此程序的 build 工作已经全部完成。现在 `libmy.so.1` 在当前文件夹，因此可以通过设置 LD_LIBRARY_PATH 环境变量指定运行时库的搜索路径，启动 main 程序。

```
$ LD_LIBRARY_PATH=. ./main
y #1 = 378
y #2 = 377
```

顺利执行了程序。不过，如果是动态链接的程序，那么 main 函数执行之前的过程也是非常复杂的。

首先，系统内核把 main 和 ld.so 映射到内存上，转入 ld.so 的处理。ld.so 在完成初始化后，加载所有必需的共享库，之后进行符号消解和重定位。这时 `libc.so.6`、`libdl.so.2` 和 `libmy.so.1` 被加载。另外，因为生成了 PIE，所以符号消解和重定位没有延迟处理。

最后执行程序和库的 `.init` 节等中的初始化代码，经过 `_start` 函数后终于执行到 main 函数。

又因为 main 函数中包含 dlopen 函数调用等，所以 main 函数执行后再次转入 ld.so 的操作，进行链接。

从 main 函数返回后，进行终止处理并执行 exit 系统调用，终止进程。

以上就是程序从 build 到执行完毕的整个过程。虽然整个过程相当漫长，但也在不知不觉间讲解完毕了。谢谢大家。

第**22**章

扩展阅读

这是本书的最后一章。本章将涉及一些之前没有提及的话题，并为大家推荐一些参考书，帮助大家加深对本书内容的理解。

22.1 参考书推荐

本节将为大家介绍一些有助于深入了解本书内容的参考书。

编译器相关

以下是全面讲解编译器的优秀著作。

Alfred V. Aho、Monica S. Lam、Ravi Sethi、Jeffrey D. Ullman 著，赵建华、郑滔译，《编译原理（第 2 版）》，机械工业出版社，2009

本书就是被誉为"龙书"的名著。虽说在过去很长一段时间内，人们在想了解编译器时都首选"龙书"，但初版在 1977 年发行的本书从内容上来说还是相对陈旧了。

不过第 2 版对初版进行了全面的修订，并新增了两章节内容，所以本书依然有很高的参考价值。

中田育男，『コンパイラの構成と最適化』（编译器的结构和最优化），朝倉书店，1999

日本编译器研究泰斗的著作。这本书也提到了语法分析、语义分析，但主要还是讲优化方面的内容。这本书非常详细地讲述了有效进行寄存器分配的方法、循环优化等，在实际的编译器优化工作中可以说是一个有力的助手。

Andrew W.Appel，*Modern Compiler Implementation in ML*，Cambridge University Press，1997

文如其题，本书讲述的是"现代"编译器的实现，包括利用树形结构的中间代码和模式匹配进行指令选择、函数式语言和面向对象语言的实现、利用 SSA 进行数据流分析等诸多话题。

另外还有 Java 和 C 版本的姐妹篇，不过笔者个人觉得 ML 版本的读起来最易懂（不过只有英文版本）[①]。

语法分析相关

下面推荐几本与语法分析相关的图书。

五月女健治，『JavaCC』，テクノプレス，2003

这恐怕是有关 JavaCC 的唯一的日文书了（网上很难查到 JavaCC 相关的资料，幸好还有这本

[①] C 版本有中译本，书名为《现代编译原理：C 语言描述》，人民邮电出版社 2006 年出版。——译者注

书）。本书涉及了我们这本书中未提及的错误处理等内容，十分具有参考价值。

山下義行，『コンパイラ入門』(编译器入门)，サイエンス社，2008

　　本书是关于编译器总体的入门书，其中 yacc 相关的知识讲解得相当详尽。

Jeffrey E. F. Friedl 著，余晟译，《精通正则表达式（第 3 版）》，电子工业出版社，2012

　　这是一本讲解正则表达式的宝书。本书讲解了很多可以用于源代码分析的正则表达式，譬如"匹配双引号中的字符串字面量的正则表达式""匹配 C 语言命令的正则表达式"等。

青木峰郎，『Ruby を 256 倍使うための本』(Ruby 高效开发)，アスキー出版局，2001

　　本书是笔者的第一本著作，讲解了如何使用 Ruby 版解释器生成工具 Racc 进行语法分析。Ruby 本身就擅长文本处理，因此可以不用理会很多琐碎细节，集中精力进行语法分析，笔者觉得这是一本不错的书。

目前几乎没有单纯讲解语法分析的书。上面介绍的编译器相关的图书里一般都有 LL、LALR 相关的内容，大家可以参考一下。

汇编语言相关

下面介绍几本深入学习汇编语言时可用的参考书。

大贯広幸，『x86 アセンブラ入門』(x86 汇编入门)，CQ 出版，2006

　　本书囊括了 x86 CPU 必要的大部分指令，包括我们这本书中未提及的指令、浮点数指令、MMX 指令、SSE 指令等。内容相当全面，可以作为案头参考。

　　遗憾的是本书中没有介绍 AMD64、SSE3 相关的内容，不过本书和我们这本书合在一起的话，应该可以作为 Intel 和 AMD 的参考手册了。

蒲地輝尚、水越康博，『はじめて読む Pentium』(Pentium 初探)，アスキー出版局，2004

　　x86 汇编器的入门书。本书一开始就摆出了"计算机只能处理机器码"这个大原则，并带领读者使用调试器学习机器码指令。内容详实、讲解清晰，非常适合初学者。

蒲地輝尚，『はじめて読む 486』(486 初探)，アスキー出版局，1994

　　从内容上说，本书可以作为上本书的续作。它讲解了我们这本书完全没有涉及的系统 CPU 的功能，对虚拟内存、内存页共享等话题也有所涉及。

　　就现在而言 486 已经是古老的 CPU 了，但其基本构造和现代 CPU 别无二致。通过这本书，一定可以加深对现代操作系统的理解。

22.2　链接、加载相关

关于链接和加载，这里为大家推荐以下几本图书。

John R. Levine，*Linkers & Loaders*，Morgan Kaufmann，1999

这是目前关于链接、加载最全面最可靠的图书。不过因为书中过多地讲解了运行环境相关的话题，有点难读懂，最好带着具体的问题去读这本书。

高林哲、鹈饲文敏、佐藤祐介、浜地慎一郎、首藤一幸，『Binary Hacks 』，オライリー・ジャパン，2006

本书涵盖了链接、加载、运行时、调试器、安全等高阶话题，还涉及了 C++ 程序运行时环境。通过我们这本书学习链接和加载的整体结构后再读这本书会很有收获。

Peter van der Linden 著，徐波译，《C 专家编程（第 2 版）》，人民邮电出版社，2008

虽然是本 C 语言相关的书，但因为作者是 Sun Microsystems 公司链接器小组的人，因此链接相关的内容非常详实。虽然有些地方的确很旧了，不过笔者依然很喜欢，所以推荐给大家。

22.3 各种编程语言的功能

Cb 以 C 语言为原型，但删减了很多功能。现在很多编程语言都比 Cb 具备更多的功能，并提供了更复杂的编译器结构和执行环境。

本节将简单讲述现代编程语言所具备的各种各样的功能的实现和信息。

异常封装相关的图书

异常（exception）即便在 Java 中使用频率也很高，相信本书的读者应该对其功能、特征并不陌生。不过讲解异常封装的图书非常少，所以这里只列举以下两本。

高林哲、鹈饲文敏、佐藤祐介、浜地慎一郎、首藤一幸，『Binary Hacks』，オライリー・ジャパン，2006

本书中有专门的章节来详细讲解 gcc 中 C++ 异常处理的内容。

まつもとゆきひろ監修，青木峰郎，『Ruby ソースコード完全解説』（Ruby 源码分析），インプレス，2002

通称 RHG，是笔者的代表作。第 3 部分详细地讲解了面向对象编程语言 Ruby 中使用 setjmp 函数进行异常处理的机制。

阅读实际的编程语言的代码最有助于学习异常处理相关的内容。最近 Java VM 等源代码都很容易获取，大家可以找喜欢的编程语言的代码来阅读。

垃圾回收

下面讲述一下垃圾回收相关的内容。

垃圾回收（Garbage Collection，GC）指的是自动回收无用内存的功能。用 C 语言来说，就好像是自动对 malloc() 申请的内存进行 free() 操作一样。

垃圾回收的实现方式有**标记 & 清除**（mark & sweep）和**停止 & 复制**（stop & copy）这两大类。

所谓标记 & 清除方法，指的是从当前正在使用的对象开始，为可以访问到的所有对象递归地打上"存活"标记，最后释放没有"存活"标记的所有对象的内存空间的方法。

而停止 & 复制方法则首先把内存空间分割为两部分，一部分是"主内存空间"，另一部分是"次内存空间"，并把所有对象生成在主内存空间中。然后在发生垃圾回收的时候，从当前正在使用的对象开始，查找所有能访问到的对象，把这些对象全部复制到次内存空间中。这样一来，尚可被访问的对象就全部移动到了次内存空间中，访问不到的对象则遗留在了主内存空间，再把主内存空间直接舍弃。之后切换主次内存空间，继续执行程序。

另外，还有一些技术组合使用了这两种方法，比如可以中断的**增量式 GC**（incremental GC）、对长时间不释放的对象进行特别处理从而减少处理对象个数来提高 GC 效率的**分代 GC**（generational GC）、把垃圾回收处理分散到多个进程进行的**分布式 GC**（distributed GC）等。

垃圾回收相关的图书

虽然垃圾回收已经非常普及，但详细讲解相关技术的书几乎不存在。

Richard Jones, Rafael Lins，*Garbage Collection*，John Wiley & Sons，1996
专门讲解垃圾回收的珍本。这本书已经有些年份了，但成书时垃圾回收的基础技术已经成型，所以这本书不算过时（不过只有英文版本）。

まつもとゆきひろ監修，青木峰郎，『Ruby ソースコード 完全解説』（Ruby 源码分析），インプレス，2002
详细讲解了 Ruby 的标记 & 清除 GC 的实现。

学习垃圾回收技术最优质的资源同样是源代码。各种 Java VM 的实现都可供参考，实现 C/C++ 垃圾回收功能的 Boehm-Demers-Weiser conservative garbage collector 等也是现成的样例。

面向对象编程语言的实现

虽然**面向对象编程语言**（object oriented programming language）已经非常普及了，不过其实现方法却比从前难理解了。

（基于类的）面向对象编程语言的基本功能有使用**类**（class）的**实例**（instance）的生成、类的**继承**（inheritance）、**方法调用**（method invocation）、**多态**（polymorphism）的实现、**实例变量**（instance variable）等。

C++ 的 **vtbl**（virtual table, 虚函数表）可以算是方法、继承以及多态的经典实现。`vtbl` 是包含了实现方法的函数指针列表的结构体。在类中准备一个这样的 `vtbl`，并使得实例可以访问这个 `vtbl`，就实现了类的方法。

CLOS（Common Lisp Object System）和基于类实现的继承不同，有**多方法**（multimethod）、类似 JavaScript 的**基于原型**（prototype base）的对象等实现。

也几乎没有讲述如何实现面向对象编程语言的图书。

まつもとゆきひろ監修，青木峰郎，『Ruby ソースコード 完全解説』(Ruby 源码分析)，インプレス，2002

　　基于实际的源代码讲述了 Ruby 的面向对象特性的实现。

Andrew W. Appel，*Modern Compiler Implementation in ML*，Cambridge University Press，1997

　　简单涉及了面向对象编程语言的实现。

函数式语言

　　函数式语言（functional programming language）是最近非常受关注的一个编程语言派系。事实上并不存在"函数式语言"这样严谨的分类，但大家基本上都可以接受将 Haskell、ML、Erlang 归为函数式语言，将 Common Lisp 和 Scheme 也姑且归为函数式语言。

　　在笔者看来，函数式语言最近备受关注的原因有两点：一是其通过原则上禁止副作用实现了很高的安全性和强大的优化；二是因为细粒度的并行处理良好，有利于充分利用不断增加的 CPU 内核，这一点和最近硬件的发展方向相匹配。

　　关于函数式语言的实现，推荐下面这本图书。

Andrew W. Appel，*Modern Compiler Implementation in ML*，Cambridge University Press，1997

　　书中涉及了**闭包**（closure）的实现、**尾递归优化**（tail recursion optimization）、**惰性求值**（lazy evaluation）的实现等内容。

可供参考的源代码有 Objective Caml、GHC（Grasgow Haskell Compiler）等。

附　　录

A.1 参考文献

- Alfred V.Aho、Ravi Sethi、Jeffrey D.Ullman『コンパイラ II』サイエンス社、1990
- Alfred V.Aho、Ravi Sethi、Jeffrey D.Ullman『コンパイラ I』サイエンス社、1990
- Alfred V.Aho、Monica S.Lam、Ravi Sethi、Jeffrey D.Ullman "Compilers" Second Edition、Addison Wesley、2007
- Andrew W.Appel "Modern Compiler Implementation in ML" Cambridge University Press、1998
- Bjarne Stroustrup 著、株式会社ロングテール、長尾高弘訳『プログラミング言語 C++ 第 3 版』アジソンウェスレイパブリッシャーズジャパン、1998
- Bob Neveln "Linux Assembly Language Programming" Prentice Hall、2000
- Brian W.Kernighan、Dennis M.Ritchie 著、石田晴久訳『プログラミング言語 C 第 1 版』共立出版、1981
- Brian W.Kernighan、Dennis M.Ritchie 著、石田晴久訳『プログラミング言語 C 第 2 版』共立出版、1989
- David A.Patterson、John L.Hennessy 著、成田光彰訳『コンピュータの構成と設計・第二版』（上、下）日経 BP、2006
- James Gosling、Guy Steel、Bill Joy、Gilad Bracha 著、村上雅章訳『Java 言語仕様』ピアソン・エデュケーション、2000
- John R Levine、Doug Brown、Tony Mason 著、村上列訳『yacc&lex』アスキー、1994
- John R. Levine 著、榊原一矢監訳、ポジティブエッジ訳『Linkers&Loaders』オーム社、2001
- Peter van der Linden 著、梅原系訳『エキスパート C プログラミング』アスキー出版局、1996
- Randall Hyde "The Art of Assembly Language" No Starch Press、2003
- randy『いまどきのプログラム言語の作り方』毎日コミュニケーションズ、2005
- Richard Jones、Rafael Lins "Garbage Collection" John Wiley & Sons、1996
- Steven S.Muchnick "Advanced Compiler Design and Implementation" Academic Press、1997
- Troy Downing、Jon Meyer 著、鷲見豊訳『Java バーチャルマシン』オライリー・ジャパン、1998

- 日向俊二『C プログラムの中身がわかる本』

- 大貫広幸『x86 アセンブラ入門』CQ 出版社、2006

- 五月女健治『JavaCC』テクノプレス、2003

- 柴田望洋『明解 C 言語実践編』ソフトバンククリエイティブ、2004

- 柴田望洋『明解 C 言語入門編』ソフトバンククリエイティブ、2004

- 蒲地輝尚『はじめて読む 486』アスキー出版局、1994

- 蒲地輝尚『はじめて読む C 言語』アスキー出版局、1991

- 高橋浩和、小田逸郎、山幡為佐久『Linux カーネル 2.6 解読室』ソフトバンククリエイティブ、2006

- 蒲地輝尚、水越康博『はじめて読む Pentium マシン語入門編』アスキー出版局、2004

- 日向俊二『独習アセンブラ』翔泳社、2005

- 村瀬康治監修、蒲地輝尚著『はじめて読む 8086』アスキー出版局、1994

- 中田育男『コンパイラの構成と最適化』朝倉書店、1999

- 愛甲健二『アセンブリ言語の教科書』データハウス、2005

- 高林哲、鵜飼文敏、佐藤祐介、浜地慎一郎、首藤一幸『Binary Hacks』オライリー・ジャパン、2006

- 富沢高明『コンパイラ入門』ソフトバンククリエイティブ、2006

- 中田育男、渡邊坦、佐々政孝、滝本宗宏『コンパイラの基盤技術と実践』朝倉書店、2008

- 林晴比古『高級言語プログラマのためのアセンブラ入門』ソフトバンククリエイティブ、2005

- 橋本洋志、松永俊雄、冨永和人、石井千春『プログラミングの力を生み出す本』オーム社、2000

- 中田育男監修、石田綾著『スモールコンパイラの製作で学ぶプログラムのしくみ』技術評論社、2004

A.2　在线资料

- "Intel64 and IA-32 Intel Architectures Software Developer's Manual"
- "AMD64 Architecture Programmer's Manual"
- "Linux Standard Base Core Specification for IA32 3.2"
- "System V Application Binary Interface: Intel 386 Architecture Processor Supplement" Fourth Edition
- "System V Application Binary Interface: AMD64 Architecture Processor Supplement"
- "Documentation for binutils 2.18"
- "Mac OS X ABI Function Call Guide"

A.3　源代码

- GNU Compiler Collection 4.3.0 http://gcc.gnu.org/
- GNU Binutils 2.18 http://www.gnu.org/software/binutils/
- GNU C Library 2.7 http://www.gnu.org/software/libc/
- Ruby 开发版 HEAD http://www.ruby-lang.org/

版 权 声 明